人工智能
交叉人才培养
与课程体系

吴 飞　陈 为◎著

Wu Fei　　Chen Wei

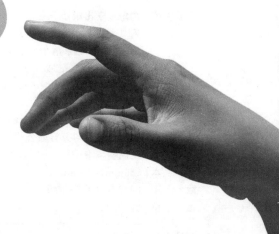

清华大学出版社

北 京

内 容 简 介

本书介绍人工智能交叉学科人才培养与课程体系,内容包括绪论、浙江大学人工智能本科专业培养课程体系、人工智能交叉学科、人工智能交叉课程、AI＋X 微专业、K12 人工智能教育、结论与展望。

本书适合作为人工智能专业、人工智能交叉学科专业的相关专业负责人阅读,也可以供计划设置人工智能交叉学科的负责人阅读。

图书在版编目(CIP)数据

人工智能交叉人才培养与课程体系/吴飞,陈为著. —北京:清华大学出版社,2022.4(2023.11重印)
ISBN 978-7-302-59233-4

Ⅰ. ①人… Ⅱ. ①吴… ②陈… Ⅲ. ①人工智能－人才培养－课程体系－高等学校 Ⅳ. ①TP18

中国版本图书馆 CIP 数据核字(2021)第 192366 号

责任编辑:白立军
封面设计:刘 乾
责任校对:焦丽丽
责任印制:杨 艳

出版发行:清华大学出版社
网 址: https://www.tup.com.cn, https://www.wqxuetang.com
地 址:北京清华大学学研大厦 A 座   **邮 编:**100084
社 总 机:010-83470000   **邮 购:**010-62786544
投稿与读者服务:010-62776969, c-service@tup.tsinghua.edu.cn
质量反馈:010-62772015, zhiliang@tup.tsinghua.edu.cn
课件下载: https://www.tup.com.cn,010-83470236

印 装 者:三河市铭诚印务有限公司
经 销:全国新华书店
开 本:185mm×230mm   **印 张:**18.25   **字 数:**326 千字
版 次:2022 年 4 月第 1 版   **印 次:**2023 年 11 月第 3 次印刷
定 价:89.00 元

产品编号:088991-01

序

人工智能正在成为引领这一轮科技革命与产业变革的战略性技术和重要驱动力，并发挥着很强的"头雁效应"。加快发展新一代人工智能，将推动我国科技跨越式发展、产业优化升级、生产力整体跃升。

科技发展的事实已经表明，重大科技问题的突破，乃至新学科的创建，常常是不同学科知识交叉融合的结果。发现不同学科之间知识与问题的契合，实施学科之间交叉和综合，可形成新的科学的网络，是知识产生的前沿。人工智能本身就是计算机、自动控制、认知心理学等学科交叉的产物，并且也如同电动机那样，作为一种"使能"技术，具备与诸多学科交叉发展的潜力。其与脑科学交叉，为攻克重大脑疾病诊治难题带来希望；与物理和材料科学的结合，重塑科学规律和新材料的发现范式；与生物科学交叉，能预测蛋白质三维空间结构，为探秘"生命之舞"提供全新视角；与工程科技结合，为设计、制造、运行的智能化提供支持；等等。

国务院于 2017 年 7 月发布的《新一代人工智能发展规划》明确指出，要完善人工智能领域学科布局，设立人工智能专业，推动人工智能领域一级学科建设，拓宽人工智能专业教育内容，形成"人工智能 + X"复合专业培养新模式，重视人工智能与数学、计算机科学、物理学、生物学、心理学、社会学、法学等学科专业教育的交叉融合。

当前，培养人工智能发展的人力资源优势是中国教育系统肩负的历史使命。为了落实《新一代人工智能发展规划》，2018 年 4 月教育部印发了《高等学校人工智能创新行动计划》，教育部、发改委、财政部于 2020 年 1 月联合发布了《关于"双一流"建设高校促进学科融合　加快人工智能领域研究生培养的若干意见》，进一步从人工智能本科专业设置、学科发展、人才培养、科技创新推动人工智能人才培养。

2021 年 11 月，国务院学位委员会发布《交叉学科设置与管理办法（试行）》征求意见稿指出，"交叉学科是在学科交叉的基础上，通过深入交融，创造一系列新的概念、理论、方法，展示出一种新的认识论，构架出新的知识结构，形成一个新的更丰富的知识范畴，已经具备成熟学科的各种特征"。在这一征求意见稿中，拟新设置"交叉学科"第

14 个学科门类,包括集成电路科学与工程、设计学、智能科学与技术等交叉学科。截至 2022 年 2 月,全国一共有 440 所高校设置人工智能本科专业、248 所高校设置智能科学与技术本科专业、387 所普通高等学校高等职业教育(专科)设置人工智能技术服务专业,一批高校设置了与人工智能或智能科学相关的交叉学科或学科方向。由此形成了我国多层次多类型的人工智能人才培养系统。

本书由来自浙江大学、武汉大学、华中科技大学、中国人民大学、中国科学技术大学、浙江师范大学、浙江大学城市学院、上海浙江大学高等研究院等高校和研究机构的一线科教专家撰写,内容包括人工智能本科专业课程体系、人工智能交叉学科课程体系以及一批 AI + X 人才培养课程,同时也介绍了 K12 教育和 AI + X 微专业等内容。

希望本书的出版促进人才链、产业链和创新链的更有效衔接,为构建人工智能领域教学教育、科学研究、人才成长的良好生态做出新贡献。

潘云鹤

2022 年 3 月

前　　言

　　人工智能是一种类似于内燃机或电力的"使能"技术,具有增强任何领域的技术的潜力,天然具有与其他学科交叉的秉性。从这个意义而言,人工智能可谓"至小有内涵,至大可交叉"。因此,人工智能研究以及人工智能人才培养需要融合来自脑科学、数学、认知学和人文社科等领域的知识,鼓励融合式和集成式的创新,从而使得研究本身能够解决更复杂的问题,所培养的人才能够应对复杂问题的挑战,并进而推动向更通用人工智能研究的迈进。

　　本书主要介绍人工智能交叉人才培养与课程体系的内容,共包含7章:第1章为绪论,阐述人工智能历史发展、课程体系演变和人才培养生态构成;第2章为浙江大学人工智能本科专业培养课程体系;第3章介绍浙江大学、华中科技大学、武汉大学和中国科学技术大学的人工智能交叉学科设置情况;第4章从人工智能+X角度介绍了人工智能与相关学科交叉而形成的专业和课程;第5章介绍AI+X微专业;第6章介绍K12人工智能教育;第7章是结论与展望。

　　来自浙江大学、武汉大学、华中科技大学、中国人民大学、中国科学技术大学、浙江师范大学、浙江大学城市学院、上海浙江大学高等研究院等高校、不同机构和行业的作者为本书撰写了相关内容:浙江大学人工智能本科培养课程体系(杨洋、况琨)、浙江大学人工智能交叉学科(肖俊、杨易、朱强)、华中科技大学人工智能交叉学科(曾志刚)、武汉大学人工智能交叉学科(杜博)、中国科学技术大学人工智能交叉学科(李厚强)、人工智能+人文社科(文继荣、窦志成)、人工智能+社会学(吴超)、人工智能+药学(范骁辉、周展)、人工智能+法学(郑春燕、魏斌)、人工智能+金融学(王义中、潘士远)、人工智能+神经科学(斯科、王跃明)、人工智能+教育(黄昌勤、李艳、吴明晖)、人工智能+哲学(廖备水)、人工智能+财务(陈俊)、人工智能+公共管理学(黄萃)、人工智能+管理学(陈熹 、周伟华)、人工智能+设计学(孙凌云)、K12人工智能教育(吴超、陈澜)、AI+X微专业(汪志华、陈立萌)。

　　吴飞和陈为对本书内容进行了设计、统稿和梳理。

　　"致天下之治者在人才,成天下之才者在教化,教化之所本者在学校。"人工智能、教育先行、人才为本,人才是构筑人工智能发展先发优势的战略资源力量。以教学教育、人才培养、科学研究的融会贯通来促进人工智能创新性人才培养、激发高水平科学研究、培育人工智能发展生态,具有重要意义。希望本书能够为促进教育链、人才链、产业链和创新链的有效衔接做出一定工作。

　　由于时间仓促,书中难免存在疏漏之处,敬请读者指正。

作　者

2022 年 1 月

目　　录

第 1 章

绪　论

人工智能(Artificial Intelligence,AI)是一门研究难以通过传统方法去解决实际问题的学问之道。一般而言,人工智能的基本目标是使机器具有人类或其他智慧生物才能拥有的能力,包括感知(如语音识别、自然语言理解、计算机视觉)、问题求解/决策能力(如搜索和规划)、行动(如机器人)以及支持任务完成的体系架构(如智能体和多智能体)。

众所周知,人工智能具有增强任何领域技术的潜力,是类似于内燃机或电力的一种"使能"技术。人工智能这一种使能技术被广泛应用于众多领域,如农业、制造、经济、运输和医疗等。

人工智能作为一种使能技术,天然具有与其他学科研究交叉的秉性,从这个意义上来说,人工智能可谓"至小有内涵,至大可交叉"。因此,人工智能研究本身以及人工智能人才培养需要融合来自神经科学、脑科学、物理学、数学、电子工程、生物学、语言学、认知学等方面的知识,从而使得研究本身能够解决更复杂问题、所培养人才能够应对复杂问题的挑战。

阿尔伯特·爱因斯坦曾经说过,"所有科学中最重大的目标是就从最少数量的假设和公理出发,用逻辑演绎推理的方法解释最大量的经验事实。"人工智能以使能之力推动社会进步,就是不断从其他学科领域内的假设和公理出发,应用逻辑推理和感知学习等人工智能手段去解决一个又一个领域内任务,构建 AI＋X 或 X＋AI 的计算范式。

当前,计算机教育正从"知识本位教育"(Knowledge Based Education)转向"能力本位教育"(Competency Based Education),从而实现知和行的统一。学科交叉是创新源头,AI＋X 人才培养顺应了创新人才培养的时代要求。

1.1 人工智能的诞生

1955 年 9 月，John McCarthy（时任达特茅斯学院数学系助理教授，1971 年度图灵奖获得者）、Marvin Lee Minsky（时任哈佛大学数学系和神经学系 Junior Fellow，1969 年度图灵奖获得者）、Claude Shannon（时任贝尔实验室数学家，信息论之父）和 Nathaniel Rochester（时任 IBM 信息研究主管，IBM 第一代通用计算机 701 主设计师）四位学者在一份提交给洛克菲勒基金会（The Rockefeller Foundation）的题为"关于举办达特茅斯人工智能夏季研讨会的提议"（A Proposal for the Dartmouth Summer Research Project on Artificial Intelligence）报告中，首次使用了 Artificial Intelligence 这个术语，从此人工智能开始登上人类历史舞台。

在这份报告中，四位学者希望洛克菲勒基金会能够出资 1.35 万美元，于 1956 年夏天资助一批学者在达特茅斯学院开展两个月有关"让机器能像人那样认知、思考和学习，即用计算机模拟人的智能"的研究。这份报告同时列举了人工智能所面临的七类问题，分别是自动计算机、计算机编程、神经网络（通过连接神经元来形成概念）、计算的复杂度、智能算法的自我学习与提高、智能算法抽象能力以及智能算法随机性与创造力。

洛克菲勒基金会主管此事的生物与医学研究主任 Robert S. Morison 博士认为，这一研究过于庞大复杂、目标不明确，同意出资 7500 美元来围绕有限明确目标支持五周的研究（后来该会议时间持续了 6～8 周）。在当年 11 月的回信中，Robert S. Morison 博士没有使用 Artificial Intelligence 来描述这一报告主旨，而是使用了脑模型（Brain Model）和思想的数学模型（Mathematical Models for Thought）。Robert S. Morison 博士 1964 年离开洛克菲勒基金会后分别在美国康奈尔大学和麻省理工学院担任生物学教授。

1956 年夏天，一批研究学者来到达特茅斯学院开展人工智能的研究。经过六十多年演进，人工智能研究呈现深度学习、跨界融合、人机协同、群智开放、自主操控等新特征，引发链式突破，加速新一轮科技革命和产业变革进程，成为新一轮产业变革的核心驱动力。

2017 年 7 月,国务院印发《新一代人工智能发展规划》,这是 21 世纪以来中国发布的第一个人工智能系统性战略规划,这一规划提出了面向 2030 年我国新一代人工智能发展的指导思想、战略目标、重点任务和保障措施,明确了我国新一代人工智能三步走的战略目标:到 2020 年,人工智能总体技术和应用与世界先进水平同步,人工智能产业成为新的重要经济增长点;到 2025 年,人工智能基础理论实现重大突破,部分技术与应用达到世界领先水平,人工智能成为我国产业升级和经济转型的主要动力;到 2030 年,人工智能理论、技术与应用总体达到世界领先水平,成为世界人工智能创新中心之一。

《新一代人工智能发展规划》提出了人工智能五大技术形态,即从人工知识表达技术到大数据驱动知识学习,从聚焦研究“个体智能”到基于互联网的群体智能,从处理单一类型媒体数据到跨媒体认知、学习和推理,从追求“机器智能”到迈向人机混合的增强智能,从机器人到智能自主系统(见图 1.1)。

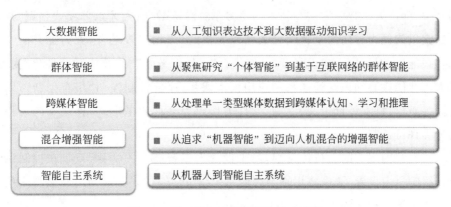

图 1.1　新一代人工智能五大技术形态

1.2　人工智能人才培养体系

人工智能要成为推动国家和社会高质量发展的强大引擎,需要大批掌握这一技术的优秀人才。因此,AI 赋能、教育先行,只有培养人工智能一流人才才能为我国构筑人工智能发展的先发优势贡献战略资源力量。

中国《新一代人工智能发展规划》不但包括人工智能有关的科学研究和技术手段等内容,而且对人工智能人才培养和教育倾注了高度关切,在战略态势、重点任务、保障措施3个方面出现18次"教育"字眼,明确提出了"设立人工智能专业"和"在原有基础上拓宽人工智能专业教育内容,形成人工智能+X复合专业培养新模式"等要求。

为了落实《新一代人工智能发展规划》,2018年4月教育部印发了《高等学校人工智能创新行动计划》以及教育部、发改委、财政部于2020年1月联合发布了《关于"双一流"建设高校促进学科融合加快人工智能领域研究生培养的若干意见》两个文件来推动人工智能人才培养。这两个文件对人工智能专业设置、学科发展、人才培养、科技创新进行了规划,强调在人才培养和科技创新方面要"特别重视多维融合的推动策略",即学科建设强调"融合发展",健全学科设置机制,以学科重大理论和实践应用问题为牵引,促进人工智能方法与技术向更多学科渗透融合;人才培养模式强调"复合培养",探索以问题为导向的学科交叉人才培养模式,深化产教融合,大力提升研究生创新和实践能力;课程体系建设强调"精密耦合",以"全链条""开放式""个性化"为目标,打造人工智能核心知识课程体系和应用模块课程;评价机制强调"组合创新",以成果评价为突破口,科学评价论文、专利、软件著作权等多种成果形式,推进不同类型研究生的分类评价机制。

先前在我国现有的学科体系中,尚未设立人工智能有关学科,只是在控制科学与工程一级学科内设置了"模式识别与智能系统"二级学科,是当时所有自然科学门类中唯一与人工智能相关的学科。

经国务院学位委员会第三十五次会议审议批准,2019年5月6日国务院学位委员会发布《国务院学位委员会关于下达2018年现有学位授权自主审核单位撤销和增列的学位授权点名单的通知(学位〔2019〕11号)》,批准浙江大学增列人工智能交叉学科博士学位,这是中国高校设立的第一个人工智能的交叉学科(列入一级学科管理),将其放入交叉学科这一门类之下,并明确交叉学科是多个学科相互交互、融合、渗透形成的新学科,具有不同于现有学科范畴的概念、理论和方法,是学科和知识发展的新领域。2020年12月30日,国务院学位委员会发布《国务院学位委员会 教育部关于设置"交叉学科"门类、"集成电路科学与工程"和"国家安全学"一级学科的通知》,指出按照《学位授予和人才培养学科目录设置与管理办法》的规定,经专家论证,国务院学位委员会批准,决定设置"交叉学科"门类(门类代码为 14)、"集成电路科学与工程"一级学科(学科代码为 1401)和"国家安全学"一级学科(学科代码为 1402)。交叉学科门类的设置,使得目前已有的哲学、经济学、法学、教育学、文学、历史学、理学、工学、农学、医学、军事学、管理学、艺术学 13 个学科门类被扩充为 14 个,这是继 2011 年国务院学位办增设艺术类学科门类之后对学科目录的一次重大调整。

2019 年 3 月,教育部印发了《教育部关于公布 2018 年度普通高等学校本科专业备案和审批结果的通知》,批准 35 所高校设置"人工智能"本科专业。截至 2022 年 2 月,全国一共有 440 所高校设置人工智能本科专业、248 所高校设置智能科学与技术本科专业、387 所普通高等学校高等职业教育(专科)设置人工智能技术服务专业,一批高校设置了与人工智能或智能科学相关的交叉学科或学科方向。由此形成了我国多层次多类型的人工智能人才培养系统。

由此,我国本科和研究生层次的人工智能人才培养载体已经形成(见表 1.1)。

表 1.1　人工智能人才培养载体(截至 2021 年 4 月)

人工智能专业/学科	说　明
人工智能本科专业	2019 年,经教育部审批,全国首批 35 所高校获批"人工智能"新专业建设资格。截至 2021 年 3 月,全国共有 345 所高校设置了人工智能本科专业
智能科学与技术本科专业	从 2005 年北京大学设置第一个智能科学与技术本科专业以来,截至 2021 年 3 月,全国共有 190 所高校设置了智能科学与技术本科专业
人工智能交叉学科(列入一级学科管理)	从 2019 年 4 月开始,经过国务院学位办批准,截至 2021 年 3 月,具有学位授权自主审核权限的浙江大学、武汉大学和华中科技大学 3 所高校相继设立了人工智能交叉学科(纳入一级学科管理)

2018 年 9 月,卡内基-梅隆大学开设了美国第一个人工智能本科专业,由来自该校计算机科学系、人机交互研究所、软件研究所、语言技术研究所、机器学习学院和机器人研究所等教师授课,表 1.2 列出了其设置的 14 门核心课程。比较分析卡内基-梅隆大学计算机本科专业和人工智能本科专业中数学和人工智能两个模块的必修课程可发现,两个专业在这两个模块内只有两门必修课程不同:人工智能本科专业在数学模块中多了一门"现代回归"(Modern Regression)课程;计算机本科专业在计算机模块中多了一门"算法设计与分析"(Algorithm Design and Analysis)课程。

表 1.2　卡内基-梅隆大学人工智能本科专业核心课程

课　程　类　别	核　心　课　程
数学与统计学类(6 门)	计算机科学数学基础、微分与积分、逼近理论、矩阵与线性变换、概率论、现代回归（Math Foundations of Computer Science，Differential and Integral Calculus，Integration and Approximation，Matrices and Linear Transformations，Probability Theory for Computer Scientists，Modern Regression）
计算机科学类(6 门)	命令式编程、函数式编程、计算机系统、数据结构与算法、计算机思想（Principles of Imperative Computation；Principles of Functional Programming；Introduction to Computer Systems；Data Structures and Algorithms；Great Theoretical Ideas in Computer Science）
人工智能类(4 门)	人工智能基础、表达与问题求解导论、机器学习导论、自然语言处理导论或计算机视觉导论两门课程中选学一门（Concepts in Artificial Intelligence；Introduction to AI Representation and Problem Solving；Introduction to Machine Learning；Take one of the following courses：Introduction to Natural Language Processing or Introduction to Computer Vision）
其他课程模块	决策与机器人、机器学习、感知与语言学、人机交互、人工智能伦理等

与美国不同,英国一些高校长久以来一直开设人工智能本科专业,如爱丁堡大学。表 1.3 以斯坦福大学计算机科学、卡内基-梅隆大学人工智能和爱丁堡大学人工智能 3 个本科专业的课程设置来分析其授课内容异同。

表 1.3　3 所学校计算机和人工智能专业课程设置比较

计算机科学 （斯坦福大学）		人工智能 （卡内基-梅隆大学）		人工智能 （爱丁堡大学）	
数学	计算机数学基础、概率论、微积分	核心课程：数学类	计算机科学数学基础、微分与积分、逼近理论、矩阵与线性变换、概率论、现代回归	核心课程	面向对象程序设计、数据分析、线性代数、微积分、计算理论、自然语言与形式化处理、计算机算法与数据结构、智能体与推理、离散数学、概率论、系统设计项目、机器学习与应用等课程
科学	力学、电磁学				
与人类社会相关技术	一门课程	核心课程：计算机类	命令式编程、函数式编程、数据结构与算法、计算机系统、计算机思想		
工程	程序设计、电力电子机械装置设计				

续表

计算机科学 （斯坦福大学）		人工智能 （卡内基-梅隆大学）		人工智能 （爱丁堡大学）	
写作	一门课程	核心课程： 人工智能	人工智能基础、知识表达与问题求解、机器学习、从自然语言处理或计算机视觉两门课程中选学一门	两个模块方向（从中任选一个）	模块 1 包括机器人与视觉、自然语言处理、自动推理、自主智能体系统、可计算认知科学、语音处理等课程
计算机核心课程	计算机组成、计算机系统、算法设计与分析				
高级项目设计	一门课程	人工智能模块群	决策与机器人、机器学习、感知与语言、人机交互 4 个方向，学生从 4 个方向中各选一门课程		模块 2 包括计算机体系架构、计算机设计、操作系统、数据结构与算法设计、软件测试、计算机科学理论、编程语言基础、软件设计与建模、编译技术、计算机安全、数据库系统、计算机通信与网络
计算机科学分为 10 个模块(任选一个)	人工智能、生物计算、计算机工程、图形学、计算机信息、人机交互、计算机系统、计算机理论、非特定专业和个性化设计				
人工智能模块至少选择 7 门课程，所选择课程包括人工智能原理以及从人工智能方法、自然语言、计算机视觉、机器人等领域中选择若干课程		其他选修课程	包括人工智能伦理、人文与艺术（要求必须选择认知科学或认知心理学课程）等选修课程		人工智能专业学生从大一到大四都有选择计算机专业每一门课程的权利，也就是说，如果学生尚未规划好，则有可能选择和计算机专业一模一样的课程而被授予计算机本科专业

从表 1.3 中可以看出，当前计算机本科专业课程设置与人工智能本科专业课程设置具有一定的差异。在计算机专业中，人工智能往往是一个模块方向，因此其知识体系被削弱化和碎片化，人工智能专业知识体系不等于计算机科学知识体系。

值得注意的是，麻省理工学院（MIT）在重组其计算学院时设立了电子工程（Electrical Engineering，EE）、计算机科学（Computer Science，CS）以及人工智能和决策（Artificial Intelligence and Decision-making，AI+D）3 个系，其认为人工智能和决策需对以计算机科学为核心的机器学习以及以电子工程为核心的信息论和决策系统进行有机融合，才能培养胜任人才。

1.3 人工智能教学知识点演变

为了规范计算机课程的教学,美国计算机学会(Association for Computing Machinery,ACM)于1968年和1978年发布了计算机科学(Computer Science)课程体系Curriculum 68和Curriculum 78。1985年,ACM和IEEE计算机学会针对计算机科学课程体系成立了一个工作组(Task Force),共同来制定计算机科学的课程体系。这个工作组几乎每隔十年发布一个新的计算机课程体系,目前已经发布了Computing Curricula 1991、Computing Curricula 2001、Computer Science Curriculum 2013等内容。

1968年首次发布的计算机课程体系Curriculum 68强调算法思维,认为算法的概念应当和程序的概念清晰地区分开,并且强调了数学知识的教学(如微积分、线性代数和概率等)。在1968年计算机课程体系中,"AI, heuristic programming(人工智能与启发式规划)"首次出现。由此可以看出,人工智能知识点在第一份计算机专业课程体系中就已经出现,而且从未缺席。

1985年,ACM和IEEE计算机协会(IEEE-CS)联合成立了一个工作组,来制定计算机课程体系,这个工作组认为计算机专业是研究信息描述和转换的系统性算法过程,包括理论、分析、设计、效率、执行和应用。同时,工作组提出计算科学的根本问题是,"什么可以(有效地)自动化"。1991年,这个工作组发布了计算机课程体系Computing Curricula 1991。

ACM和IEEE-CS发布的1991版课程体系将计算机课程体系分为11个知识领域,其中将人工智能与机器人内容单列为Artificial Intelligence and Robotics(AI),这说明人工智能课程在计算机课程体系中成为了一个独立的知识单元,人工智能进入计算机专业教育的核心领域(见表1.4)。

表1.4 ACM和IEEE-CS发布的1991版、2001版、2013版计算机课程体系

1991年(11个知识领域)	2001年(14个知识领域)	2013年(18个知识领域)
算法与数据结构(Algorithms and Data Structures)	离散数学(Discrete Structures)	算法与复杂度(Algorithms and Complexity)

续表

1991 年（11 个知识领域）	2001 年（14 个知识领域）	2013 年（18 个知识领域）
计算机体系结构（Architecture）	人机交互（Human-Computer Interaction）	计算机结构体系与组织（Architecture and Organization）
人工智能与机器（Artificial Intelligence and Robotics）	编程基础（Programming Fundamentals）	计算科学（Computational Science）
数据库和信息检索（Database and Information Retrieval）	图形学与可视计算（Graphics and Visual Computing）	离散数学（Discrete Structures）
人机交互（Human-Computer Interaction）	算法与复杂性（Algorithms and Complexity）	图形与可视化（Graphics and Visualization）
数字和符号计算（Numerical and Symbolic Computation）	智能系统（Intelligent Systems）	人机交互（Human-Computer Interaction）
操作系统（Operating Systems）	体系与组织（Architecture and Organization）	信息保障与安全（Information Assurance and Security）
编程语言（Programming Languages）	信息管理（Information Management）	信息管理（Information Management）
编程语言导论（Introduction to a Programming Language）（选修课程）	操作系统（Operating Systems）	智能系统（Intelligent Systems）
软件方法学和工程（Software Methodology and Engineering）	社会问题与专业实践（Social and Professional Dractice）	网络与通信（Networking and Communications）
社会、伦理和专业实践（Social，Ethical，and Professional Issues）	网络计算（Net-Centric Computing）	操作系统（Operating Systems）
	软件工程（Software Engineering）	基于平台的开发（Platform-Based Development）
	编程语言（Programming Languages）	并行与分布式计算（Parallel and Distributed Computing）
	计算科学（Computational Science）	程序设计语言（Programming Languages）
		软件开发基本原理（Software Development Fundamentals）
		软件工程（Software Engineering）
		系统基本原理（Systems Fundamental）
		社会问题与专业实践（Social Issues and Professional Practice）

2001 年，ACM 和 IEEE-CS 联合工作组发布了计算机课程体系 Computing Curricula 2001。Computing Curricula 2001 将计算机课程体系分为 14 个知识领域，其中将人工智能内容单列为 Intelligent System（AI）。在这版计算机课程体系中，人工智能板块课程内容被进一步地拓展和细化，人工智能的相关内容被分为 13 个分支，分别为智能系统基础、搜索与优化、知识表达和推理、学习、智能体、计算机视觉、自然语言处理、模式识别、先进机器学习、机器人、知识系统、神经网络和遗传算法（见表 1.5）。从这 13 个分支可以看出，人工智能板块基本上已经形成了自己的知识体系和课程体系，已经在核心理论和应用理论上完成了整体架构的搭建和设计。

表 1.5　ACM 和 IEEE-CS 发布的 2001 版、2013 版人工智能教学点体系

人工智能知识的 13 个分支（2001 年）	人工智能知识的 12 个分支（2013 年）
智能系统基础（IS1：Fundamental Issues in Intelligent Systems）	智能基本问题（Fundamental Issues）
搜索与优化（IS2：Search and Optimization Methods）	搜索策略基础（Basic Search Strategies）
知识表达和推理（IS3：Knowledge Representation and Reasoning）	知识表示和推理基础（Basic Knowledge Based Reasoning）
学习（IS4：Learning）	机器学习基础（Basic Machine Learning）
智能体（IS5：Agents）	高级搜索（Advanced Search）
计算机视觉（IS6：Computer Vision）	高级知识表达和推理（Advanced Representation and Reasoning）
自然语言处理（IS7：Natural Language Processing）	不确定下推理（Reasoning Under Uncertainty）
模式识别（IS8：Pattern Recognition）	智能体（Agents）
先进机器学习（IS9：Advanced Machine Learning）	自然语言处理（Natural Language Processing）
机器人（IS10：Robotics）	高级机器学习（Advanced Machine Learning）
知识系统（IS11：Knowledge-Based Systems）	机器人（Robotics）
神经网络（IS12：Neural Networks）	感知与机器视觉（Perception and Computer Vision）
遗传算法（IS13：Genetic Algorithms）	

2013 年，ACM 和 IEEE-CS 联合工作组发布了计算机课程体系 Computing Curricula 2013。在 Computing Curricula 2013 中，计算机课程体系被称为一个"大篷"（Big Tent），其知识领域被拓展为 18 个。在这个课程体系中，人工智能相关内容被分

为 12 个分支,分别包括智能基本问题、搜索策略基础、知识表示和推理基础、机器学习基础、高级搜索、高级知识表达和推理、不确定下推理、智能体、自然语言处理、高级机器学习、机器人、感知与机器视觉。

从 1968 年计算机课程体系到 2013 年计算机课程体系可看出:①人工智能知识体系的着重点走过了从强调程序设计(Programming)、到算法研究(Model)以及功能实现(Function)的不同历史阶段;②从 2008 年和 2013 年计算机课程体系可以看出,计算机课程体系这个"大篷"随时间不断扩展,如基于平台的开发、并行与分布式计算、系统基本原理等是 2013 年中新增加内容;③人工智能知识点逐渐变得明晰,在 2013 年计算机课程体系中明确指出人工智能是一门研究难以通过传统方法去解决实际问题的学问之道,其通过非传统方法解决问题需要利用常识或领域知识的表达机制、解决问题的能力以及学习技巧。为此,需要研究感知(如语音识别、自然语言理解、计算机视觉)、问题求解(如搜索和规划)、行动(如机器人)以及支持任务完成的体系架构(如智能体和多智能体)。

1.4　人工智能人才培养构成元素

人工智能不单纯是一门课程、一项技术、一种产品或一个应用,而是理论博大深厚、技术生机勃勃、产品落地牵引、应用赋能社会的综合生态系统,在这样一个良好生态系统中,学科、专业、课程、教材和实训平台是人才培养生态系统中不可或缺的有机元素。人才培养中不同元素的定位和作用如表 1.6 所示。

表 1.6　人才培养中不同元素的定位和作用

名　称	内　涵	目　的
学科	学科是指学术的分类,指一定科学领域或一门科学的专业分支。学科是分化的科学领域,是相对独立的知识体系。普通高等学校共有 14 个学科门类,即:哲学、经济学、法学、教育学、文学、历史学、理学、工学、农学、医学、军事学、管理学、艺术学和交叉门类。目前具有学位授权自主审核权限的若干高校已经设置了人工智能交叉学科	知识的发现和创新,向社会提供的产品称之为科研成果。人工智能具有学科交叉特点,如用于新药合成等科学发现

名　称	内　涵	目　的
专业	根据社会分工、经济和社会发展需要以及学科的发展和分类状况而划分的专业门类,是课程的一种组织形式。目前已经批准设置了人工智能本科专业	培养各级各类专业人才为己任,如人工智能本科专业培养人工智能及其相关领域专业人才
课程	课程是为实现专业培养目标,达到人才规格而对有关学科的知识和技术通过开发、整合形成的教学科目	课程是人才培养的核心要素,课程质量直接决定人才的培养质量
教材	课堂教学,从教的角度来说有"四个教"的要素,就是教师、教材、教法、教风,其中教材是基础,教材是师生教与学互动的载体	教材是国家事权,体现教育思想、理念和内容
实训平台	实训平台可从算法层面让学生对人工智能技术"知其意,悟其理,守其则,践其行"	应用驱动和问题驱动是人工智能发展的生命线,实训平台是人工智能人才培养关键手段

　　学科和专业一般相对于研究生和本科生而言。学科是指学术的分类,是相对独立的知识体系,即一定科学领域或一门科学的分支,如自然科学中物理、数学和化学等,社会科学中历史学和教育学等。专业是根据社会分工、经济和社会发展需要以及学科的发展和分类状况而划分的学业门类。当前具有学位授权自主审核权限的若干高校(浙江大学、华中科技大学和武汉大学)已经设置了人工智能交叉学科,一批高校设置了人工智能本科专业。

　　课程是人才培养的核心要素,是影响学生发展最直接的中介和变量,课程质量直接决定着人才的培养质量。教育部于 2020 年 11 月公示了首批国家级一流本科课程名单,认定 5118 门课程为首批国家级一流本科课程(含 1559 门在促进信息技术与教育教学深度融合,特别是在应对新冠肺炎期间实施的大规模在线教学中作出了重要贡献的原 2017 年、2018 年国家精品在线开放课程和国家虚拟仿真实验教学项目)。其中,线上一流课程 1875 门,虚拟仿真实验教学一流课程 728 门,线下一流课程 1463门,线上线下混合式一流课程 868 门,社会实践一流课程 184 门。在这些课程中,有一批人工智能一流本科课程,如人工智能:模型与算法(浙江大学吴飞)、人工智能原理(同济大学苗夺谦)、人工智能导论(浙江工业大学王万良)、人工智能实践:Tensorflow笔记(北京大学曹健)、人工智能与信息社会(北京大学陈斌)、大数据机器学习(清华大学袁春)、无人驾驶车人工智能与创新设计的虚拟仿真实践教学(北京科技大学覃京燕)、人工智能思想与方法(北京语言大学于东)、网络与人工智能法(南京航空航天大学王建文)、人工智能基础(山东交通学院)。

教材是国家事权,体现了教育思想、理念和内容,也是教师教和学生学的依据。2018 年 3 月,高等教育出版社联合国家新一代人工智能战略咨询委员会在北京组织成立了"新一代人工智能系列教材"编委会,由潘云鹤院士担任编委会主任委员,郑南宁院士、高文院士、吴澄院士、陈纯院士和林金安副总编辑担任编委会副主任委员。"新一代人工智能系列教材"包含人工智能基础理论、算法模型、技术系统、硬件芯片和伦理安全,以及"智能+"学科交叉等方面内容和实践系列教材,在线开放共享课程,各具优势、衔接前沿、涵盖完整、交叉融合。新一代人工智能系列教材由来自浙江大学、北京大学、清华大学、上海交通大学、复旦大学、西安交通大学、天津大学、哈尔滨工业大学、同济大学、西安电子科技大学、南开大学、桂林电子科技大学、南京理工大学、四川大学、北京理工大学、微软亚洲研究院等高校和研究机构研究人员参与编写。目前《人工智能导论:模型与算法》《可视化导论》《智能产品设计》3 本教材已经出版,且均在爱课程(中国大学 MOOC)发布了在线课程,选修人员超过 20 万。其中,已经出版教材所对应的在线课程"人工智能导论:模型与算法"和"设计思维与创新设计"入选首批国家级一流本科课程(线上课程)。

《自然语言处理》《人脸图像合成与识别》《模式识别》《金融智能理论与实践》《人工智能与数字经济》和《物联网安全》将于 2021 年年底出版。《自主智能运动系统》《人工智能芯片与系统》《神经认知学》《人工智能伦理》《人工智能伦理与安全》《媒体计算》《人工智能逻辑》《生物信息智能分析与处理》《数字生态:人工智能与区块链》《人工智能内生安全》《数据科学前沿技术导论》《深度学习基础》和《计算机视觉》正在撰写。

人工智能这一使能技术的典型特点是应用驱动,当今人工智能已经渗透到各行各业,正不断提高实体经济发展的质量和效益。许多领先的 IT 企业不仅掌握了丰富的应用场景数据,而且掌握了先进的开发工具和前沿技术。高校人才培养应该与这些IT企业开展产教合作,建立合作基地,形成良好的产教融合关系,给学生创造实习实训机会,使得所培养的人才能够面向丰富场景应用和重大现实问题等发挥应有之力,即要求学生系统了解人工智能的基本概念和基础算法,掌握人工智能脉络体系,体会具能、使能和赋能的手段。为了实现这样的教学理念,人工智能算法实训平台变得越来越重要。2020 年 7 月 1 日,浙江大学人工智能研究所和人工智能协同创新中心发布了由潘云鹤院士题词的"智海——新一代人工智能科教平台"(www.wiscean.cn),寓意为"有智之能,方可驱动时代变革;有海之容,便可赋能万物更新",并同时赋予"人工智能、教育先行;产学协作、引领创新"平台理念。智海平台将创新技术需求和教学实践场景紧密结合,在 MindSpore、ModelArts 和飞桨等人工智能编程框架的支持下,鼓励学生研发基于国产人工智能软硬件体系的人工智能算法库和应用场景模型,架构支持跨学校、跨学科的人工智能科教创新社区,开源开放案例、算法、模型、数据和应用场景等,通过 AI+X 行业应用、人工智能微专业和人工智能微认证等模式,创新产教融合、科研育人的人才培养模式,汇聚高校和企业力量,在科教融合和创新人才培养等国家重大战略背景下,推动人才链、科研链、产业链和创新链的高层次融合,为构筑人工智能发展的先发优势培养战略资源(见图 1.2)。

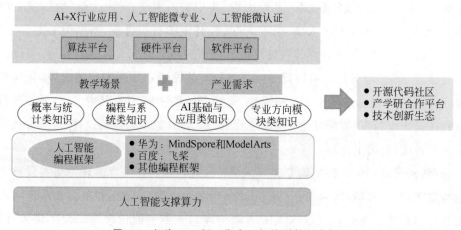

图 1.2　智海——新一代人工智能科教平台框架

1.5　智能教育前沿研究

当前,融合了"互联网+"和"智能+"技术的在线教学已成为重要发展方向,在线教学由"新鲜感"向"新常态"转变,催生新的教育形态和人才培养范式。以"互联网+"和"智能+"为核心的技术被应用于在线教育场景,推动从以"教"为中心向以"学"为中心的范式革命。

在这一过程中,推动教育改革的技术手段面临如下挑战:从"从面对面单声道直播"到"多主体多声道协同",即学习者和受教育者多个主体以点对点、组对组形式进行相互合作,产生新型智慧,体现群智涌现。可以说,群智协同促进了知识生成和知识创新;从"教学内容浏览搜索"到"人机交互自适应学习"。人机交互提供内容推荐、碎片化知识合成和按需分组等自适应学习手段,提质以人为中心的自适应学习,体现人机协同;从"线下主观评价"到"线上全过程数据驱动评测"。智能算法可对学习环境、受教个体、学习行为等累积的数据进行挖掘,获取因果证据、评测学习效果,体现由果溯因。

可以看出,从"单声道直播"到"多主体多声道协同",变革"满堂灌"到"群智协同";从"千篇一律"到"自适应学习",提升人在回路教育场景"机器智能";从"主观评价"到"因果评测",建立以"因果推断"为核心实证评估。这些挑战都是人工智能创新技术和人工智能赋能教育要解决的问题。

长期以来,我们多从社会科学和人文科学角度来加强教育研究,人工智能、大数据等创新技术驱动教育发展,使得教育的根本性问题也随之发生变化,迫切需要推进自然科学研究范式以深化对教育和人的认知。

2018 年,国家自然科学基金委增设教育信息科学与技术,申请代码为 F0701,将自然科学研究范式引入教育研究,希望通过自然科学基金项目资助部署,广泛吸引不同领域的科学家开展多学科交叉的基础研究来解决教育创新发展中亟待解决的科学问题。

表 1.7 列出了教育信息科学与技术代码体系,分别是教育信息科学基础理论与方法(F070101)、在线与移动交互学习环境构建(F070102)、虚拟与增强现实学习环境(F070103)、教学知识可视化(F070104)、教育认知工具(F070105)、教育机器人(F070106)、教育智能体(F070107)、教育大数据分析与应用(F070108)、学习分析与评测(F070109)、自适应个性化辅助学习(F070110)。

表 1.7　教育信息科学与技术代码体系

代　　码	内 容 描 述
F070101	教育信息科学基础理论与方法
F070102	在线与移动交互学习环境构建
F070103	虚拟与增强现实学习环境

代　　码	内 容 描 述
F070104	教学知识可视化
F070105	教育认知工具
F070106	教育机器人
F070107	教育智能体
F070108	教育大数据分析与应用
F070109	学习分析与评测
F0701010	自适应个性化辅助学习

1.6　小结

　　跨学科(Interdisciplinary)这一术语最早由 1937 年 12 月出版的《牛津英语词典》(*Oxford English Dictionary*)引进,并被用在一种社会学杂志上。自然科学领域最早的跨学科研究可追溯到 1984 年美国伊利诺伊大学所收到金额为 4000 万美元的一笔公立学校私人捐助经费,成立贝克曼研究院(Beckman Institute)开始。

　　科技发展的事实已经表明,重大科技问题的突破,新理论乃至新学科的创生,常常是不同学科理论交叉融合的结果。学科之间的交叉和渗透在现代科学技术发展历程中推动了链式创新。利用不同学科之间依存的内在逻辑关系,在学科之间相互渗透、交叉和综合,可实现科学的整体化,是知识生产的前沿。学科交叉正在成为科学发展的主流,推动着科学技术的发展。

　　图 1.3 给出了国家自然科学基金委员会信息学部设置人工智能学科研究内容关系。从图 1.3 可见,人工智能基础包括以数学方法和物理模型为核心的基础理论以及复杂理论与系统,这些基础研究构成了机器学习和知识表示与处理等内容。为了通过机器模拟人类智能,需要研究人类所具有的自然语言、视觉和识别分类等能力,因此机器视觉、模式识别、自然语言处理就构成了人工智能的实现手段。作为一种使能技术,人工智能因为其交叉内禀而获得了广泛应用,为此需要研究人工智能芯片与软硬件、

智能系统与应用、新型和交叉的人工智能等内容。仿生智能、类脑机制和人工智能安全推动人工智能本身的研究进步。

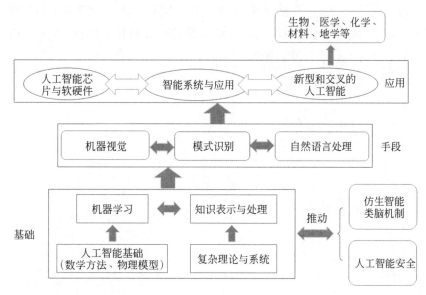

图 1.3　国家自然科学基金委员会信息学部设置人工智能学科研究内容关系

为了从学科交叉角度来促进基础科学研究,国家自然科学基金委员会于 2020 年 11 月成立了名为"交叉学科部"的第九大学部,这是 2009 年医学科学部从生命科学部划分成立后,时隔 11 年再次成立新的学部。在基础研究方面,交叉科学部的任务是以重大基础科学问题为导向,以交叉科学研究为特征,统筹和部署面向国家重大战略需求和新兴科学前沿交叉领域研究,建立健全学科交叉融合资助机制,促进复杂科学技术问题的多学科协同攻关,推动形成新的学科增长点和科技突破口,探索建立交叉科学研究范式,培养交叉科学人才,营造交叉科学文化。

2020 年 6 月 16 日,潘云鹤院士作为通讯作者与其他人工智能领域的年轻学者,在《自然》子刊《机器智能》发布了《中国迈向新一代人工智能》的文章,全景式地扫描中国新一代人工智能的形成过程和发展现状。潘院士指出,中国今后新一代人工智能的发展面临如下挑战:一是大力培养人工智能本土一流人才;二是加强学科交叉下的人工智能理论突破;三是规范人工智能伦理道德;四是全面构建起中国人工智能发展生态。

人工智能人才培养和科学研究需要综合生态系统(Ecosystem System)的支撑,在这样一个良好生态系统中,每一个来自不同领域的参与者都可郁郁葱葱、乘势成长。

"致天下之治者在人才,成天下之才者在教化。"我们相信在这样一个伟大的历史时刻,高等学校即将肩负起人工智能人才培养的伟大历史使命,与企业、政府及其他联盟一起,人工智能教育先行,产学协作,引领创新。1955年人工智能登上历史舞台的初心非常简单,人工智能每一次成绩的取得必将推动社会的伟大巨变,人工智能最终完成的一刹那必将为人类社会带来辉煌的巨变。

"凡贵通者,贵其能用之也!"

第 2 章

浙江大学人工智能本科专业培养课程体系

根据人工智能"至小有内(内涵)"和"至大无外(交叉)"的特点,浙江大学人工智能本科专业按照"厘清内涵、促进交叉、赋能应用"原则设置了课程体系(见图 2.1)。

厘清内涵指确立专业培养定位和专业培养方向,重视数学与统计知识(如优化理论、概率论、线性代数、数字分析等)、计算机编程和系统能力(如程序设计、算法分析和系统等)以及人工智能基础知识(如逻辑推理、机器学习、强化学习、控制与博弈决策等)。促进交叉指"专、通、交"课程内容贯穿,即核心课程中既要有"专业化"课程(掌握系统而牢固的人工智能专业知识),也要有"通识"课程(拓宽人工智能的知识面)以及体现若干专业学科知识汇聚的"交叉"课程(具备 AI+X 的知识能力),培养人工智能人才的广泛适应能力和可持续竞争力,以应对快速变化的新时代;赋能应用指加强实践体系建设,针对人工智能是应用驱动的特点,在人才培养过程中,与人工智能相关企业合作,加大设置人工智能芯片、工具、系统和平台等课程,加强技术应用能力以及应用场景创新能力的培养。

为了达到通专融合人才培养的目的,在人才培养中形成了"AI 赋能、教育先行;创新引领、产学协同"思路,即从以知识点为核心的通专融合课程设计、以产学研汇聚为核心的生态搭建以及以实训平台促进赋能应用 3 个方面来进行人才培养(见图 2.2)。

1. 以知识点为核心的通专融合课程设计

当前人工智能专业课程体系与计算机类专业、智能科学与技术本科专业以及控制类专业有一定的联系。鉴于人工智能交叉赋能和支撑引领的特点,需要以知识点为核心设计通专融合的人工智能课程体系,包含概率与统计类数学知识、编程与系统类计算机知识、人工智能基础与应用类 AI 知识以及专业方向模块类知识(如 AI 药学、AI制造、AI 医学、AI 农业等)。

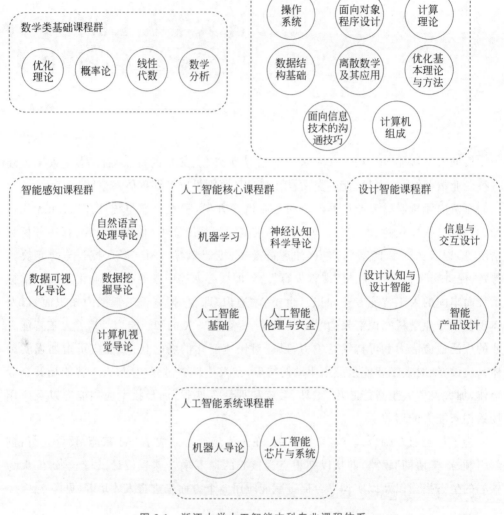

图 2.1　浙江大学人工智能本科专业课程体系

　　具体而言,需要研究人工智能算法、模型、系统、工具及其领域应用(自然语言、机器人、人机交互、计算机视觉、语音等)中知识点,辅以行业应用(搜索、推荐等),巧妙与神经学、认知学、心理学等促进场景人工智能进展的知识点融合。强化专业化意识,避免人工智能知识体系碎片化与空心化,成体系培养人工智能专业人才。

　　同时,《新一代人工智能发展规划》明确提出"把握人工智能技术属性和社会属性

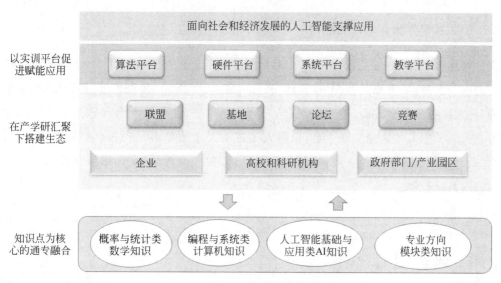

图 2.2　人工智能创新性人才培养思路

高度融合的趋势"。在人工智能推进过程中,既要加强人工智能研发和应用力度,赋能实体经济,又要预判人工智能与实体经济拥抱可能对社会各个方面带来的一些新挑战和冲击。当前,人工智能所呈现的人机协同和自主智能等特点,使得算法、机器和系统成为人类社会不可或缺的一个组成部分,隐私泄露、大数据杀熟、机器杀手、机器换人等现象出现,给社会治理、法律规范等带来了严峻挑战。在一般意义上,伦理关注人与人之间的道德规范和准则,人工智能伦理则关注人-机、机-机以及人-机共融所形成社会形态需要遵守的道德准则,因此在人工智能专业课程中要考虑人工智能伦理等方面的知识点。

在课程设计中,需将人工智能及其相关知识点的基本思想和方法以及应用实践讲授给学生,贯穿以"设计和构造"为特点的"计算思维",使得学生在遇到实际问题时,能够在其所受熏陶的通识知识基础上进一步拓展学习,有方向性地寻找解决思路,设计具体解决方案。

2. 以产学研汇聚为核心的生态搭建

在信息化向智能化转型过程中,人工智能人才培养任务艰巨而光荣。在课程教学中要顶层设计好其"根本",同时体现一定的灵活度,扎根国家经济、社会、民生和国家安全的需求土壤,与维系土壤生态的产、学、研、政等要素紧密协同育人。

3. 以实训平台促进赋能应用

聚焦科研、教学与生态,面向人工智能人才培养提供技术支撑平台、工具和课程核心资源和服务,从资源共享、平台共建、联合科研、人才培养、课程建设、师资培训、学生项目、社区论坛等多方面,构建包含算法平台、硬件平台、系统平台和教学平台在内的开放人工智能人才培养实训平台,以将人工智能人才培养由"讲、教、学"提升为由产、学、政合力建设的"赋能、实践和创新"的大平台,在理论教学、实训锻炼和技术创新等方面探索新机制。

2.1 培养目标

以面向科学研究、面向未来、面向世界为教育理念,图灵班将选拔最富进取激情、学业最优秀、动手能力超强并立志献身计算机基础科学研究事业的学生,借助竺可桢学院拔尖人才培养基地和教育教学改革的试验田的平台,集中计算机学院及相关院系的教学科研力量,培养具备厚基础、高素养、深钻研、宽视野的高素质、创新型本科生,本科毕业后到全球一流高校继续深造,有望在将来成为计算机科学、网络空间安全和人工智能领域世界一流学科引领者和战略科学家。

2.2 毕业要求

毕业生应掌握如下知识并具备如下能力。

(1)全面掌握人工智能核心知识、智能感知知识与技术、智能系统技术基础、设计智能知识与技术。

(2)具备较强的工程实践及科研实践能力,包括创新、想象和动手能力;具备较强的沟通表达及职业发展能力,包括外语、写作和表达能力;具备一定的领导及组织能力。

（3）思想、道德、文化素质高,有国家情怀和责任担当,身体强健。

（4）具备完整的认知结构、坚强的意志品质、较强的抗挫折能力、良好的人际关系和交流表达能力,心理健康、乐观向上、积极主动。

（5）4 年学制、最低毕业学分 150＋6＋4＋2＋2。

2.3　培养机制

1. 生源选拔

实施优秀学生选拔制度,每年由浙江大学招生办公室根据考生高考表现择优录取学生,单独编班,成为浙江大学图灵班荣誉学生。图灵班有计算机科学与技术、人工智能、网络空间安全三个专业方向。由浙江大学招生办公室按照考生意愿和实际情况,发放图灵班三个专业的录取通知书。图灵班学生入学后可以按照学校转专业的统一流程重新选择确认一次自己感兴趣的专业。

2. 培养机制

图灵班的教育以"四全一专"教育为特色,全方位培养计算机基础学科卓越人才。

（1）全科式基础强化。为了培养厚基础的卓越人才,图灵班高度重视对学生理论知识和基础能力的培养,在前两年加强通识教育,以及计算机、人工智能、网络空间安全、数学、物理等方面的基础,使得学生具有开阔的全科视野,为优秀学生成长奠定坚实的基础。为此,在课程设置上,参考国内外顶尖计算机系的课程设置方案,设置如下全科培养方式:①在前两年实施竺可桢学院数学(数学分析、线性代数、概率论和数理统计等)与物理(普通物理)的系列荣誉课程,以及计算机的编程基础课程(程序设计基础、数据结构基础、汇编语言程序设计基础),使得学生具有扎实的数理基础和掌握良好的计算机编程能力;②设置一系列必修的计算机学科基础核心课程(操作系统、计算机组成、计算理论、高级数据结构与算法分析、信息安全、机器学习等),全面覆盖计算机科学与技术、人工智能与网络空间安全三个计算机专业方向关键核心课程,培养具备计算机全科坚实基础的优秀本科生。

(2)全方位科研训练。为了培养学生的科研思维,图灵班融合世界重点大学计算机专业教育先进和科学的方法,在后两年专业教育培养中开设广覆盖的研讨性课程,打造基于探索类课程和综合实践的多轮迭代能力培养方案,使得学生具备优秀的研究型学习能力和创新能力。图灵班实施全方位科研训练,引导学生进行科研创新活动,设置科研实践Ⅰ、Ⅱ、Ⅲ、Ⅳ、Ⅴ、Ⅵ系列选修课程,在专业导师的指导下,循序渐进,进行必要的科研训练,获得相应专业学分。

(3)全程化导师引领。为了选拔培养具有特殊潜力和特别优秀的本科生,图灵班将通过包括院士和图灵奖获得者在内的师资队伍建设和保障,在入学后即给每位学生配备学业发展导师、确定专业后配备专业研究导师。图灵班实施全程化导师引领,因材施教,根据学生所确定的专业方向,在专业导师的指导下制定(后两年)专业选修课程的个性化培养方案,修读计算机科学与技术、人工智能和网络空间安全相关的课程。此外,在专业导师引领下发挥所长,鼓励导师引领学生尝试早期科研实践,不断提高学生的科研创新能力,引领学生进入某一领域的高水平研究大门。

(4)全球化资源导入。为了全面提高拔尖人才的国际学术视野,图灵班建立多方位、多层次的国际学术交流平台,为学生提供到国际顶尖学术科研机构合作研究与实习的机会,并引入国际化师资参与课程计划设计、全英教学和科研训练,促使学生适应国际化教学模式和培养学生的国际化思维方式。

(5)专业化学科培养。人工智能以计算机科学为基础,广泛应用于各专业领域,具有覆盖面广、技术更新快、可持续发展性强等特点。结合上述特点,人工智能专业开设五大课程群。其中,基础课程群包含数学与计算机科学相关的基础知识,为学生奠定良好的学科基础;核心课程群包括人工智能的核心基础技术,是学生根据自身兴趣进一步选择细分方向的通识技术保障;智能感知课程群指导学生如何从诸如视频、文本、网络等大规模数据中提取并识别有价值的结构化知识,并利用其进行推理、决策和创造;智能系统课程群包括如何利用信号处理和编码、智能系统等相关知识,搭建满足不同应用场景的智能系统和平台;设计智能课程群学习如何利用设计认知和设计思维等基础理论,并结合人工智能技术,在设计智能领域开展创新实践。

2.4　课程设置与学分分布

1. 通识课程

本模块课程分为思政类、军体类、外语类、计算机类、自然科学通识类、创新创业类、通识选修课程 7 类(见表 2.1,表中 $X+Y$ 的字样表示:R 为授课教学学时所占学分,Y 为实践学时所占学分)。

表 2.1　通识课程设置

课程模块(学分)	课程类别(学分)	课 程 名 称	学分	周学时	建议学年学期
通识课程	思政类(14+2)	形势与政策 I	+1.0	0.0~2.0	一(秋冬)+一(春夏)
		思想道德修养与法律基础	3.0	2.0~2.0	一(秋冬)
		中国近现代史纲要(H)	3.0	3.0~0.0	一(秋冬)
		马克思主义基本原理概论	3.0	3.0~0.0	二(秋冬)/二(春夏)
		毛泽东思想和中国特色社会主义理论体系概论	5.0	4.0~2.0	三(秋冬)/三(春夏)
		形势与政策 II	+1.0	0.0~2.0	四(春夏)
	军体类(8+2.5)	军训	+2.0	+2	一(秋)
		体育 I	1.0	0.0~2.0	一(秋冬)
		体育 II	1.0	0.0~2.0	一(春夏)
		军事理论	2.0	2.0~0.0	二(秋冬)/二(春夏)
		体育 III	1.0	0.0~2.0	二(秋冬)
		体育 IV	1.0	0.0~2.0	二(春夏)
		体育 V	1.0	0.0~2.0	三(秋冬)
		体育 VI	1.0	0.0~2.0	三(春夏)
		体质测试 I	+0.5	0.0~1.0	四(秋冬)/四(春夏)
		体育I、体育II、体育III、体育IV、体育V、体育VI为必修课程,每门课程 1 学分,要求在前 3 年内修读。学生一、二、三年级的体质测试原则上随课程进行,成绩不另记录;四年级独立进行测试,达标者按+0.5 学分记			

续表

课程模块 （学分）	课程类别 （学分）		课 程 名 称	学分	周学时	建议学年学期
通识课程	外语类 （0+1）	必修课程 （+1）	英语水平测试	+1.0	0.0～2.0	
		选修课程	大学英语Ⅳ（H）	3.0	2.0～2.0	一（秋冬）
			英语口语	1.0	0.0～2.0	一（冬）/一（春夏）
			英语写作	2.0	2.0～0.0	一（冬）/一（春夏）
			托福阅读	1.5	1.5～0.0	二（秋）
			托福听力	1.5	1.5～0.0	二（冬）
			托福口语	1.5	1.5～0.0	二（春）
			托福写作	1.5	1.5～0.0	二（夏）
			外语实行英语水平测试通过制,学生在校期间须通过"浙江大学英语水平测试"并获得学分；在本科期间学生托福考试成绩95分以上（含95分）、雅思成绩7.0分以上（含7.0分）或全国大学英语六级考试笔试550分（各分项均及格）且口试分数为B级以上（含B级），可申请免考"浙江大学英语水平测试"。"浙江大学英语水平测试"修读办法参见《浙江大学本科生"外语类"课程修读管理办法》（2018年4月修订）（浙大本发〔2018〕14号）。修读的外语类课程可计入个性课程（最多计6学分）			
	计算机类 （3）		C程序设计基础	3.0	2.0～2.0	一（秋冬）
	自然科学通识类 （29.5）		线性代数Ⅰ（H）	3.5	3.0～1.0	一（秋冬）
			数学分析（甲）Ⅰ（H）	5.0	4.0～2.0	一（秋冬）
			线性代数Ⅱ（H）	2.0	2.0～0.0	一（春夏）
			普通物理学Ⅰ（H）	4.0	4.0～0.0	一（春夏）
			普通物理学实验Ⅰ	1.5	0.0～3.0	一（春夏）
			数学分析（甲）Ⅱ（H）	5.0	4.0～2.0	一（春夏）
			普通物理学Ⅱ（H）	4.0	4.0～0.0	二（秋冬）
			普通物理学实验Ⅱ	1.5	0.0～3.0	二（秋冬）
			概率论（H）	3.0	3.0～0.0	二（秋冬）
			通识教育阶段实施厚基础、宽口径的培养,强化数理化基础,为学生自主确认专业提供空间			

课程模块 （学分）	课程类别 （学分）		课 程 名 称	学分	周学时	建议学年学期
通识课程	创新创业类 （1.5）		在创新创业类课程中任选一门修读			
	通识选修课程 （10.5）	通识核心课程 （3）	西方文明史	3.0	2.0～2.0	一（秋冬）/一（春夏）
			孔子与《论语》	3.0	2.0～2.0	一（秋冬）/一（春夏）
			中国文学基础	3.0	2.0～2.0	一（秋冬）/一（春夏）
			哲学意识	3.0	2.0～2.0	一（秋冬）/一（春夏）
			中华文明史	3.0	2.0～2.0	一（秋冬）/一（春夏）
			要求学生在以上课程中修读一门通识核心课程			
		交叉通识课程 （3）	社会学入门	1.5	1.5～0.0	一（秋冬）/一（春）
			在"中华传统""世界文明""当代社会""文艺审美"4 类中至少修读两门,学院单独开设以下课程供学生修读			
		博雅技艺类 （1.5）	至少修读一门"博雅技艺"类课程			
		其他通识课程 （3）	在通识选修课程中自行选择修读其余学分			
			若上述通识核心课程项所修课程同时也属于上述交叉通识课程或交叉通识课程,则该课程也可同时满足交叉通识课程或交叉通识课程要求			

2. 专业基础课程

本模块课程共修 38 学分,表 2.2 给出专业基础课程设置内容。

表 2.2 专业基础课程设置

课程模块 （学分）	课 程 名 称	学分	周学时	建议学年学期
专业基础课程 （38）	离散数学及其应用	4.0	4.0～0.0	一（春夏）
	网络空间安全导论	2.0	2.0～0.0	一（春夏）
	数字逻辑设计	4.0	3.0～2.0	二（秋冬）
	数据结构基础	2.5	2.0～1.0	二（秋冬）
	人工智能基础	3.5	3.0～1.0	二（秋冬）

续表

课程模块 （学分）	课 程 名 称	学分	周学时	建议学年学期
专业基础课程 （38）	优化基本理论与方法	2.0	2.0～0.0	二（秋冬）
	高级数据结构与算法分析	4.0	3.0～2.0	二（春夏）
	计算机组成	4.5	3.5～2.0	二（春夏）
	面向信息技术的沟通技巧	2.0	2.0～0.0	二（夏）
	面向对象程序设计	2.5	2.0～1.0	二（春夏）
	计算理论	2.0	2.0～0.0	三（秋冬）
	操作系统	5.0	4.0～2.0	三（秋冬）

3. 专业课程

本模块课程分为专业必修课程、专业基础选修课程、专业选修课程三大类。表 2.3 给出专业课程设置内容。

表 2.3 专业课程设置

课程模块 （学分）	课程类别 （学分）		课程名称	学分	周学时	建议学年 学期
专业课程	专业必修课程 （26.5）	核心课程群 （13）	机器学习	4.0	4.0～0.0	二（秋冬）
			人工智能伦理与安全	3.0	3.0～1.0	三（春夏）
			神经认知科学导论	3.0	3.0～0.0	二（秋冬）
		智能感知、 人工智能系统、设计智能课程群 （13.5）	自然语言处理导论	3.5	3.0～1.0	三（春夏）
			计算机视觉导论	3.5	3.0～1.0	三（秋冬）
			人工智能芯片与系统	3.5	3.0～1.0	三（春夏）
			设计认知与设计智能	3.0	3.0～0.0	三（秋冬）
	专业基础选修课程 （4）		计算机网络	4.0	3.0～2.0	三（秋冬）
			编译原理	4.0	3.0～2.0	三（春夏）
			数据库系统	4.0	3.0～2.0	二（春夏）
			若专业基础选修课程需要获得至少 4 学分，超出 4 学分的部分可计入专业选修课程的学分			

续表

课程模块 （学分）	课程类别 （学分）	课程名称	学分	周学时	建议学年 学期
专业课程	专业选修课程 （智能感知、人工智能 系统、设计智能课程群） （14）	数据挖掘导论	2.5	2.0～1.0	三（春夏）
		机器人导论	3.5	2.5～2.0	三（春夏）
		数据可视化导论	2.0	2.0～0.0	三（春夏）
		信息与交互设计	3.5	3.0～1.0	三（春夏）
		智能产品设计	3.5	3.0～1.0	三（春夏）
		智能视觉信息采集	2.0	3.0～2.0	三（秋）
		计算机图形学	2.5	2.0～1.0	三（秋冬）
		并行算法	2.0	2.0～0.0	三（夏）
		计算机前沿技术讲座	1.0	1.0～0.0	四（秋冬）
		信息检索和 Web 搜索	2.0	2.0～0.0	三（夏）
		虚拟现实与数字娱乐	2.0	2.0～0.0	四（春夏）
		汇编语言程序设计基础	2.0	1.5～1.0	一（春夏）
		科研实践 Ⅰ	1.0	1.0～0.0	三（秋冬）
		科研实践 Ⅱ	1.0	1.0～0.0	三（春夏）
		科研实践 Ⅲ	2.0	2.0～0.0	四（秋冬）
		科研实践 Ⅳ	2.0	2.0～0.0	四（春夏）
		科研实践 Ⅴ	4.0	4.0～0.0	四（秋冬）
		科研实践 Ⅵ	4.0	4.0～0.0	四（春夏）
		为鼓励发表高水平论文,特设置科研实践系列课程（Ⅰ、Ⅱ、Ⅲ、Ⅳ、Ⅴ、Ⅵ）,发表 CCF A 类或 ZJU100 论文可获得相应课程的学分,规则如下:一作论文 4 学分,二作论文 2 学分,其他 1 学分;每个学生最多可以计算最高学分的两篇论文,最高计 8 学分;共同作者所获相应的学分按照共同作者的人数平均,例如共同第一作者有 2 人,则所获学分为 2 学分			

4. 毕业论文（设计）

本模块共修 8 学分,表 2.4 给出毕业论文（设计）设置相关内容。

表 2.4　毕业论文(设计)设置

课程模块 (学分)	课 程 名 称	学分	周学时	建议学年学期
毕业论文(设计) (8)	毕业论文(设计)	8.0	+10	四(春夏)

5. 其他模块

(1) 跨专业模块(3 学分)。跨专业模块是学校为鼓励学生跨学科跨专业交叉修读、多样学习而设置的学分。学生修读微辅修、辅修、双专业、双学位的课程或外专业的其他专业课程,或经认定的跨学院(系)完成过程性的教学环节等,可认定为该模块学分,同时可计入相应的个性修读课程学分或第二课堂。若学生修读的跨专业课程符合微辅修/辅修条件,可在认定为跨专业模块学分的同时获得微辅修/辅修证书。

(2) 国际化模块(3 学分)。学生完成以下经学校认定的国际化环节可作为国际化模块学分,并可同时替换其他相近课程学分或作为其他修读要求中的课程:①境外交流学习并获得学分的课程;②在境外参加 2 个月以上的实习实践、毕业设计(论文)、科学研究等交流项目;③经学校认定的其他高水平的国际化课程。

另外还有第二课堂 4 学分、第三课堂 2 学分、第四课堂 2 学分。

2.5　培养目标-毕业要求

培养目标为:以面向科学研究、面向未来、面向世界为教育理念,图灵班将选拔最富进取激情、学业最优秀、动手能力超强、立志献身计算机基础科学研究事业的学生,借助竺可桢学院拔尖人才培养基地和教育教学改革的试验田的平台,集中计算机学院及相关院系的教学科研力量,培养具备厚基础、高素养、深钻研、宽视野的高素质、创新型本科生,本科毕业后到全球一流高校继续深造,有望在将来成为计算机科学、网络空间安全和人工智能领域世界一流学科引领者和战略科学家。

培养目标分解如下。

（1）厚基础——①扎实的数理基础；②扎实的专业基础。

（2）高素养——①人文素养；②管理沟通能力；③对社会和人类发展的责任感。

（3）深钻研——掌握基本的研究方法，具有较强的研究能力。

（4）宽视野——了解国际国内的本专业领域的最新进展，把握专业领域发展方向的初步能力。

（5）创新型——具有很强的创新意识，较强的创新能力。

表 2.5 所示为培养目标-毕业要求对应矩阵。

表 2.5　培养目标-毕业要求对应矩阵

<table>
<tr><th colspan="2" rowspan="2">目 标 分 解</th><th>1a
数理
基础</th><th>1b
专业
基础</th><th>2a
人文
素养</th><th>2b
管理沟
通能力</th><th>2c
责任感</th><th>3
深钻研</th><th>4
宽视野</th><th>5
创新型</th></tr>
<tr></tr>
<tr><td rowspan="4">知识</td><td>1a 人工智能核心知识</td><td>●</td><td>●</td><td></td><td></td><td></td><td></td><td></td><td></td></tr>
<tr><td>1b 智能感知知识与技术</td><td></td><td>●</td><td></td><td></td><td></td><td></td><td></td><td></td></tr>
<tr><td>1c 智能系统技术基础</td><td></td><td>●</td><td></td><td></td><td></td><td></td><td></td><td></td></tr>
<tr><td>1d 设计智能知识与技术</td><td></td><td>●</td><td></td><td></td><td></td><td></td><td></td><td></td></tr>
<tr><td rowspan="3">能力</td><td>2a 工程实践及科研实践能力</td><td></td><td></td><td></td><td></td><td></td><td>●</td><td></td><td>●</td></tr>
<tr><td>2b 沟通表达及职业发展能力</td><td></td><td></td><td></td><td>●</td><td></td><td></td><td>●</td><td></td></tr>
<tr><td>2c 领导及组织能力</td><td></td><td></td><td></td><td>●</td><td>●</td><td></td><td></td><td></td></tr>
<tr><td rowspan="3">素质</td><td>3a 思想、道德、文化素质</td><td></td><td></td><td>●</td><td></td><td>●</td><td></td><td></td><td></td></tr>
<tr><td>3b 有国家情怀和责任担当</td><td></td><td></td><td>●</td><td></td><td>●</td><td></td><td></td><td></td></tr>
<tr><td>3c 身体素质</td><td></td><td></td><td>●</td><td></td><td></td><td></td><td></td><td></td></tr>
<tr><td>人格</td><td>4a 认知结构完整、抗挫折能力强、人际关系良好、乐观向上、积极主动</td><td></td><td></td><td>●</td><td></td><td>●</td><td></td><td>●</td><td></td></tr>
</table>

2.6　专业必修课程简介

人工智能本科专业包括人工智能基础、机器学习、人工智能伦理与安全和神经认知科学导论 4 门必修课程。下面对这 4 门专业必修课程进行简略介绍。

2.6.1　人工智能基础

英文名称：The fundamentals of Artificial Intelligence。

学分：3.5。

周学时：3.0～0.5。

预修课程要求：线性代数、数学分析等等。

1. 课程介绍

中文简介：人工智能（Artificial Intelligence，AI）是以机器为载体所展示出来的人类智能，因此人工智能也被称为机器智能（Machine Intelligence）。对人类智能的模拟可通过以符号主义为核心的逻辑推理、以问题求解为核心的探询搜索、以数据驱动为核心的机器学习、以行为主义为核心的强化学习和以博弈对抗为核心的决策智能等方法来实现。本课程成体系介绍人工智能的基本概念和基础算法，可帮助学习者掌握人工智能脉络体系，内容包括逻辑推理、搜索求解、监督学习、无监督学习、深度学习、强化学习和博弈对抗等人工智能基本概念和模型算法，帮助学习者了解人工智能历史、趋势、应用及挑战，掌握人工智能在自然语言理解和视觉分析等方面赋能实体经济的手段。

英文简介：Artificial intelligence is a kind of human intelligence which is embodied by machines. The way of mimicking human intelligence consists of logic reasoning via symbolism, search via problem solving, machine learning via data-driven, reinforcement learning via behaviorism and decision via game theory. In this course, we will introduce some basic concepts, history and the current status of artificial intelligence，but focus on the fundamental theory，method and important algorithms of AI and machine learning. From this course，students are supposed to grasp the AI's fundamental connotations，and further get a deep insight into the AI's key components from an interdisciplinary perspective，resulting in the in-depth understanding of numerous key points such as logic reasoning，search，supervised/ unsupervised learning，deep learning，reinforcement learning and game，etc.

2. 教学安排

本课程为 3.5 学分课程，一共 16 周。其中教学学时为 48 学时(每周 3 个教学学时)、实验学时为 16 学时(见表 2.6)。

表 2.6　人工智能基础教学安排

周　数	授 课 内 容	内 容 描 述	作业与实训题目
第 1 周	人工智能概述	可计算思想起源与发展 人工智能的发展简史 人工智能研究的基本内容	
第 2 周	逻辑与推理	命题逻辑 谓词逻辑 知识图谱推理	
第 3 周	逻辑与推理	FOIL 归纳推理 因果推理	斑马问题和八皇后问题的逻辑推理
第 4 周	搜索求解-Ⅰ	搜索算法基础 搜索基本问题和求解 树搜索和图搜索 启发式搜索 贪婪最佳优先搜索 A* 搜索	
第 5 周	搜索求解-Ⅱ	最小最大搜索 Alpha-Beta 剪枝算法 蒙特卡洛树搜索	
第 6 周	统计机器学习：监督学习	机器学习的基本概念 一元线性回归分析 决策树分类	
第 7 周	统计机器学习：监督学习	线性判别分析 Ada Boosting	基于回归分析的有损图像恢复

续表

周　　数	授 课 内 容	内 容 描 述	作业与实训题目
第 8 周	统计机器学习：无监督学习	K 均值聚类 主成分分析 特征人脸方法	基于主成分分析的人脸识别算法
第 9 周	统计机器学习：无监督学习	潜在语义分析 期望最大化算法	
第 10 周	深度学习-Ⅰ	深度学习历史 前馈神经网络	
第 11 周	深度学习-Ⅱ	卷积神经网络 循环神经网络	
第 12 周	人工智能编程框架	人工智能编程框架简介 视觉应用 自然语言理解应用	基于卷积神经网络的手写字体识别
第 13 周	强化学习-Ⅰ	强化学习基本概念 马尔可夫决策过程 贝尔曼方程	
第 14 周	强化学习-Ⅱ	基于价值的强化学习 基于策略的强化学习	走迷宫问题
第 15 周	人工智能博弈	博弈论基本概念 纳什均衡 博弈策略求解	
第 16 周	人工智能未来发展趋势与复习		

参考文献

[1]　吴飞. 人工智能导论：模型与算法[M]. 北京：高等教育出版社，2020.

2.6.2　机器学习

英文名称：Machine Learning。

学分：3.5。

周学时：3.0～0.5。

预修课程要求：线性代数、数学分析、概率论、基础的编程技巧。

1. 课程介绍

中文简介：2016 年,人工智能机器人 AlphaGo 击败了围棋世界冠军李世石,这场史无前例的"人机大战"将 AI 置于社会舆论的风口浪尖上。AI 是什么? AI 对人类有哪些作用? AI 在未来社会中会扮演怎样的角色? 要想弄清楚这些问题,就必须了解 AI 的主要工作原理——机器学习。课程中的知识点覆盖全面,尤其包含近年来这一领域的发展,深度学习、CNN、RNN 和 LSTM 等最新的研究内容。这门课程对机器学习这一领域既有全面细致的理论讲解,又有趣味生动的故事串联,还有妙趣横生的程序实践,带领同学们从数学、计算机科学和人文哲学等方面全面地理解机器学习。

英文简介：In 2016, the artificial intelligence robot AlphaGo defeated Lee Sedol, the world champion of go. This unprecedented "man-machine war" put AI at the forefront of public opinion. What is AI? What are the effects of AI on humans? What role will AI play in the future society? To understand these problems, we must understand the main working principle of AI machine learning. The course covers a wide range of knowledge points, especially the development of this field in recent years, the latest research contents such as deep learning, CNN, RNN and LSTM. This course not only has a comprehensive and detailed theoretical explanation of machine learning, but also has interesting and vivid story series, as well as interesting program practice. It leads students to comprehensively understand machine learning from the aspects of mathematics, computer science and humanistic philosophy.

2. 教学安排

(1) 绪论：机器学习的定义、机器学习任务的分类、机器学习算法的过程。

(2) 贝叶斯决策理论和参数估计Ⅰ：贝叶斯定理、贝叶斯最优判定准则、贝叶斯风险、判别函数和分类器、最小错误率分类器、参数估计、频率论方法和贝叶斯方法、极大似然估计和贝叶斯学习、极大似然估计、贝叶斯参数估计、朴素贝叶斯分类器。

(3) 贝叶斯决策理论和参数估计Ⅱ：Python、基本数据类型、容器、条件语句和循环、函数、类、NumPy、Arrays、Array math、Array indexing、Broadcasting。

(4) 线性回归模型：分类和回归的比较、线性模型、多项式拟合、线性回归模型、

MSE 准则、最小二乘法的几何形式、回归统计模型、平方和误差函数、MSE 准则的问题、贝叶斯线性回归、LASSO、模型评估与选择、偏差和方差的分解、交叉验证。

（5）线性分类模型：判别函数和分类器、从二分类到多分类、从回归到分类、sigmoid 和 logistic 函数、梯度下降算法、支持向量机、拉格朗日算子和 Karush-Kuhn-Tucker 条件。

（6）广义线性和核方法：广义线性判别函数、Phi 函数、核方法、双重表征（岭回归）、表征定理、最大边缘分类器、常用的核、核方法的另一项优势。

（7）神经网络和深度学习：深度学习介绍、感知器及其缺点、第一次寒冬、感知器与多层感知器、人工神经网络、BP 神经网络和卷积神经网络、第二次寒冬、预训练、GPU 助力、ImageNet 时代到来、ReLU 革命、激活函数、反向传播算法、Dropout 算法、卷积层、池化层、自然语言处理、序列建模、语言模型、循环神经网络、梯度消失问题、长短期记忆网络、编码器-解码器神经网路。

（8）课程总结。

参考文献

［1］ CHRISTOPHER M BISHOP. Pattern Recognition and Machine Learning［M］. London：Springer，2006.

［2］ Kevin Murphy. Machine Learning：A Probabilistic Perspective［M］. MIT Press，2012.

2.6.3 人工智能伦理与安全

英文名称：The Ethics and Safety of Artificial Intelligence。
学分：2.0。
周学时：2.0～0.0。
预修课程要求：数学基础课程、机器学习基础课程、编程基础课程、伦理基础课程。

1.课程介绍

中文简介：伴随大数据时代的到来，人工智能也进入快速发展的黄金时期，随之而来的技术革新，如深度学习、移动支付、量子计算等，在生产、消费、通信、医疗、出行等众多领域大显身手。以这些技术为基础的人工智能系统也给社会伦理与网络空间安全带来颠覆性的变革,令网络攻防的能力大大加强,方式方法得到极大丰富。面对这些挑战,使用传统的伦理手段或技术手段进行互联网内容管理存在一定的局限性,无法较好匹配和支撑人工智能技术的新进展和新需求。本课程将重点介绍人工智能在伦理理论和工具、网络安全方面的相关技术与应用,介绍人工智能本身存在的伦理和安全问题的原理与相关技术。

英文简介:With the arrival of the era of big data, AI has also entered a golden period of rapid development, followed by technological innovations, such as in-depth learning, mobile payment, quantum computing, etc., in many fields such as production, consumption, communications, medical treatment, travel and so on. Artificial intelligence systems based on these technologies have also brought subversive changes to ethical issues and cyberspace security, greatly enhanced the ability of cyberspace attack and defense, and greatly enriched the ways and methods. Faced with these challenges, there are some limitations in using traditional ethical solution and technology to manage Internet content, which cannot match and support the new progress and new needs of AI technology. This course will focus on the related ethical theories and tools, technologies and applications of artificial intelligence in network security, and introduce the principles and related ethical issues and technologies of security problems existing in artificial intelligence itself.

2. 教学安排

本课程为 2 学分课程,一共 16 周,每周教学 2 学时(见表 2.7)。

表 2.7　人工智能伦理与安全教学安排

周数	授课内容	内容描述
第 1 周	人工智能伦理概论	• 人工智能是什么 • 如何看待人工智能对社会和人类文化的影响 • 面对人工智能,我们该怎么做 • 人工智能伦理类型
第 2 周	人工智能伦理研究方法论	• 伦理学方法与技术创新方法 TRIZ • 使用伦理与设计伦理 • 应用伦理学、工程伦理和面向技术本身的人工智能伦理

周 数	授课内容	内 容 描 述
第 3 周	从伦理问题到安全问题	• 全球人工智能道德准则概览 • 中美欧政府型文本 • 企业型文本 • 组织型文本
第 4 周	人工智能如何"以人为本"？	• "人与机"整体的伦理反思 • "以人为本"的概念与分析框架 • 近代西方文化、马克思主义理论与中国传统文化 • 人工智能产品设计
第 5 周	自动驾驶专题	• 人工智能场景应用中的伦理反思 • 电车难题 • 问责难题 • 面向技术本身的自动驾驶问责模型 • 以人为本的自动驾驶设计
第 6 周	机器换人专题	• 关于算力的伦理反思 • 机器二次崛起 • 机器换人争论 • "人机对立"与"人机互补"
第 7 周	伦理盲区专题	• 关于算法的伦理反思 • 去道德化 • 伦理盲区 • 伦理陷阱
第 8 周	隐私保护专题	• 关于数据的伦理反思 • 隐私问题 • 数据价值 • 数据交易
第 9 周	人工智能安全概论	• 人工智能的历史及其发展 • 人工智能中存在的安全问题 • 人工智能安全发展的前景 • 人工智能安全问题简述 • 图灵机模型、图灵机的变化和组合、图灵测试、图灵机的可计算性 • 深度学习中可解释性的定义与必要性 • 深度学习中可解释性的方法 • 神经网络深度与性能的关系

续表

周 数	授 课 内 容	内 容 描 述
第 10 周	人工智能在网络安全上的应用手段	• 网络流量监测的背景 • 传统的网络流量监测方法 • 人工智能驱动的网络流量监测 • 漏洞与恶意代码分析的背景 • 传统的漏洞与恶意代码分析方法 • 人工智能驱动的漏洞与恶意代码分析技术
第 11 周	人工智能数据安全与隐私保护	• 数据隐私保护发展的历史 • 人工智能模型中的训练数据泄露问题 • 差分隐私 • 隐私保护下的机器学习与深度学习
第 12 周	人工智能算法与模型安全	• 针对人工智能模型参数的盗取攻击 • 保护人工智能模型的参数 • 包含后门的神经网络结构 • 后门插入的方法 • 人工智能模型正确性检测与测试 • 训练数据的毒化攻击原理 • 常见的毒化攻击方法 • 毒化攻击的防御措施
第 13 周	对抗性样本攻击	• 攻击原理 • 线性系统攻击 • 非线性系统攻击 • 分类场景的攻击 • 分类场景以外的攻击
第 14 周	对抗性样本防御手段	• 模糊化 • 近似化 • 生成对抗网络(GAN)
第 15 周	人工智能可证明安全性	• 非凸优化的简单介绍 • 复变函数的简单介绍 • 人工智能的健壮性证明
第 16 周	复习	

参考教材及相关资料

本课程涉及人工智能安全前沿领域,无已有教科书。将通过随堂讲义以及参考论文、公开网络课程等方式提供给学生相关课程材料。

2.6.4　神经认知科学导论

英文名称：Introduction to Neural Cognition。

学分：3。

周学时：3。

预修课程要求：具备基本高等数学基础。

1. 课程介绍

中文简介：本课程是神经认知科学的入门课程，包含了认知心理学、神经科学、计算机科学及其他基础科学等多学科的交叉和融合。首先介绍神经认知科学的基本概念、历史和发展现况，进一步讲解基于认知活动的脑机制，即人类大脑如何调用其各层次上的组件，包括分子、突触、细胞、脑组织区和全脑去实现各种认知活动，最后介绍相关的计算模型和算法。通过这门课程的学习，学生应该掌握认知神经科学的基本内涵，熟悉借鉴大脑机制的学习、记忆等计算模型及算法，同时启发同学们对类脑的信息处理、感知、学习、记忆、决策等新一代人工智能模型和算法的思考。

英文简介：This course is an introductory course in neural cognition. It provides thorough coverage of all topics covered in a typical introductory course, including cognitive psychology, neuroscience, computer science, and other basic sciences. We will first introduce the basic concepts, history, and development of cognitive neuroscience, but focus on how the human brain invokes components at all levels, including molecules, synapses, neurons, brain tissue regions, and whole brain regions, to achieve various cognitive activities. Relevant computational models and algorithms will also be introduced. Through the study of this course, students are supported to master the basic connotation of cognitive neuroscience, familiar with the computational models and algorithm borrowing from the brain mechanism of learning and memory. Furthermore, we would like to inspire the students to think about brain-inspired models and algorithms for the new generation AI, such as information processing, perception, learning, memory and decision making analogous to the brain.

2. 教学安排

本课程为 3 学分课程，一共 16 周，每周教学 3 学时(见表 2.8)。

表 2.8　神经认知科学导论教学安排

周数	授课内容	内容描述
第 1 周	认知神经科学发展史	认知神经科学的相关背景，如发展历史、前沿人物等
第 2 周	认知神经科学基础研究方法	脑电图(EEG)、核磁共振成像(MRI)、正电子发射断层扫描(PET)、脑磁图(MEG)等以及计算建模
第 3 周	认知的神经基础 I：细胞机制与神经元模型	神经元的基础结构、每个结构的功能以及信息如何在神经元中传递；神经元模型(HH、LIF、SRM 等)
第 4 周	认知的神经基础 II：脑结构	神经解剖的方法；大脑的结构组织和功能组织
第 5 周	感知原理及示例模型 I：视觉	5 种感觉(视觉、听觉、触觉、嗅觉、味觉)；视觉的神经通路；视觉模型(HMAX)
第 6 周	感知原理及示例模型 II：听觉和嗅觉	听觉的神经通路及听觉模型(耳蜗)；嗅觉的神经通路及嗅觉模型(Fly Hash)
第 7 周	记忆的基础理论	记忆的编码、存储及提取；不同记忆模式的机制：感觉记忆、短时记忆、工作记忆、陈述性记忆和非陈述性记忆等
第 8 周	记忆模型	大脑中与记忆有关的脑区；几种记忆模型：长-短时记忆及时空记忆模型
第 9 周	学习机制	解释学习和经典条件反射的过程；学习的基础(不同类型的神经可塑性)
第 10 周	有监督学习	有监督学习的基本概念；监督学习算法 Tempotron；监督学习算法 PSD；有监督学习算法的应用案例
第 11 周	无监督学习	无监督学习的基本概念；无监督学习算法(STDP)；无监督学习算法的应用案例
第 12 周	强化学习	强化学习的基本概念；强化策略评估方法；脉冲神经网络的强化学习方法；强化学习的应用案例
第 13 周	脉冲神经网络基本概念	脉冲神经网络的概念及与传统人工神经网络的异同；单层脉冲神经网络；多层脉冲神经网络
第 14 周	脉冲神经网络在视觉任务中的应用	对外部视觉信息的编码方法；用于图像识别和分类的脉冲神经网络模型
第 15 周	脉冲神经网络在听觉任务中的应用	对外部听觉信息的编码方法；用于语音识别的脉冲神经网络
第 16 周	复习	

参考文献

［1］ WULFRAM GERSTNER，WERNER M KISTLER. Spiking neuron models：Single neurons，populations，plasticity ［M］. Cambridge：Cambridge University Press，2002.

［2］ DALE PURVES，ROBERTO CABEZA，KEVIN LABAR，et al. Cognitive neuroscience[M]. Sunderland：Sinauer Associates，Inc，2008.

第 3 章

人工智能交叉学科

2018 年 4 月,国务院学位办发布《国务院学位委员会关于高等学校开展学位授权自主审核工作的意见》(学位〔2018〕17 号)通知,指出具有学位授权自主审核权高校可新增一级学科目录以外的交叉学科,并且规定了交叉学科不是现有学科的简单组合,高等学校在探索设置新兴交叉学科学位授权点时必须从严把握,应系统梳理凝练交叉学科学位授权点的学理基础、理论体系和研究生教育课程体系。设置的交叉学科应有一定数量、相对稳定的研究方向,覆盖面与现行一级学科相当,有可能形成新的学科增长点。

浙江大学在吴朝晖校长指示下开展了人工智能交叉学科设置工作。2018 年 6 月 21 日,浙江大学研究生院委托计算机学院召开浙江大学人工智能交叉学科专家论证会。通过这次论证,浙江大学明确了人工智能交叉学科的建设方向和建设内涵,并且向浙江大学学位评定委员会第 70 届全体委员会汇报了人工智能交叉学科设置方案。

2019 年 5 月 6 日,国务院学位办批准浙江大学设立人工智能交叉学科,这是中国高校设立的第一个人工智能的交叉学科。随后,华中科技大学和武汉大学也获批人工智能交叉学科。下面介绍这 3 所学校人工智能交叉学科的相关内容。

3.1　浙江大学

2018 年 6 月 6 日,教育部科技司同意并支持浙江大学"注重学科交叉融合、聚焦重大科学问题、加强关键共性技术攻关与产业对接",牵头建设"人工智能协同创新中心"(教技司〔2018〕188 号)。

3.1.1　交叉学科方向

在人工智能协同创新中心、计算机学院以及相关学院参与建设下，浙江大学人工智能交叉学科分为 5 个学科方向，分别是认知神经科学、人工智能基础理论、人工智能技术与系统、人工智能伦理与安全、人工智能应用。

1. 认知神经科学

大脑是一个具有多通道感知觉信息输入和行为指令输出的感知-行为转换的动态信息处理系统。理解大脑如何接受外界的认知输入，并通过内部一系列整合、决策、调节过程，产生输出特定的行为，是神经生物学和信息工程研究中亟待解决的重大问题，将为基于学习的新一代人工智能算法的发展提供重要依据。在理解大脑整合感知觉信息、输出行为的基础上进而对正常或病理状态下"感知-行为转换"的系列过程进行精准的调控，是神经科学研究领域最令人兴奋的方向，也将为相关脑疾病的诊断和治疗提供崭新的策略和手段。进而基于大脑工作机理发展脑机接口技术，实现脑与机之间的直接信息交互，为实现生物脑-机器脑互连融合提供关键技术支撑，形成融合生物、机械、电子、信息等多因素的脑机混合智能体，并将创造出行为增强智能、感知增强智能、认知增强智能等多种增强智能形态。

为此，要充分发展和应用新型神经科学研究手段，包体多通道电生理记录、深穿透光学成像技术、光遗传学、超高场功能磁共振成像、超高通量神经元集群记录和病毒示踪等，聚焦情绪情感、感知-行为转化、感知和记忆的神经环路机制解析重大科学前沿问题，从脑与神经科学、认知科学、心理学等深度交叉融合所揭示大脑机理、规律和功能的基础上，发展脑机接口技术，建立神经计算模型和框架，突破记忆转换、跨媒体认知、智能自适应、情感交互与知识迁移等神经计算难点问题，开展引发人工智能范式变革的基础研究。

研究内容包括：认知神经科学、脑解析和调控新技术、脑机交互、脑启发计算、认知心理学等。

2. 人工智能基础理论

现有人工智能中知识引导方法长于推理（但是其难以拓展），数据驱动模型擅于预测识别（但其过程难以理解），策略学习手段能对未知空间进行探索（但其依赖于搜索策略)。因此,需要有机协调知识指导下演绎、数据驱动中归纳、行为强化内规划等不同人工智能方法和手段,建立知识、数据和反馈于一体的人工智能新的理论和模型,突破无监督学习、经验记忆利用和内隐知识加载以及注意力选择等难点问题,建立可解释、可包容和稳健的先进人工智能理论新模型及新方法。

为此,要借鉴脑科学、认知科学、心理学、学习科学和计算科学等研究成果,聚焦人工智能重大科学前沿问题,兼顾当前需求与长远发展,以突破人工智能在可解释性、自适应学习和非完备信息推理等方面基础理论瓶颈问题,开展引发人工智能范式变革的基础研究。

研究内容包括:推理与问题求解、模式识别与机器学习、大数据智能、跨媒体智能、混合增强智能等。

3. 人工智能技术与系统

当前,人工智能与云计算、大数据、物联网、混合现实、增强现实、区块链、前沿硬件等技术相互促进、整体推进,呈现多点突破态势,正在形成多技术群相互支撑、齐头并进的链式变革,人-机-物三元融合加快,科技创新日益呈现高度复杂性和不确定性。因此,需要推动神经形态计算、智能感知与智能芯片、自主智能系统、区块链、自然交互、智能创意与设计等技术与人工智能深入交叉。

为此,需要聚焦关键应用中的核心技术问题,深度融合计算机、控制、数学、工学等学科,突破人工智能在专用工业智能、实时高性能芯片、多传感自适应自主智能系统等方面的瓶颈问题和基础问题,开展引发人工智能范式变革、关键行业纵深突破的应用基础研究,实现技术和系统的跨越式发展。

研究内容包括:神经形态计算、区块链、智能交互、创意智能、智能控制系统与神经芯片、数据驱动的工业智能、自主智能系统、多传感器融合的智能感知等。

4. 人工智能伦理与安全

随着人工智能的发展,机器承担着越来越多先前由人类完成的决策任务,这也引发了许多关于伦理、法律、隐私和安全的问题。

人工智能伦理是一个正在兴起的新兴研究领域,是研究人工智能理论的哲学思想基础、人工智能实践的价值观、机器伦理以及人工智能从业人员的行为规范的实践伦理。人工智能伦理是伴随着人工智能的理论与实践的出现而产生的。与传统伦理和科技伦理不同的是,人工智能伦理的研究对象主要不是个人,而是集体的智慧与实践。这里的集体不仅仅局限于人类的集体,也包括人机混合智能系统和人工智能体系统。为了实现人类的伦理价值,确保人工智能体的行为对人类透明、负责和可问责,需要适合于人工智能体的法律规范以及相应的技术手段。

人工智能的广泛应用,给个人信息安全、金融安全、知识产权安全等领域带来了新的挑战。随着数字身份的普及,需要平衡“人”的保护和数据的商业化利用之间的矛盾,解决个人数据利用的合法性边界。智能化网络借贷的兴盛,令一般网络借贷潜藏的风险更加分散,也更具有系统性和传染性,增加了监管空白和监管套利的可能性,给金融监管和宏观经济带来新的挑战。加密货币的去中心化使得一国的金融监控措施失效,加上区域链的去中心化,使得各国监管更加陷入不能的境地,以法治方式引导区块链加密网络访问解决方案的良性发展,建立起相应的国际合作监管方案,是法学界致力攻坚的方向。与此同时,人工智能技术的商业应用不断地冲击知识产权保护的合理性,乃至于正当性,知识产权领域亟须理念的更新与制度的变化。这一系列的安全挑战,呼唤民法、行政法、刑法、经济法、诉讼法、国际法和法理学与所涉经济学、管理学、计算科学等领域的共同努力,以推出新的法律规范,发展现有的规则内涵,为降低风险、解决纠纷提供法治框架。

人工智能安全需要研究技术滥用而引发的安全问题、技术或管理缺陷而导致的安全问题、数据采集和数据分析中的隐私风险问题。因此,要建设人工智能技术安全平台,一方面用人工智能手段和方法来应对数据安全、个人隐私保护等问题,另一方面则不断提升人工智能算法在安全问题上的鲁棒性,即“让信息更安全、让安全更智能”。

人工智能伦理与安全主要研究内容:人工智能的道德基础,机器伦理的设计与实现,人工智能风险与安全观,本质安全的理念与机制设计,自学习的伦理机制,数字伦理(数字身份、数字权利、数字资产、数字价值),智能产业的伦理形态,个人信息安全与保护,智能借贷监管与保护,区块链运用与界限,知识产权安全与保护,国际监管法律秩序,区块链的安全、风险与社会治理,人工智能法治,人工智能博弈,人工智能技术安全平台,人工智能技术安全标准和产品认证等。

5. 人工智能应用

随着新一代人工智能技术的迅速发展,智能技术已经开始渗透到先进制造、新能源、新材料、医疗卫生、机器人、航空航天、交通运输、环境、微电子等自然科学领域以及社交媒体、公共安全等社会科学领域,为新工业革命乃至社会经济发展各项事业的进步带来了前所未有的发展机遇,也带来了大量新问题和新挑战。

各垂直行业和复杂工业系统迫切需要专业化、深度化的智能,需要全方位感知、全透明运行、全协同调控、全系统优化,实现从被动到主动、从处理到预防、从自动到自主的全面业务转型。

为此,推动 AI＋X 的技术融合,深入探讨智能医疗、智能司法和立法、智能金融、智能农业、智能教育、智能设计、网络空间安全等研究。

3.1.2　课程体系

人工智能学科课程分为必修课程、方向必修课程和选修课程等几个大类。硕士研究生培养需要 23 个学分(含英语 2 个学分、政治 3 个学分、专业课程 18 个学分)、博士研究生培养需要 11 个学分(含英语 2 个学分、政治 2 个学分、专业课程 7 个学分)。人工智能交叉学科硕士生和博士生课程设置如表 3.1～表 3.3 所示。

表 3.1　浙江大学人工智能交叉学科硕士生课程体系

一、平台课程					
必修/选修	课程性质	课程名称	学分	总学时	备注
必修	公共学位课	中国特色社会主义理论与实践研究	2	32	
必修	公共学位课	研究生英语能力提升	1	32	
必修	公共学位课	自然辩证法概论	1	24	
必修	公共学位课	研究生英语基础技能	1	0	
必修	公共选修课	公共素质类课程至少一门	1	16	
必修	专业学位课	人工智能研究方法	1	16	
必修	专业学位课	人工智能伦理	2	32	
二、方向课程					
1. 认知机理					

研究内容:
研究认知神经科学、脑解析和调控新技术、脑机交互、脑启发计算、认知心理学等

续表

必修/选修	课程性质	课程名称	学分	总学时	备注
选修	专业学位课	现代神经生物学	2	32	方向学位课,根据研究方向任选4学分
选修	专业学位课	神经科学专题	2	32	
选修	专业学位课	社会网络理论	2	32	

2. 人工智能基础理论

研究内容:

研究人工智能相关的基础理论、方法及其应用技术,具体包括推理与问题求解、模式识别与机器学习、大数据智能、跨媒体智能、混合增强智能等

必修/选修	课程性质	课程名称	学分	总学时	备注
必修	专业学位课	人工智能算法与系统	2	32	
选修	专业学位课	自然语言处理	2	32	
选修	专业学位课	机器学习	2	32	方向学位课,根据研究方向任选4学分
选修	专业学位课	计算机视觉	2	32	
选修	专业学位课	人工智能安全	2	32	

3. 人工智能技术与系统

研究内容:

神经形态计算、区块链、智能交互、创意智能、智能控制系统与神经芯片、数据驱动的工业智能、自主智能系统、多传感器融合的智能感知等

必修/选修	课程性质	课程名称	学分	总学时	备注
选修	专业学位课	人工智能:系统安全	2	32	
选修	专业学位课	工业智能-信息物理系统深度融合	2	32	
选修	专业学位课	区块链技术	2	32	方向学位课,根据研究方向任选4学分
选修	专业学位课	片上系统芯片	2	32	
选修	专业学位课	数据挖掘	2	32	
选修	专业学位课	设计智能	2	32	

4. 人工智能伦理与安全

研究内容:

人工智能的道德基础,人工智能风险与安全观,本质安全的理念与机制设计,自学习的伦理机制,数字伦理(数字身份、数字权利、数字资产、数字价值),智能产业的伦理形态,个人信息安全与保护,智能借贷监管与保护,区块链运用与界限,知识产权安全与保护,国际监管法律秩序,区块链的安全与社会治理,人工智能法治,人工智能博弈,人工智能技术安全平台,人工智能技术安全标准和产品认证等

必修/选修	课程性质	课程名称	学分	总学时	备注
选修	专业学位课	人工智能与法治发展	2	32	方向学位课,根据研究方向任选 4 学分
选修	专业学位课	人工智能安全	2	32	
选修	专业学位课	人工智能逻辑	2	32	
必修	专业学位课	智能工程伦理	2	32	

5. 人工智能应用

研究内容:

推动 AI+X 的技术融合,深入探讨智能医疗、智能司法和立法、智能经融、智能农业、智能教育、智能设计、网络空间安全等研究

必修/选修	课程性质	课程名称	学分	总学时	备注
选修	专业学位课	现代医学影像学	2	32	方向学位课,根据研究方向任选 4 学分
选修	专业学位课	智慧农业	2	32	
选修	专业学位课	人工智能与司法	2	32	
选修	专业学位课	人工智能量化金融	2	32	
选修	专业学位课	人工智能:系统安全	2	32	

表 3.2　浙江大学人工智能交叉学科直博生课程体系

一、平台课程					
必修/选修	课程性质	课程名称	学分	总学时	备注
必修	公共学位课	自然辩证法概论	1	24	
必修	公共学位课	研究生英语基础技能	1	0	
必修	公共学位课	研究生英语能力提升	1	32	
必修	公共学位课	中国马克思主义与当代	2	32	
必修	公共学位课	中国特色社会主义理论与实践研究	2	32	
必修	公共选修课	公共素质类课程至少一门	1	16	学分数根据具体课程确定,可多选
必修	专业学位课	人工智能前沿交叉热点	2	32	
必修	专业学位课	人工智能研究方法	1	16	

续表

必修	专业学位课	人工智能算法与系统	2	32	
选修	专业学位课	人工智能伦理	2	32	
必修	专业选修课	专业外语	1	16	

二、方向课程

1. 认知机理

研究内容：

研究认知神经科学、脑解析和调控新技术、脑机交互、脑启发计算、认知心理学等

必修/选修	课程性质	课程名称	学分	总学时	备注
选修	专业学位课	现代神经生物学	2	32	方向学位课，根据研究方向任选6学分
选修	专业学位课	神经科学专题	2	32	
选修	专业学位课	社会网络理论	2	32	
选修	专业学位课	神经、精神与运动	2	32	
选修	专业学位课	神经形态计算与技术	2	32	

2. 人工智能基础理论

研究内容：

研究人工智能相关的基础理论、方法及其应用技术，具体包括推理与问题求解、模式识别与机器学习、大数据智能、跨媒体智能、混合增强智能等

必修/选修	课程性质	课程名称	学分	总学时	备注
选修	专业学位课	不确定条件下的人类判断与决策	2	32	方向学位课，根据研究方向任选6学分
选修	专业学位课	自然语言处理	2	32	
选修	专业学位课	机器学习	2	32	
选修	专业学位课	计算机视觉	2	32	
选修	专业学位课	凸优化引论	2	32	
选修	专业学位课	大数据可视化的前沿技术	2	32	
选修	专业学位课	人工智能安全	2	32	

3. 人工智能技术与系统

研究内容：

神经形态计算、区块链、智能交互、创意智能、智能控制系统与神经芯片、数据驱动的工业智能、自主智能系统、多传感器融合的智能感知等

必修/选修	课程性质	课 程 名 称	学分	总学时	备 注
选修	专业学位课	人工智能安全	2	32	方向学位课,根据研究方向任选 6 学分
选修	专业学位课	工业智能-信息物理系统深度融合	2	32	
选修	专业学位课	智能移动机器人	2	32	
选修	专业学位课	区块链技术	2	32	
选修	专业学位课	知识图谱导论	2	32	
选修	专业学位课	智能产品设计	2	32	
选修	专业学位课	片上系统芯片	2	32	
选修	专业学位课	语音、语言处理与理解	2	32	
选修	专业学位课	数据挖掘	2	32	
选修	专业学位课	设计智能	2	32	
选修	专业学位课	人工智能:系统安全	2	32	

4. 人工智能伦理与安全

研究内容:

人工智能的道德基础,人工智能风险与安全观,本质安全的理念与机制设计,自学习的伦理机制,数字伦理(数字身份、数字权利、数字资产、数字价值),智能产业的伦理形态,个人信息安全与保护,智能借贷监管与保护,区块链运用与界限,知识产权安全与保护,国际监管法律秩序,区块链的安全、风险与社会治理,人工智能法治,人工智能博弈,人工智能技术安全平台,人工智能技术安全标准和产品认证等

必修/选修	课程性质	课 程 名 称	学分	总学时	备 注
选修	专业学位课	人工智能与法治发展	2	32	方向学位课,根据研究方向任选 6 学分
选修	专业学位课	人工智能伦理与社会责任选讲	2	32	
选修	专业学位课	人工智能安全	2	32	
选修	专业学位课	人工智能逻辑	2	32	
必修	专业学位课	智能工程伦理	2	32	
选修	专业学位课	人工智能:系统安全	2	32	

5. 人工智能应用

研究内容:

推动 AI+X 的技术融合,深入探讨智能医疗、智能司法和立法、智能金融、智能农业、智能教育、智能设计、网络空间安全等研究

必修/选修	课程性质	课 程 名 称	学分	总学时	备　注
选修	专业学位课	现代医学影像学	2	32	方向学位课,根据研究方向任选6学分
选修	专业学位课	农业物联网及其应用	2	32	
选修	专业学位课	智慧农业	2	32	
选修	专业学位课	人工智能与司法	2	32	
选修	专业学位课	工程设计哲学	2	32	
选修	专业学位课	人工智能量化金融	2	32	
选修	专业学位课	人工智能:系统安全	2	32	
选修	专业学位课	智能交通	2	32	

表 3.3　浙江大学人工智能交叉学科普博生培养方案

一、平台课程					
必修/选修	课程性质	课 程 名 称	学分	总学时	备　注
必修	公共学位课	中国马克思主义与当代	2	32	
必修	公共学位课	研究生英语能力提升	1	32	
必修	公共学位课	研究生英语基础技能	1	0	

二、方向课程					

研究内容:
认知机理、人工智能理论、人工智能技术与系统、人工智能伦理与安全、人工智能应用

必修/选修	课程性质	课 程 名 称	学分	总学时	备　注
必修	专业学位课	人工智能前沿交叉热点	2	32	
必修	专业学位课	人工智能研究方法	1	16	
必修	专业学位课	人工智能算法与系统	2	32	
选修	专业学位课	人工智能伦理	2	32	
选修	专业学位课	人工智能安全	2	32	

3.1.3　代表性课程

课程:人工智能算法与系统

英文名称:Algorithms and Systems of Artificial Intelligence。

1. 课程介绍

中文简介：人工智能（Artificial Intelligence，AI）是以机器为载体所展示出来的人类智能，因此人工智能也被称为机器智能（Machine Intelligence）。目前的人工智能模型是混合式的，包括在数据驱动下归纳、知识指导中演绎、行为探索中顿悟。本课程侧重培养研究生的实践能力，希望学习者能将该课程中学习到的知识真正应用到未来的学习工作中。课程内容涵盖人工智能历史、机器学习系统设计、人工智能编程框架、词向量模型与应用、图向量模型与应用、人工智能芯片及高性能机器学习、分布式机器学习引擎、强化学习及应用。体现了"人工智能＋信息"的交叉特色，从理论、算法、系统、芯片和应用等热点方向，为推动信息科学技术研究的学科范式创新变革和应用突破培养创新人才。

英文简介：Artificial intelligence is a kind of human intelligence which is embodied by machines. The current artificial intelligence model is hybrid，including induction in data mining，deduction in knowledge guidance，and epiphany in behavior exploration. In this course，we will focus on cultivating the practical ability of graduate students，and hopes that learners can apply the knowledge learned in this course to their future study work. The course content covers the history of artificial intelligence，machine learning system design，artificial intelligence programming framework，word vector models and applications，graph vector models and applications，artificial intelligence chips and high-performance machine learning，distributed machine learning，reinforcement learning and applications. It embodies the cross-features of "artificial intelligence ＋ information"，and cultivates innovative talents from the hotspots of theory，algorithm，system，chip and application to promote the innovation and transformation of the discipline paradigm and application breakthroughs of information science and technology research.

2. 教学安排

本课程为 2 学分，一共 8 周，每周教学 4 学时（见表 3.4）。

表 3.4 人工智能算法与系统教学安排

周数	授课内容	内容描述
第 1 周	人工智能历史与算法基础	介绍人工智能的发展历史、现状和未来以及 Python
第 2 周	机器学习系统设计	机器学习基本概念；回归分析模型与应用；深度学习模型与应用
第 3 周	人工智能编程框架	Tensor/Pytorch、MindSpore、Paddel Paddel，以及若干应用
第 4 周	自然语言理解	自然语言理解基本概念；词向量表示；上下文相关的词向量与预训练模型（Transformer、BERT 及其变种）；词向量与预训练模型在自然语言处理中的应用
第 5 周	图学习模型与应用	图学习模型基本概念；图向量模型算法（deepwalk，LINE，node2Vec 等）；推荐系统等应用
第 6 周	人工智能芯片及高性能机器学习	深度学习加速器简介；加速算法和模块；华为 Ascend 深度学习加速器；Google TPU 和寒武纪 Cambridge
第 7 周	分布式机器学习引擎	邦联学习基本概念；联邦学习常用框架；分布式扩展：区块链蒸馏聚合数据定价；FedAvg 和蒸馏实战
第 8 周	强化学习及其应用	强化学习基本概念；策略学习；Q 学习；典型应用（AlphaGo、Dota2、星际争霸等）

3. 实训作业

（1）口罩佩戴检测：训练一个深度学习模型，识别图片中的人及其是否佩戴了口罩。

（2）文风判别：用鲁迅等作家的作品，训练一个文风判别器，输入一个句子，可以判断这个句子的文风。

（3）机器人走迷宫：利用基础搜索算法和强化学习算法，让机器人探索并成功走出迷宫。

（4）道路交通量预测（空间＋时序建模）：利用城市历史交通量（网约车数据等）预测某一时刻（特别是异常事件时）的交通量。

（5）放贷风险评估：根据个人历史信用等数据，评估其贷款的风险值。

（6）文章摘要自动生成器：自动生成中文文章的摘要。

（7）机房遥测传感器数值预测：利用机房遥测传感器的历史数据，预测其未来一段时间的实际值。

（8）情绪歌词生成：根据情绪标签，通过生成模型，生成歌词。

（9）模型压缩：利用知识蒸馏等实现模型压缩，给定一个训练好的模型（教师网络），以及一个学生模型的初始模型，让学生模型通过蒸馏等方法，将教师网络的能力迁移给学生网络。

（10）垃圾短信识别：采用贝叶斯分类器自动识别出短信是否为垃圾短信。

参考文献

[1]　吴飞. 人工智能导论：模型与算法[M]. 北京：高等教育出版社，2020.

3.2　华中科技大学

3.2.1　交叉学科方向

华中科技大学以人工智能研究院为平台，汇合人工智能与自动化学院、计算机科学与技术学院、电子信息与通信学院、机械科学与工程学院、电气与电子工程学院、土木与水利工程学院、同济医学院等在人工智能学科建设上的力量，在人工智能交叉学科方面开展计算机视觉与感知智能、机器学习与计算智能、认知计算与类脑智能、无人系统与群体智能和人机共融与智能应用，以及包括智慧医疗、智慧交通在内的人 AI＋X 等方向的研究。

1. 计算机视觉与感知智能

计算机视觉是人工智能领域的热点方向之一，利用计算机技术从图像和视频中挖掘信息，实现对现实世界的识别、感知和认知。计算机视觉与感知智能方向的基础理论包括：统计学习基础理论、不确定性推理与决策、分布式学习与交互、隐私保护学习、小样本学习、深度强化学习、无监督学习、半监督学习、主动学习等。该方向以目标检测识别、运动分析、三维重建、语义理解、学习与推理等为核心技术，重点研究基于多模态数据融合的目标感知与理解技术、文本识别与理解技术、小样本与弱标签机器学习基础理论等难点问题。通过对不同传感器的数据进行处理，并将结果转换为不同领域可理解的描述，为自动驾驶、智慧城市、智慧医疗、智能机器人等各个行业智能化的核心技术提供支持。该方向的具体应用对象包括：人体行为检测、图像深度预测、智能故障诊断、跨模态数据处理、事件预测与预警等。该方向目前已在单目图像深度预测、双目立体视觉、图像配准、三维场景重建、激光点云处理、多谱图像处理、目标识别阵列处理中取得了一系列的研究成果。

2. 机器学习与计算智能

机器学习与先进计算方向的基础理论包括：数据驱动与知识引导相结合的人工智能新方法、以自然语言理解和图像图形为核心的先进计算理论与方法、综合深度推理与创意人工智能理论与方法、非完全信息下智能决策基础理论与框架、数据驱动的通用人工智能模型与理论。该方向以面向人工智能的近数据高效处理方法、面向大数据高效处理的体系结构、大数据智能的新型计算机系统、支持人工智能的大数据处理平台与云计算平台为关键技术，研究无监督学习、综合深度推理、数据高效存储与管理等问题，解决存储效率低、并行效果差、同步开销大等难点。逐步建立数据驱动、以知识理解为核心的认知计算模型，形成从大数据到知识、从知识到决策的能力，最终建立大数据驱动的智能计算和知识服务体系。该方向以基于数据流的处理架构和软件管理的混合内存架构为基础，开发基于新型器件的大数据处理系统等系统软件，发展大数据平台和系统资源管理、大数据分布式平台方案等技术，以政府大数据、金融大数据、医疗健康大数据为应用支撑。

3. 认知计算与类脑智能

以机器学习为代表的人工智能技术通常需要大量的数据进行学习，同时缺乏像人类一样的推理能力。为了突破这一瓶颈，将人工智能与生物神经科学、人类心理学和脑科学深度交叉，利用神经形态计算来模拟人脑的认知与决策过程，在信息处理机制上发展具有认知行为和智能决策的类脑算法，使机器以类脑的方式实现各种人类认知能力和协同机制，达到或超过人类的智能水平。认知计算与类脑智能方向以类脑感知、类脑学习、类脑记忆机制与计算融合、类脑复杂系统、类脑控制等为基础理论，以类脑计算的基础器件、神经网络处理器与算法、芯片的跨层次设计方法、根据应用任务的可重构能力等为核心技术，在硬件上突破芯片集成工艺、器件可靠性、器件物理原理等关键问题，在软件上发挥硬件优势和容忍器件非理想特性设计协同新型器件的算法，逐步实现器件层次接近脑、结构层次模仿脑、智能层次超越脑。

4. 无人系统与群体智能

从人群到飞鸟、游鱼、昆虫、细菌、细胞,自然界广泛存在着大规模群体运动。相互联系并不断运动的个体组成的系统涌现出了丰富多彩而高度协调的群集智能行为。自然界群体智能展现出了惊人的魅力,为工业、社会群体的认识和优化提供了丰富的思想源泉。从生物群体自组织演化出发研究群集智能和群体动力学已经成为当今自动化科学、系统科学、计算机科学、物理科学等交叉领域的国际前沿和热点研究方向。无人系统与群体智能方向以群体智能结构理论与组织方法、群体智能激励机制与涌现机理、群体智能学习理论与方法、群体智能通用计算范式与模型、面向自主无人系统的协同感知与交互、面向自主无人系统的协同控制与优化决策、知识驱动的人机物三元协同与互操作为基础理论,以无人系统自主控制、跨域协同环境感知、协同控制与路径规划为核心技术,突破快速准确的水面、水下、岸、空的跨域环境感知和目标识别、跨域无人系统的集群的高效通信和快速覆盖、跨域异构协同路径规划与协同作业等关键技术难题,实现海陆空天一体化的跨域无人系统集群装备与技术在地面无人系统、舰、车载无人机、全自主无人艇、水下无人系统中的应用。

5. 人机共融与智能应用

人机共融与智能应用方向的基础理论包括:"人在回路"的混合增强智能、人机协同共融的情境理解与决策学习、机器直觉推理与因果模型、记忆与知识演化理论、复杂数据和任务的混合增强智能学习方法、真实世界环境下的情境理解及人机群组协同等。该方向重点研究:

(1)刚、柔、软机构的顺应行为与可控性,即解决刚、柔、软机器人构型设计及其力学行为,探究刚、柔、软机构单元组成原理,揭示多体耦合机构在自身驱动力和环境约束力作用下的变形致动机理、承受外力时的变形协调机理。

(2)人-机-环境多模态动态感知与自然交互:其一,在非结构环境中的多模态感知与情景理解方面,研究视、听、触觉获取方法与融合机制,探索传感、处理与理解于一体的智能感知系统的设计方法,实现实时感知与情境理解;其二,在生机电融合的意图理解方面,探究生理电信号的时-空-频特性,提出人机自主和自适应的学习方法,实现人体行为意图的准确理解和人机协调互助。

(3)机器人群体智能与操作系统架构:其一,研究个体自主与群体智能涌现机理,通过探索自主个体互动及感知决策信息的无阻尼传播机理,揭示群体拓扑演化规律,建立协同认知和行动的模型及方法。其二,研究群体机器人操作系统的多态分布体系,探究异构、跨域群体机器人资源管理的多态自适应框架,建立群体协作的分布式控制与互操作架构方法。最终实现与作业环境、人和其他机器人之间自然交互,自主适应动态环境和协同作业的"共融机器人",并以加工机器人、康复辅助机器人和特种作业机器人为载体,在智能制造、康复辅助和国防领域取得重大的应用突破。

3.2.2　博士研究生培养方案

1. 培养目标

培养热爱祖国,拥护中国共产党领导,拥护社会主义制度,遵纪守法,品德良好,为社会主义建设服务,具有创新能力,能独立从事科学研究、教学、管理的德智体美劳全面发展的人工智能领域高级专门人才。

具体要求包括如下。

(1) 具有理想信念,创新能力强,综合素质高。

(2) 具有人工智能领域相关学科坚实的理论和系统的专业知识,并在专门研究方向有系统、深入的专业知识和能力。

(3) 能运用现代科学研究的方法和手段,独立从事人工智能领域科学研究,在科学或专门技术上取得创造性成果。

(4) 至少掌握一门外国语,能熟练阅读本专业外文资料,具有良好的写作能力和国际学术交流能力。

(5) 身心健康。

2. 研究方向

(1) 计算机视觉与感知智能。

(2) 机器学习与先进计算。

(3) 认知计算与类脑智能。

(4) 无人系统与群体智能。

(5) 人机共融与智能应用。

3. 学习年限

本学科普通博士研究生(含硕博连读生取得博士学籍后)基本学习年限为 4 年,直攻博士研究生的基本学习年限为 5 年。

4. 学分要求

已获硕士学位的博士研究生总学分要求≥31 学分。硕博连读、直攻博士研究生总学分要求≥53 学分(包括完成对应硕士培养方案中的修课学分,见表 3.5)。

表 3.5 已获硕士学位的博士研究生与硕博连读、直攻博士研究生学分要求

类别	硕博连读、直攻博士研究生		已获硕士学位的博士研究生	
总学分	≥53 学分		≥31 学分	
修课学分	≥34 学分	校级公共必修课≥9 学分,其中, 中国特色理论与实践 2 学分; 中国马克思主义与当代 2 学分; 自然辩证法概论 1 学分; 硕士一外 2 学分; 英语论文写作 2 学分; 校级公共选修课≥1 学分	≥12 学分	校级公共必修课≥4 学分,其中, 中国马克思主义与当代 2 学分; 英语论文写作 2 学分
		学科基础与专业课≥24 学分,其中, 专业基础课 8 学分; 专业选修课 10 学分; 专业研讨课 2 学分; 科学前沿讲座 2 学分; 跨一级学科 2 学分		学科基础与专业课≥8 学分,其中, 专业基础课 2 学分; 专业选修课 2 学分; 专业研讨课 1 学分; 科学前沿讲座 1 学分; 跨一级学科 2 学分
研究环节	≥19 学分	文献阅读与选题报告 1 学分	≥19 学分	文献阅读与选题报告 1 学分
		参加国际学术会议或国内召开的国际学术会议并提交论文 1 学分		参加国际学术会议或国内召开的国际学术会议并提交论文 1 学分
		论文中期进展报告 1 学分		论文中期进展报告 1 学分
		发表学术论文 1 学分		发表学术论文 1 学分
		学位论文 15 学分		学位论文 15 学分

5. 课程设置

博士研究生课程设置如表 3.6 所示。

表 3.6　博士研究生课程设置

类别		课程代码	课程名称	学时	学分	季节	开课单位	备注
学位课程	公共必修课	408.601	中国特色社会主义理论与实践研究	36	2	春秋	马克思主义学院	硕博连读、直攻博士研究生 ≥ 9 学分；已获硕士学位博士研究生≥4 学分
		408.810	中国马克思主义与当代	32	2	秋	马克思主义学院	
		408.602	自然辩证法概论	18	1	春秋	马克思主义学院	
		411.500	第一外国语（英语）	32	2	春秋	外国语学院	
		411.800	英语论文写作	32	2	秋	外国语学院	
	校级公共选修课				1			硕博连读、直攻博士生
	专业基础课	011.503	随机过程	48	3	秋	数学学院	硕博连读、直攻博士研究生 ≥ 8 学分；已获硕士学位博士研究生≥2学分
		011.501	数理统计	48	3	秋	数学学院	
		011.500	矩阵论	48	3	秋	数学学院	
		011.504	泛函分析及其应用	48	3	春	数学学院	
		184.830	凸优化	32	2	春	人工智能与自动化学院	
		184.831	智能计算系统	32	2	秋	人工智能与自动化学院	
		184.540	模式识别理论	48	3	秋	人工智能与自动化学院	
		184.806	机器学习	32	2	春	人工智能与自动化学院	
	专业选修课	210.595	大数据基础	32	2	秋	计算机科学与技术学院	硕博连读、直攻博士研究生 ≥ 10 学分；已获硕士学位博士研究生≥2学分
		184.832	智能传感技术	32	2	秋	人工智能与自动化学院	
		184.572	计算神经科学	32	2	秋	人工智能与自动化学院	
		210.596	云计算与网络技术	32	2	春	计算机科学与技术学院	
		184.545	计算智能	32	2	秋	人工智能与自动化学院	
		184.552	图像分析	32	2	春	人工智能与自动化学院	
		184.551	计算机视觉	32	2	春	人工智能与自动化学院	
		184.833	智能控制技术	32	2	秋	人工智能与自动化学院	
		184.834	智能人机交互	32	2	秋	人工智能与自动化学院	
		184.571	机器人导论	32	2	秋	人工智能与自动化学院	
		184.835	群体智能与自主无人系统导论	32	2	春	人工智能与自动化学院	
		181.957	智能医学图像	32	2	秋	电子信息与通信学院	

类别		课程代码	课 程 名 称	学时	学分	季节	开课单位	备注
学位课程	专业研讨课	184.836	工业视觉检测	16	1	春	人工智能与自动化学院	硕博连读、直攻博士研究生 ≥ 2学分；已获硕士学位博士研究生 ≥1学分
		184.837	视频智能监控	16	1	秋	人工智能与自动化学院	
		184.838	遥感图像处理与分析	16	1	春	人工智能与自动化学院	
		184.839	飞行器导航制导技术	16	1	春	人工智能与自动化学院	
		184.840	复杂网络与群体智能	16	1	春	人工智能与自动化学院	
	科学前沿讲座	184.842	类脑智能科学前沿讲座	16	1	春	人工智能与自动化学院	硕博连读、直攻博士研究生 ≥ 2学分；已获硕士学位博士研究生≥1学分
		184.843	群体智能前沿讲座	16	1	春	人工智能与自动化学院	
		100.806	智能制造前沿讲座	16	1	春	机械科学与工程学院	
		240.865	智能建造前沿讲座	16	1	春	土木工程与力学学院	
		184.844	智能医疗前沿讲座	16	1	春	人工智能与自动化学院	
		184.845	智能武器前沿讲座	16	1	春	人工智能与自动化学院	
		210.600	大数据前沿讲座	16	1	春	计算机科学与技术学院	
		131.823	智能电网前沿讲座	16	1	春	电气与电子工程学院	
		406.853	人工智能哲学与伦理学	16	1	春	哲学学院	
	跨一级学科课							所有博士研究生必修≥2学分
研究环节		650.801	文献阅读与选题报告		1			
		650.802	参加国际学术交流或国内重要学术会议并提交论文		1			
		650.803	论文中期进展报告		1			
		650.804	发表论文		1			
		650.805	学位论文		15			

6. 培养环节要求

（1）博士研究生的培养实现导师全面负责制，组成以博士研究生导师为组长、跨院系的博士研究生指导小组，负责对博士研究生的培养和考核工作。

（2）科研实践：博士研究生必须依托人工智能科研课题开展科学研究。为增强博士研究生的综合科研素质，博士研究生在开展论文研究工作的同时，应参与科研实践相关环节的活动，如科研项目申请、科研结题评审、项目鉴定等。

（3）博士研究生的选题报告应选择人工智能基础理论、关键共性技术或者"人工智能＋"领域，包含以下内容：选题的来源、意义；课题的国内外研究现状和发展趋势；课题的研究内容和技术方案；理论与实践方面的预期创新性成果；主要参考文献。

（4）博士研究生在撰写学位论文前，要向博士研究生指导小组提交论文中期进展报告，报告研究进展，听取质疑与商讨修改意见，待创造性研究成果通过后，方可撰写论文。

（5）博士研究生至少参加一次国内外召开的人工智能类国际学术会议，并提交学术交流报告。

（6）博士研究生公开发表的学术论文和其他研究科研成果，必须满足学校及学院的相关要求。

（7）博士研究生申请论文答辩和资格审查：博士论文资格审查由指导教师或博士生指导小组负责进行。博士研究生申请论文答辩的基本条件如下。

① 修完所规定的课程学分。

② 完成文献综述报告。

③ 完成论文选题报告。

④ 完成论文中期报告。

⑤ 在刊物上发表规定数量的论文。

⑥ 完成毕业论文的撰写。

⑦ 通过校内外专家的评审。

（8）毕业及学位授予。博士研究生完成培养计划规定的学习内容并通过学位答辩，经人工智能交叉学科学位审议委员会审议，达到毕业要求的准予毕业。符合学位授予条件的，经校学位评定委员会表决通过，授予博士学位。

3.2.3　硕士研究生培养方案

1. 培养目标

培养热爱祖国,拥护中国共产党的领导,拥护社会主义制度,遵纪守法,品德良好,为社会主义建设服务,具有创新意识、团队精神和从事科学研究、教学、管理或独立担负专门技术工作能力的德智体美劳全面发展的人工智能领域高级专门人才。

具体要求如下。

(1) 具有理想信念和创新精神,综合素质高。

(2) 具有人工智能领域坚实的基础理论和专业知识,了解人工智能学科国内外发展动态及相关学科知识。

(3) 能运用现代科学研究的方法和手段,开展本学科重要问题的研究,取得高质量的研究成果。

(4) 具有从事人工智能领域研究工作或独立担负人工智能应用技术工作的能力。

(5) 至少掌握一门外国语,能熟练阅读本专业外文资料。

(6) 身心健康。

2. 研究方向与课程体系

(1) 计算机视觉与感知智能。

(2) 机器学习与先进计算。

(3) 认知计算与类脑智能。

(4) 无人系统与群体智能。

(5) 人机共融与智能应用。

3. 学习年限

本学科全日制硕士生的学习年限为 3 年。

4. 学分要求

总学分要求≥36 学分,其中学位课学分要求≥24 学分,研究环节要求≥12 学分(见表 3.7)。

表 3.7　硕士研究生学分要求

总学分	≥36 学分	
修课学分	≥24 学分	校级公共必修课≥5 学分,其中, 中国特色社会主义理论与实践研究 2 学分; 自然辩证法概论 1 学分; 外国语 2 学分 校级公共选修课≥1 学分
		学科基础与专业课≥18 学分,其中, 专业基础课 8 学分; 专业选修课 4 学分; 专业研讨课 2 学分; 专业技术讲座 2 学分; 跨一级学科课 2 学分
研究环节	≥12 学分	文献阅读与选题报告 1 学分
		参加校内外公开学术报告 1 学分
		学位论文 10 学分

5. 课程设置

硕士研究生课程设置如表 3.8 所示。

表 3.8　硕士研究生课程设置

类别		课程代码	课程名称	学时	学分	季节	开课单位	备注
学位课程	公共必修课	408.602	自然辩证法概论	18	1	秋	马克思主义学院	≥5 学分
		408.601	中国特色社会主义理论与实践研究	36	2	春	马克思主义学院	
		411.500	第一外国语(英语)	32	2	秋	外国语学院	
	校级公共选修课				1			
	专业基础课	011.500	矩阵论	48	3	秋	数学学院	≥8 学分,至少修一门数学类课程
		011.502	数值分析	48	3	春	数学学院	
		011.503	随机过程	48	3	秋	数学学院	
		011.501	数理统计	48	3	秋	数学学院	

续表

类别		课程代码	课 程 名 称	学时	学分	季节	开 课 单 位	备注
学位课程	专业基础课	184.831	智能计算系统	32	2	秋	人工智能与自动化学院	≥8 学分，至少修一门数学类课程
		184.540	模式识别理论	48	3	秋	人工智能与自动化学院	
		184.806	机器学习	32	2	春	人工智能与自动化学院	
	专业选修课	210.595	大数据基础	32	2	秋	计算机科学与技术学院	≥4 学分
		184.832	智能传感技术	32	2	秋	人工智能与自动化学院	
		184.572	计算神经科学	32	2	秋	人工智能与自动化学院	
		210.596	云计算与网络技术	32	2	春	计算机科学与技术学院	
		184.545	计算智能	32	2	秋	人工智能与自动化学院	
		184.552	图像分析	32	2	秋	人工智能与自动化学院	
		184.551	计算机视觉	32	2	春	人工智能与自动化学院	
		184.833	智能控制技术	32	2	春	人工智能与自动化学院	
		184.834	智能人机交互	32	2	秋	人工智能与自动化学院	
		184.571	机器人导论	32	2	秋	人工智能与自动化学院	
		184.835	群体智能与自主无人系统导论	32	2	春	人工智能与自动化学院	
		181.957	智能医学图像	32	2	秋	电子信息与通信学院	
	专业研讨课	184.836	工业视觉检测	16	1	春	人工智能与自动化学院	≥2 学分
		184.837	视频智能监控	16	1	秋	人工智能与自动化学院	
		184.838	遥感图像处理与分析	16	1	春	人工智能与自动化学院	
		184.839	飞行器导航制导技术	16	1	春	人工智能与自动化学院	
		184.840	复杂网络与群体智能	16	1	春	人工智能与自动化学院	
	专业技术讲座	184.575	人工智能技术讲座		2	秋/春	人工智能与自动化学院	≥2 学分（不少于 4 次）
	跨一级学科课		跨一级学科课程					≥2 学分

续表

类别	课程代码	课 程 名 称	学时	学分	季节	开 课 单 位	备注
研究环节	650.501	文献阅读与选题报告(硕)		1			
	650.502	在学术会议上作学术报告(硕)		1			
	650.503	学位论文(硕)		10			

6. 培养环节

(1) 硕士研究生的培养实行导师负责制,组成以导师为组长的硕士研究生指导小组,全面负责硕士研究生的培养、考核及质量保障。

(2) 开题报告。硕士研究生在选题前应阅读有关文献,文献阅读量不少于 40 篇,其中外文文献至少应占 1/3。开题报告中,综述部分应对所读文献加以分析,并提出拟开展研究的科学问题。

硕士研究生填写"研究生开题报告",开题报告应包括下列内容。

① 课题的来源、意义。

② 课题的国内外研究概况及发展趋势。

③ 课题的研究内容和技术方案。

④ 理论与实践方面预计的创造性成果。

⑤ 预期成果。

⑥ 主要参考文献。

硕士研究生必须在第二学年内完成开题报告。硕士研究生要向考核小组报告选题情况以及已取得的研究成果,听取质疑与商讨改进意见,待选题和研究成果获得认同后,方可继续研究和撰写论文。

(3) 中期筛选。

① 硕士研究生中期筛选工作在第二学年内完成。中期筛选答辩与开题报告答辩结合,同时进行。

② 硕士研究生须获得 80% 及以上培养方案所规定的课程学分方可参加中期筛选。

③ 中期筛选包含课程学习、科学研究和思想品德 3 个方面,其中思想品德由学院

研工组组织评价,学院党委复核。

④ 中期筛选科学研究考核小组由 3 位高级职称成员组成,每位考核小组成员对研究生科学研究能力评分,所有成员平均分为中期筛选科学研究方面成绩。考核小组须给出筛选意见:继续硕士学习,参加二次筛选,或终止学习。

⑤ 硕士研究生需要课程学习、科学研究和思想品德 3 个方面考核都合格,才能通过中期筛选。中期筛选没有通过的硕士生应终止学习,按照退学处理。

(4) 科研实践。硕士研究生必须参加至少一项科研课题工作。

(5) 学术报告。硕士研究生至少参加一次国内外召开的专业相关学术会议,并做学术报告。研究生须在会后提交参会总结报告,附上参会照片。

(6) 学位论文。

① 论文选题应属于控制科学与工程专业相关研究方向的基础研究或应用研究课题,有较大的理论意义或应用价值,对学科发展或国家需求有重要学术意义或应用价值。

② 论文内容应体现论文作者具有控制科学与工程学科较宽广的基础理论和系统深入专门知识,并对所研究领域的前沿动态和发展趋势有广泛了解。论文应有作者本人创造性思维,主要研究结果应具有创新性。

③ 论文应具有系统性和完整性,表达清楚,论证严谨,引文准确、全面,行文规范。

(7) 申请论文答辩和资格审查。学位论文资格审查由指导教师和教务科负责进行。硕士研究生申请论文答辩的基本条件如下。

① 修完所规定的课程学分。

② 完成论文选题报告。

③ 完成论文中期报告。

④ 学术成果满足下列条件之一。

a. 在国内外正式学术期刊及国内外学术会议上录用或发表一篇研究论文,学生为第一作者,或者导师为第一作者学生为第二作者。

b. 获得一项专利授权或者申请一项发明专利并且公开,学生排名在前 3 名。

c. 参加的科研项目获得省部级三等奖以上。

d. 参加的科研项目通过省部级以上鉴定,学生中排名前 3。

⑤ 完成毕业论文的撰写。

⑥ 通过校内外专家的评审。

论文答辩采取集中答辩,以及末位重新审查和二次答辩制度。

(8)毕业及学位授予。硕士研究生完成培养计划规定的学习内容并通过学位答辩,经人工智能交叉学科学位审议委员会审议,达到毕业要求的准予毕业。符合学位授予条件的,经校学位评定委员会表决通过,授予硕士学位。

3.2.4　代表性课程

课程一：机器人导论

英文名称：Introduction to Robotics。

1. 课程介绍

中文简介：机器人学是一门高度交叉的前沿学科,也是人工智能领域的重要研究方向之一。机器人技术集力学、机械学、生物学、人类学、计算机科学与工程、控制理论与控制工程、电子工程、社会学等多学科知识大成,是一项综合性很强的新技术。"机器人导论"是人工智能学科的一门专业基础课程。本课程主要讲述机器人学的基本概念和基本方法。通过本课程的学习,学生可以在理论上掌握机器人学的有关知识,并将其用诸实践,实现对实际机器人系统的坐标系构建、运动学和逆运动学建模以及机器人动力学建模等,为下一步学习各种机器人智能控制技术打下基础。实验环境主要是 MATLAB 软件。

英文简介：Robotics is a highly interdisciplinary frontier subject and one of the important research directions in artificial intelligence. Robotics technology is a comprehensive new technology, which integrates the knowledge of mechanics, biology, anthropology, computer science and engineering, control theory and control engineering, electronic engineering, sociology, and so on. "Introduction to Robotics" is a professional basic course on artificial intelligence. In this course, we will focus on describes the basic concepts and basic methods of robotics. Through the study of this course, students can master the relevant knowledge of robotics in theory, and use it in practice to realize the construction of the coordinate system of the actual robot system, kinematics, and inverse kinematics modeling, and robot dynamics modeling, etc. It lays a foundation for the next study of various robot intelligence control technologies. The experimental environment of the course is mainly MATLAB simulation.

2. 教学目标

机器人技术是一种能够增强许多领域潜力,具有提高生产力,优化产品质量,提升个人生活能力和质量的技术。机器人学这一技术的下一步突破将来自多学科交叉内禀,形成创新之源、创新之力、赋能社会。本课程主要从工程性、实践性和应用性的角度来讲授机器人学的基本概念和模型,并设计相应的机器人仿真,促进学习者对机器人学深入了解。希望学习者不仅能够掌握机器人坐标系描述、运动学、动力学等基本概念,还能将这些知识合理地应用到未来的实际中。

3. 教学安排

(1) 绪论:介绍机器人学背景知识;机器人简介;机器人相关符号与定义。

(2) 空间数学描述与转换:位姿和坐标系描述;坐标系之间的变换;平移、旋转和变换;变换数学和方程;位姿的进一步表述;自由向量的转换。

(3) 机器人运动学:连杆的描述;连杆与附加坐标系;机械臂运动学;执行器空间、关节空间和笛卡儿空间;示例。

(4) 逆运动学:可解性;代数解和几何解;示例。

(5) 雅可比矩阵:时变位置与位姿;刚体的线速度与转速;机器人连杆的运动;雅可比矩阵;奇异性;机械臂静力学。

(6) 机械臂动力学:加速度和刚体;牛顿-欧拉方程;拉格朗日方程;机械臂动力学。

参考文献

[1]　约翰·克雷格. 机器人学导论[M]. 4 版. 负超,译. 北京:机械工业出版社,2018.

[2]　熊有伦,李文龙,陈文斌,等. 机器人学:建模、控制与视觉[M]. 武汉:华中科技大学出版社,2018.

课程二:计算机视觉

英文名称:Computer Vision。

1. 课程介绍

中文简介：视觉是人类获取外界信息的最主要来源之一。通过视觉感知与认知，人类可以识别和理解外界场景，感知场景中的运动物体，体验场景中各物体的远近。正因为视觉在获取外界信息中的重要作用，人们希望能让计算机也拥有类似于人的视觉功能。本课程介绍成像中的光学和几何过程、目标特征提取与检测识别、运动检测与目标跟踪，以及相机定标、立体匹配与三维重建等基本知识、基本处理流程和常用方法。通过本课程的学习，学生将掌握计算机视觉的基础理论、技术和实现方法，为将来从事智能图像与视频理解相关工作或进一步深造打下基础。

英文简介：Vision is the most important source for human being to acquire information from the world. Through vision sensing and cognition，we can recognize and understand the scene，the moving objects，and objects at different distances. Since the importance of vision in information acquiring，we wish computer has similar functions as human vision system. This course introduces to students the imaging principles including imaging optics and geometry，object feature extraction，object detection and recognition，moving object detection and tracking，camera calibration，stereo matching，and 3D reconstruction. With the study of this course，students can master basic principles，important techniques and methods of computer vision，and form the foundation for future works or researches related to intelligent image or video understanding.

2. 教学目标

本课程的教学目标是使学生了解成像光学、成像几何学、目标识别、三维重建及目标跟踪的基本知识、经典理论与方法，使学生具备较强的解决成像目标识别、三维重建及跟踪问题的能力，为从事智能图像与视频理解的高水平研究打下基础。

3. 教学安排

（1）概论：计算机视觉的概念；计算机视觉的典型应用；课程概述。

（2）视觉与视知觉：视觉过程和特性；人类视知觉系统；形状知觉；空间知觉；运动知觉。

（3）相机与成像光学：成像光学基础；彩色成像；光学成像几何；成像坐标系。

（4）特征提取与分析：多尺度特征提取与表达；点特征提取与表达；线特征提取与表达；区域特征提取与表达。

（5）目标检测与识别：目标检测；目标识别；深度学习目标检测识别。

（6）运动检测：帧间差分法；光流法；背景建模法。

（7）目标跟踪：模板跟踪；粒子滤波跟踪；Mean shift 跟踪；相关滤波跟踪。

（8）深度感知：单眼深度感知；双眼立体视觉；相机定标；极线约束；立体匹配。

（9）三维形状恢复：光度立体学法；从明暗求取形状；从运动求取形状；从散焦求取形状。

参考文献

[1]　RICHARD SZELISKI. Computer vision：algorithms and applications[M]. London：Springer Science & Business Media，2010.

[2]　DAVID FORSYTH，JEAN PONCE. Computer vision：a modern approach[M]. Upper Saddle River：Prentice Hall，2011.

[3]　章毓晋. 计算机视觉教程[M]. 2 版. 北京：人民邮电出版社，2017.

课程三：模式识别

英文名称：Pattern Recognition。

1. 课程介绍

中文简介：识别感兴趣的对象是人类的基本活动之一，这是一个典型的模式识别过程。模式识别泛指运用机器对数据中的模式或规律进行分类识别。其实际应用领域包括面向无人系统的环境感知与自然场景理解，面向视频监控的行人检测与识别以及异常事件检测，面向生物特征识别的手写体识别、人脸识别、指纹识别等，面向人机交互的表情识别、手势识别、语音识别等，面向网络应用环境的信息检索、图像检索、数据挖掘等。可以说，几乎所有的智能系统都要用到模式识别技术。

模式识别是一门非常活跃的学科，新理论、新方法不断涌现。本课程重点讲授模式识别的理论与方法，包括生成式模型和判别式模型所涉及的知识点。本课程还将通过对统计学习理论的介绍，使学生了解 VC 维、模型复杂度等概念；并通过过拟合、正则化和交叉验证等问题的讨论,力求让学生能理解各种算法的内在联系和发展动力。通过本课程的学习,学生将掌握模式识别的基础理论、技术和实现方法,并了解该领域的最新研究成果,为研究生的有关专业课程的学习和论文阶段的工作打下基础。

本课程的编程语言为 Python 或 MATLAB。

英文简介:One of basic activities of humans is to recognize objects of interest, which is a typical process of pattern recognition. Pattern recognition can be defined as the problem of classifying and recognizing patterns/regularities in data by machine. It has practical applications in areas such as ①environmental sensing and natural scene understanding in unmanned systems,②pedestrian detection, pedestrian recognition, and anomaly detection of events in video surveillance, ③handwriting recognition, face recognition, and fingerprint recognition in biometrics, ④ facial expression recognition, hand gesture recognition, and speech recognition in human-machine interaction, and ⑤ information retrieval, image retrieval, and data mining in Internet. Generally speaking, pattern recognition techniques are almost everywhere in intelligent systems. Pattern recognition is a very active field, with emerging new theories and novel methodologies. This course focuses on the theory and methodology in pattern recognition, including basic concepts in generative models and discriminative models. By introducing statistical learning theory, the course will also cover topics such as the VC dimension and model complexity. By discussing overfitting, regularization, and cross validation, students are expected to understand intrinsic connection and motivation between different algorithms. By completing this course, students should have a clear understanding of the fundamental theory, algorithm, and implementation of pattern recognition, and particularly, have an idea of recent advances in the field, laying a foundation for graduate courses and dissertations.

Python or MATLAB will be used in programming.

2. 教学安排

(1) 概论(2学时):模式与模式识别;模式识别的基本方法与知识体系;模式识别系统的基本组成;模式识别系统性能评价指标。

(2) 统计学习理论初步(2 学时)：Hoeffding 不等式；模式二分性；成长函数与 VC 维；经验风险与结构风险。

(3) 分类与回归(4 学时)：感知器算法与 Fisher 线性判别；最小平方误差与线性回归算法；交叉熵损失与逻辑斯谛回归(Logistic Regression)算法；梯度下降法与随机梯度下降法；基于 VC 维理论的回归与分类的关系分析。

(4) 多分类问题(1 学时)：二分类问题扩展；一对多分类策略；一对一分类策略；Softmax 多分类算法。

(5) 非线性分类问题(1 学时)：非线性变换与升维讨论；非线性分类算法流程；基于 VC 维理论的非线性变换代价分析。

(6) 算法泛化与测试(2 学时)：过拟合现象；基于 VC 维理论的过拟合风险分析；产生过拟合原因及解决办法；正则化方法与岭回归算法；过拟合规避与算法验证技术。

(7) 支持向量机(4 学时)：最大间隔概念；线性支持向量机算法；Hinge Loss 与判别类算法特性分析；基于 VC 维理论的支持向量机分析与正则化关系；非线性变换与对偶支持向量机；核函数支持向量机与无穷维变换；基于最大软间隔的支持向量机。

(8) 神经网络与深度学习初步(4 学时)：神经元、感知机与多层网络；误差反向传播算法；深度神经网络典型架构；深度卷积神经网络技术与应用。

(9) 贝叶斯决策(4 学时)：最小错误率贝叶斯决策；最小风险贝叶斯决策；聂曼-皮尔逊决策；正态分布时的贝叶斯决策；离散特征的贝叶斯决策；贝叶斯决策与线性判别分类的关系分析。

(10) 参数估计技术(4 学时)：最大似然估计；贝叶斯估计与贝叶斯学习；高斯混合模型与期望最大化(EM)算法；EM 算法在其他分类任务的应用(K 均值、贝叶斯线性回归等)。

(11) 图模型(4 学时)：马尔可夫随机场；隐马尔可夫模型；图模型推理；贝叶斯置信网与分类。

(12) 非参数技术 (4 学时)：概率密度的估计；Parzen 窗估计；Kn-近邻估计；最近邻规则。

(13) 特征选择与稀疏表达(4 学时)：基于类可分性度量的特征提取与选择；相似性测度与聚类准则；基于距离阈值的聚类算法；层次聚类算法；K 均值聚类算法；模糊 K 均值聚类算法；谱聚类算法；AP 聚类算法。

(14) 模板匹配(2 学时)：模板匹配的概念；相似度度量与模板匹配；变形模板概

念;弹性匹配。

(15)句法模式识别(2学时):句法模式识别概述;形式语言的基本概念与模式的描述方法;文法推断与句法分析;句法结构的自动机识别。

参考文献

[1] PETER E HART, DAVID G STORK, RICHARD O DUDA. Pattern classification[M]. Hoboken:Wiley,2000.

[2] CHRISTOPHER M BISHOP. Pattern Recognition and Machine Learning [M]. London:Springer,2006.

[3] 张学工. 模式识别[M]. 3版. 北京:清华大学出版社,2010.

课程四:群体智能与自主无人系统导论

英文名称:Introduction of Swarming Intelligence and Autonomous Unmanned Systems。

1. 课程介绍

中文简介:群体智能(Swarming Intelligence)起源于科学家对群体性生物行为的观察和研究,是一门新兴学科。生物群体智能以其动态性、自组织性、并行性、协同性、简单性、灵活性和健壮性在组合优化问题、通信网络、机器人、航空航天等研究领域显示出很大的潜力和优势。本课程主要讲述群体智能的基本原理、方法、现有典型算法以及基于群体智能的自主无人系统(无人艇、无人车、无人机、水下潜航器等)集群控制的原理、模型、理论、仿真及验证。通过本课程的学习,学生可以在理论上掌握群体智能、自主无人系统及其集群协同控制理论的有关知识,在实践过程中能结合群体智能模型和典型算法进行自主无人系统集群控制探讨,进而在室内小型无人艇集群等软硬件平台进行仿真和实验验证。通过该课程的学习使学生了解群体智能学科前沿和研究动态,能独立完成基于群体智能理论来解决面向实际任务的无人系统集群协同控制问题。通过启发式教学和实验的联系,引导学生完成不同自主无人系统的分析、建模和控制工作,培养学生理论和实际相结合的实际运用能力。实验环境为MATLAB等仿真软件和Python等机器学习程序设计语言。

英文简介:Swarming Intelligence, which originated from scientists' observation and study of group biological behaviors，is an emerging discipline. Biological swarm intelligence，with its dynamics，self-organization，parallelism，synergy，simplicity，flexibility and robustness，shows great potential and advantages in combinatorial optimization，communication network，robotics，aerospace and other research fields. This course focuses on the basic principles，methods，existing typical algorithms and cluster control principles，models，theories，simulation and verification of swarm intelligence based autonomous unmanned systems（USVs，UGVs，UAVs，UUVs，etc.）. Through the study of this course，students can theoretically master the relevant knowledge of swarm intelligence，autonomous unmanned systems and cluster cooperative control theory，and can combine swarm intelligence models and typical algorithms to discuss autonomous unmanned system cluster control in practice. Furthermore，simulation and experimental verification are carried out on software and hardware platforms such as indoor small unmanned boat clusters. Through the study of this course，students can understand the frontiers and research trends of swarm intelligence，and can independently solve the practical tasks oriented problems of unmanned system cluster cooperative control based on swarm intelligence theory. Through the connection of heuristic teaching and experiment，it guides students to complete the analysis，modeling and control of different autonomous unmanned systems，and cultivate students' practical application ability combining theory and practice. The experimental environment is simulation software such as MATLAB and machine learning programming language such as Python.

2. 教学安排

（1）生物群体集群行为现象与机制：生物群体行为机制及模型；仿生物群体行为的自主集群；"涌现"的含义。

（2）生物群体运动模型：鸟群运动模型（椋鸟群、鸽群等）；鱼群运动模型；昆虫群运动模型；细菌和细胞群运动模型；主流集群运动模型（Vicsek、Couzin、Cucker-Smale、最小模型等）。

（3）多智能体系统协同控制：线性多智能体一致性控制；非线性多智能体一致性控制；具有虚拟领导者的多智能体编队控制；具有保持网络连通性的多智能体编队控制。

（4）从生物群体智能涌现到无人系统集群控制：集群队形演化相变调控；欠驱无人系统集群协同控制；自主无人艇集群协同感知、通信、导航、避障、路径规划和目标跟踪；自主轮式无人车集群协同控制；跨域无人系统集群协同；无人机-艇编队协同起降。

（5）研究前沿与展望：发展趋势；关键技术；应用领域。

参考文献

［1］ 段海滨，邱华鑫. 基于群体智能的无人机集群自主控制［M］. 北京：科学出版社，2019.

［2］ 肯尼迪，埃伯哈特. 群体智能［M］. 史玉回，译. 北京：人民邮电出版社，2009.

［3］ WEI REN，YONGCAN CAO. Distributed coordination of multi-agent networks：emergent problems，models，and issues［M］. Vol. 1. London：Springer，2011.

［4］ YANG-YU LIU，ALBERT-LÁSZLÓ BARABÁSI. Control principles of complex systems［J］. Reviews of Modern Physics. 2016，88(3)：035006.

课程五：智能人机交互

英文名称：Intelligent Human-Machine Interaction。

1. 课程介绍

中文简介：人机交互（Human-Machine Interaction，HMI）是关于设计、评价和实现供人们使用的交互式计算机系统，且围绕这些方面主要现象进行研究的科学。人机交互技术主要是研究人与计算机之间的信息交换，主要包括人到计算机和计算机到人的信息交换两部分。本课程主要介绍人到计算机的信息交换，即计算机如何识别人的动作、脑电信号、情感等，用于和谐自然的人机交互。

英文简介：Human-Machine interaction (HMI) is about how to design, evaluate and implement interactive computer systems for humans, and research on main topics in this area. HMI mainly study the information exchange between human and computer, including the pathway from human to computers, and from computers to human. This course main introduces how to send information from human to computers，i. e.，how computer recognize human's motions，brain signals，and emotions，for natural and harmonic HMI.

2. 教学安排

（1）人机交互简介（6 学时）：历史与趋势；认知心理学（视觉、听觉、记忆）；人机工程学；交互设备。

（2）视觉交互（10 学时）：基于肢体运动分析的交互手段；基于手部运动分析的交互手段；基于面部眨眼分析的交互手段。

（3）脑机交互（10 学时）：脑机接口简介；脑电信号处理基础；基于事件相关电位的脑机接口；基于脑机接口的疲劳驾驶检测。

（4）情感计算（6 学时）：基于语音的情感计算；基于生理信号的情感计算。

参考文献

［1］　施克，梅兰. BCI2000 与脑机接口［M］. 胡三清，译. 北京：国防工业出版社，2011.

［2］　拉杰什. 脑机接口导论［M］. 张莉，译. 北京：机械工业出版社，2016.

3.3　武汉大学

武汉大学人工智能研究院于 2019 年 11 月 22 日揭牌成立。该研究院是依托计算机学院，联合数学与统计学院、电子信息学院、测绘学院、动力与机械学院、电气与自动化学院、GPS 国家工程技术中心、遥感信息工程学院、测绘遥感信息工程国家重点实验室、工业科学研究院、生命科学学院、物理科学与技术学院、武汉大学人民医院、武汉大学中南医院、武汉大学口腔医院、国家网络安全学院、法学院、信息管理学院等校内单位共同建设的大型跨学科研究平台。

3.3.1　交叉学科方向

人工智能交叉学科分为 5 个学科方向，分别是人工智能基础、人工智能共性技术、医学人工智能、跨媒体智能与时空计算、泛在物联网与智能系统。

1. 人工智能基础

依托武汉大学数学与统计学院、生命科学学院、法学院等单位,立足武汉大学相关学科的研究基础,瞄准人工智能学科未来发展趋势,聚焦人工智能重大科学前沿问题,回应"徐匡迪之问",以突破人工智能应用基础理论瓶颈为核心目标,开展人工智能基础理论研究,从根基上推动人工智能的发展创新。本方向重点关注以下内容。

(1)人工智能的数学基础。依托武汉大学数学与统计学院、计算科学湖北省重点实验室,研究深度学习的复杂度与泛化理论、深度神经网络模型的表达力和逼近性质以及随机梯度下降算法的数学理论,研究深度学习算法模型的非线性数值分析、深度学习的可解释性、不确定性数学理论、逆问题和贝叶斯统计推断,为人工智能算法提供数学理论保障。

(2)高级机器学习理论。依托武汉大学计算机学院,重点研究无监督学习、小样本学习、稀疏学习、VC维等理论问题,建立基于数据驱动的认知计算模型。研究自适应学习、自主学习等新一代机器学习理论,实现具备高可解释性、强泛化能力的人工智能。

(3)脑科学及类脑智能计算理论。依托武汉大学生命科学学院、武汉大学计算机学院,重点研究大脑的生理结构和功能,揭示神经系统内分子水平、细胞水平、细胞间的变化过程,突破类脑的信息编码、处理、记忆、学习与推理理论,形成类脑复杂系统及类脑控制等理论与方法,建立大规模类脑智能计算的新模型和脑启发的认知计算模型。

(4)自然计算理论。依托武汉大学计算机学院,重点研究基于模仿自然现象,尤其是生命体现象的,具有自适应、自组织、自学习能力的模型与算法,包括人工神经网络、遗传算法、免疫算法、人工内分泌系统、蚁群算法、粒子群算法以及膜计算等,实现自主优化的人工智能。

(5)量子智能计算理论。依托武汉大学物理科学与技术学院、计算机学院,重点研究量子计算的复杂性分析,量子计算算法设计,量子加速的机器学习方法,建立高性能计算与量子算法混合模型,设计高效精确自主的量子人工智能系统架构。

(6)人工智能伦理与社会治理。依托武汉大学法学院、哲学院等单位,研究人工智能在哲学、伦理、法律、制度等各方面的伦理规范,探讨人工智能的伦理底线和边界。

积极参与、主导新技术领域的全球治理,进一步研究人工智能的国际伦理与法规制定。针对人工智能与人的伦理关系,重点研究人工智能的哲学思想基础,机器与人的伦理关系,人工智能道德及实践规范,人工智能社会心理学,人工智能的社会治理基础,以及人工智能法治等。

2. 人工智能共性技术

依托武汉大学计算机学院、动力与机械学院、电子信息学院、电气与自动化学院、网络安全学院等单位,开展人工智能共性技术的研究。人工智能共性技术方向的主要研究目标是以云计算和大数据为基础,以新型计算架构、通用人工智能和开源生态系统为主要导向,重点研究基于感知识别、认知推理、机器人与智能控制、人工智能信息安全的人工智能技术,持续完善人工智能共性技术体系,为人工智能应用提供技术保障。本方向重点关注以下内容。

(1) 感知技术。依托于武汉大学计算机学院、电子信息学院等单位,重点研究智能传感器的模糊逻辑运算、自适应环境鉴别、多功能、高精度、集成化和智能化技术,实现复杂多变环境下的智能信息感知,提升数据感知能力、采集效率、表征质量。研究语音的唤醒技术、声学前端处理技术、声纹识别技术等语音领域核心技术,提高语音识别的准确率与响应速度。研究计算机视觉的图像分类、目标检测、图像分割、风格迁移、图像重构、图像生成等技术,促进计算机视觉在人脸识别、视频分析、自动驾驶、三维图像视觉、工业视觉检测、文字识别、图像及视频编辑等领域的应用。

(2) 认知技术。依托于武汉大学计算机学院、小米-武大人工智能联合实验室、多媒体工程中心等单位,重点研究自然语言的语法逻辑、字符概念表征和深度语义分析的核心技术,实现多风格、多语言、多领域的自然语言智能理解和自动生成。研究复杂长跨度数据的因果推理技术,解决深度学习无法进行关系推理的问题。研究知识工程的知识表达清晰化、数据组织有序化、内容存储本体化、全自动知识获取智能化技术,实现知识的自动化处理,提高分析过程的知识维度与智能成分。研究基于互联网的大众化协同、大规模协作的知识资源管理与开放式共享等技术,建立群智知识表示框架,实现基于群智感知的知识获取和开放动态环境下的群智融合与增强,支撑覆盖全国的千万级规模群体感知、协同与演化。研究信息检索的启发式搜索算法、智能代理技术及自然语言查询技术,实现相关度和用户兴趣的最佳信息匹配,为用户提供更方便、更确切的搜索服务。

（3）机器人与智能控制。依托于武汉大学动力与机械学院、电气与自动化学院等单位，重点研究智能机器人的智能感知、智能认知和多模态人机交互技术，促进智能工业机器人、智能家用服务机器人、智能医疗服务机器人、智能公共服务机器人、智能特种机器人等各类机器人的应用，实现机器人协助人类生产，服务人类生活。研究智能控制的智能信息处理、智能信息反馈和智能控制决策技术，解决传统方法难以解决的复杂系统的控制问题。

（4）人工智能信息安全。依托于武汉大学网络安全学院、计算机学院等单位，重点研究算法模型导致的技术缺陷，算法机制难以解释的算法黑箱，人工智能数据在采集、分析、流转阶段的隐私保护，人工智能数据资源的防攻击篡改保护，人工智能数据质量在数据集规模量、多样性等不足以及数据集遭污染等原因下导致的安全风险；推进人工智能的算法安全、数据安全，实现人工智能技术可用、可靠、可知、可控，科学预判和管控人工智能发展的安全风险。

3. 医学人工智能

依托武汉大学计算机学院、基础医学院、第一临床学院、第二临床学院、口腔医学院、药学院等单位，建设武汉大学医学人工智能科研队伍。研究基于计算机视觉、自然语言处理、语音分析与识别、高维信号处理、医学知识图谱等人工智能技术的医学大数据感知、处理、分析、安全共享等技术，探索人工智能在临床医疗诊断、决策方面的应用，开发人工智能驱动的手术和药物等精准治疗手段，发展智能问诊、智能心理医生、远程病患监护系统、远程医疗操作监控、远程康复训练等智能医疗交互系统。本方向重点关注以下内容。

（1）智能肝癌诊疗。依托于武汉大学国家多媒体软件工程技术研究中心、中南医院湖北省肿瘤医学临床研究中心、武汉大学肝胆疾病研究院等单位，基于肝脏医学影像数据（MRI、CT 等）、病理切片数据、细胞学穿刺活检数据等多源异质融合医学大数据，利用机器学习、影像组学、计算解剖学与生理学、图像重建与质量评估、医学知识图谱等技术，研究基于人工智能技术的肝癌感知与诊断、病理分级、治疗方案推荐、手术方案规划、手术路径引导、术后生存预测等技术。

（2）智能精神疾病诊疗与心理咨询。依托于武汉大学国家多媒体软件工程技术研究中心、人民医院精神医学科、湖北省精神病医疗质量控制中心、肿瘤精准诊疗技术与转化医学湖北省工程研究中心、湖北省神经精神研究所等单位，基于脑部医学影像、脑电、脑磁、眼动、语音、视频等数据,利用信号处理、计算机视觉、虚拟现实、强化学习、人机交互等技术,研究脑功能损伤与精神疾病的诊断、心理疾病模式分类、生物学标志物识别、特征因子构建等技术,实现人工智能技术在抑郁症、孤独症、老年痴呆症、帕金森综合征等精神疾病诊疗方面的应用,研发自动化人工智能心理医生、心理咨询师等系统。

(3)智能病理分析预评估。依托于武汉大学计算机学院、武汉大学病理中心(武汉大学-芝加哥大学病理合作会诊中心)、湖北省模式动物中心、人民医院远程病理会诊中心、中南医院临床基因诊断中心等单位,基于患者病史数据、用药史数据、临床表现、内镜表现、影像学表现、基因测序等数据,利用机器学习、生物信息学、计算机视觉等基数,研究细胞病理、组织病理、分子病理、癌症分级、治疗效果综合等方面的诊断与分析技术,探索人工智能技术在肠道疾病、肝脏疾病、肿瘤发现与治疗等方面的应用。

(4)智能口腔医学应用技术。依托于武汉大学国家多媒体软件工程技术研究中心、口腔生物医学教育部重点实验室、口腔基础医学省部共建国家重点实验室培育基地等单位,基于口腔医学影像(CT、MRI)数据、电子病历数据,利用计算机视觉、语音识别、自然语言处理、专家系统、三维重建、3D打印、虚拟现实等技术,研究基于人工智能的口腔病灶定位导航、虚拟手术环境三维重建、远程口腔手术、口腔内科机器人、虚拟手术教学等技术,探索人工智能技术在口腔额面外科手术、口腔种植、口腔内科治疗、口腔修复、口腔正畸、口腔导诊等方面的应用。

(5)智能心血管疾病诊疗。依托于武汉大学计算机学院、人民医院心血管内科、卫生部心律学重点实验室、心血管病学湖北省重点实验室、卫生部心血管病介入诊疗基地、湖北省心血管病临床研究中心等单位,基于心电信号、心血管医学影像(血管内超声、OCT成像、冠脉造影等)、心音听诊信号等数据,利用信号处理、计算机视觉、深度学习、高斯混合模型、类激活映射等技术,研究高质量的心血管疾病数据预处理、诊断模型建模、磁引导手术机器人、病变区域分割与可视化,探索人工智能技术在房颤、卒中、先天性房间隔缺损筛查、心律失常、瓣膜性心脏病等疾病上的应用。

(6)智能新药研发。依托于武汉大学计算机学院、武汉大学药学院、人民医院国家药品临床研究基地、中南医院国家药物临床试验机构等单位,基于基因测序、蛋白组学、基因组学、表型组学、免疫组学、代谢组学、网络药理学等数据,利用小样本学习、迁移学习、半监督学习、强化学习、生物信息学、知识图谱等技术,研究基于人工智能的表型筛选、有效靶点筛选和药物设计等应用,从药化、生物学的大量数据中挖掘有效信息筛选候选化合物,并准确预测它们的理化性质、成药性质和毒性风险,探索人工智能技术在老药新用、虚拟筛选苗头化合物、新药合成路线设计、药物有效性及安全性预测、药物分子设计等方面的应用。

4. 跨媒体智能与时空计算

依托国家多媒体软件工程技术中心、测绘学院、测绘遥感信息工程国家重点实验室、信息管理学院等单位,利用人工智能技术,建设智能化的多媒体软硬件处理、开发、分析平台,音视频通信、理解、识别技术。利用海量对地观测时空大数据,建设集成智能化测量、定标、目标感知与认知、服务用户为一体的实时智能对地观测系统。本方向重点关注以下内容。

(1) 跨媒体智能计算。依托国家多媒体软件工程中心、武汉大学信息管理学院等单位,研究多媒体场景下的图像目标检测、图像语义分割、视频目标跟踪、图像复原、语音识别、语义理解、同步翻译、多媒体信息融合、视频内容检索、行为识别、音视频编码等方面。通过模拟人类的视觉、听觉等感知能力,实现机器的智能化信息获取、理解与交互。研究高性能软件建模、内容拍摄生成、增强现实与人机交互、集成环境与工具等关键技术,研究大规模三维场景的高精度实时建模及纹理映射,研究自然语言驱动的虚拟场景生成,促进自然语言处理与虚拟现实及增强现实的学科融合。研制虚拟显示器件、光学器件、高性能真三维显示器、开发引擎等产品,建立虚拟现实与增强现实的技术、产品、服务标准和评价体系,推动重点行业融合应用。利用现代海量信息资源数据,研究信息资源的智能化获取、组织和管理方法,并开发面向电子商务、舆情分析、决策支持、智能政务等应用场景的智能系统。加强信息资源整合和公共需求精准预测,提供支持政府和企业的运行、管理和决策的智能信息平台。

(2) 智能安防。依托国家多媒体软件工程中心,利用视频监控为主的海量城市安防数据,研究社会安防技术中的存储、识别、监控、预警等核心问题,提高安防任务的自动化、精确化、智能化程度;将计算机视觉、社交网络分析、信息流传播分析、信息安全等技术应用于人脸识别、人员行为分析、人员车辆轨迹跟踪、安全生产监测、高性能摄像头设计、网络舆情分析、网络威胁感知、网络进攻防御、隐私保护。

(3) 智能时空计算。依托武汉大学测绘学院、测绘遥感信息工程国家重点实验室等单位,利用自然资源调查、城市管理、大地测量、地图导航等生产与生活中获取的对地观测与定位数据,研究地表自然环境、人类社会时间-空间信息的智能提取技术,实现精确的室内、室外定位与导航；应用于智慧城市、智能应急测绘、高程基准面解算、目标检测与检索、卫星视频目标跟踪。面向空、天、地传感器所产生前所未有的时空大数据，研究空间信息网络下的数据自动化和智能化获取、自动匹配与三维建模、影像目标搜索、自动变化检测、自动形变测量、时空大数据云计算平台，形成星地协同的"对地观测脑"平台，实现对地观测卫星的智能化组织、信息流的精准推送。

5. 泛在物联网与智能系统

依托小米-武大人工智能联合实验室、武汉大学工业研究院、武汉大学电子信息学院等单位，利用小米全球最大的物联网数据资源及自有人工智能开发环境，研究人工智能计算芯片、智能物联网的软硬件协同、通用人工智能计算框架、智能交互的应用开发环境、新一代通信技术、全频段设备互联通信、空地协同感知技术，通过人工智能技术，提高硬件设备的信号获取、智能交互、智能分析、智能决策能力。本方向重点关注以下内容。

（1）人工智能硬件计算平台与计算框架。依托于武汉大学计算机学院、电子信息学院、机械与动力学院，以小米-武大人工智能联合实验室的校企战略合作为契机，研究我国自主可控的人工智能通用硬件计算平台与编程框架。在智能硬件平台方面，以小米研发的全球智能可穿戴领域第一颗人工智能芯片"黄山 1 号"以及松果澎湃 S 系列手机处理器为基础，面向深度学习技术对处理芯片大量数据交互效率、核心并行计算能力的要求，自主设计适用于人工智能计算场景的指令集、微结构、人工神经元电路、存储层次，研究适用于各种人工智能计算场景的可编程门阵列（FPGA）、专用集成电路（ASIC），以及类脑芯片设计技术，探索多种芯片高效协同运行的芯片解决方案，研发"处理芯片-设备端推理-云端推理-云端训练"的层次化、高性能通用计算硬件平台。在人工智能编程框架方面，以小米开源自研的移动端深度学习框架 MACE 为基础，考虑硬件计算平台与编程框架之间的适应性，对深度学习的卷积、池化、激活、全连接等操作进行抽象，针对不同的应用场景，分别研究基于数据流图、基于层、基于算法的通用编程框架，实现稳定性强、运行效率高、可用性高、可跨平台移植、可跨系统运行的高性能分布式编程框架。

（2）人工智能应用集成开发环境。依托于小米-武大人工智能联合实验室、武汉大学计算机学院、电子信息学院等单位，开展人工智能应用集成开发环境的研究。以金山云人工智能平台和深度学习平台为基础，重点研究人工智能计算场景下的智能化文件管理器、编译器、汇编器、连接器、调试器等组件和工具。为提升下一代人工智能应用集成开发环境的易用性,拟研究与集成开发环境配套的数据可视化分析、可视化建模、可视化训练、可视化模型测试等可视化技术,实现一站式的界面操作,提升交互式体验效率。为提升人工智能应用的开发效率,拟基于高内聚、低耦合的思想,研究人工智能面向对象的高性能算子模型,实现对多源异构数据处理方法、自定义深度学习模型、自动化测试模型、智能中间件模型的抽象、封装、共享,提升人工智能应用开发环境的重用性、可扩充性、健壮性。

(3)下一代通信环境下智能系统。依托小米-武大人工智能联合实验室、华为 ICT 学院-创新人才中心,深入发展校企合作,结合企业端产品生态,研究面向 5G、6G 环境下的智能应用系统,研究天基、海基和陆基通信标准统一环境下的智能系统设计及交互问题,形成广域覆盖的高精度和高可靠性感知及计算服务网络,包括车联网、自动驾驶、设备智能调度、海上救援、极端环境救援、智能交通控制等应用场景。结合新一代通信环境下的云计算,研究面向企业全栈全场景"云+AI+IoT"的架构和系统。发挥小米全球最大的物联网生态优势,以手机和 AIoT 的双引擎驱动,研究下一代通信场景下物联网中的设备交互、场景感知、智能家居设备调度、数据传输、系统安全等问题。

3.3.2 课程体系

人工智能学科课程分为必修课程、方向必修课和选修课等几个大类。硕士研究生培养需要 30 个学分(含第一外国语 2 个学分、政治 3 个学分、专业必修课程不少于 21 个学分)、博士研究生培养需要 15 个学分(含英语 2 个学分、第二外国语 2 个学分、政治 2 个学分、专业必修课程不少于 4 个学分)。

武汉大学人工智能交叉学科硕士生、直博生、普博生课程体系分别如表 3.9~表 3.11 所示。

表 3.9 武汉大学人工智能交叉学科硕士生课程体系

一、平台课程					
必修/选修	课程性质	课 程 名 称	学分	总学时	备 注
必修	公共学位课	中国特色社会主义理论与实践研究	2	36	
必修	公共学位课	自然辩证法概论	1	18	

续表

选修	公共选修课	公共选修课包括计算机、管理、人文、体育、就业指导等相关课程	2	36	学术型硕士研究生选修公共选修课不超过2学分
必修	公共学位课	第一外国语	2	72	
必修	专业学位课	数值分析	3	54	学科通开课,任选不少于 12 学分
必修	专业学位课	矩阵分析	4	72	
必修	专业学位课	随机过程	3	54	
必修	专业学位课	高级数据结构与算法	2	36	
必修	专业学位课	人工智能原理	2	36	
必修	专业学位课	高级机器学习	2	36	

二、方向课程

1. 人工智能基础

研究内容:

研究人工智能基础理论,具体包括人工智能的数学基础、高级机器学习理论、脑科学及类脑智能计算理论、自然计算理论、量子智能计算理论、人工智能伦理与社会治理等

必修/选修	课程性质	课 程 名 称	学分	总学时	备　　注
必修	专业学位课	控制理论与方法	2	36	方向学位课,根据研究方向任选不少于 9 学分;学科通开课可作为方向学位课必修
必修	专业学位课	数学建模方法	2	36	
必修	专业学位课	脑认知与类脑计算	2	36	
必修	专业学位课	自然计算	2	36	
必修	专业学位课	量子计算	2	36	
选修	专业学位课	知识工程前沿	2	36	方向学位课必修可作为方向学位课选修
选修	专业学位课	数理逻辑	1	18	
选修	专业学位课	图计算	1	18	
选修	专业学位课	表示学习	1	18	
选修	专业学位课	人工智能伦理与法治	1	18	
选修	专业学位课	强化学习	1	18	
选修	专业学位课	泛函分析	2	36	
选修	专业学位课	神经科学导论	1	18	

2. 人工智能共性技术

研究内容：

以云计算和大数据为基础，以新型计算架构、通用人工智能和开源生态系统为主要导向，研究感知技术、认知技术、机器人与智能控制、人工智能信息安全等

必修/选修	课程性质	课 程 名 称	学分	总学时	备 注
必修	专业学位课	计算机视觉技术及应用	2	36	方向学位课，根据研究方向任选不少于9学分；学科通开课可作为方向学位课必修
必修	专业学位课	自然语言处理技术及应用	2	36	
必修	专业学位课	群智计算	2	36	
必修	专业学位课	增量学习	2	36	
必修	专业学位课	人工智能计算框架	2	36	
必修	专业学位课	控制理论与方法	2	36	
选修	专业学位课	模式识别前沿技术	2	36	方向学位课必修可作为方向学位课选修
选修	专业学位课	人工智能安全与隐私	2	36	
选修	专业学位课	大数据的采集与智能处理	2	36	
选修	专业学位课	智能机器人与应用系统	1	18	
选修	专业学位课	跨媒体计算	2	36	
选修	专业学位课	图论及应用	2	36	
选修	专业学位课	高级编译及优化技术	1	18	
选修	专业学位课	数字图像与视频分析	2	36	

3. 医学人工智能

研究内容：

研究智能肝癌诊疗、智能精神疾病诊疗与心理咨询、智能病理分析预评估、智能口腔医学应用技术、智能心血管疾病诊疗、智能新药研发等

必修/选修	课程性质	课 程 名 称	学分	总学时	备 注
必修	专业学位课	计算机视觉技术及应用	2	36	方向学位课，根据研究方向任选不少于9学分；学科通开课可作为方向学位课必修
必修	专业学位课	自然语言处理技术及应用	2	36	
必修	专业学位课	数字图像与视频分析	2	36	
必修	专业学位课	医学人工智能	2	36	
必修	专业学位课	计算生物学	2	36	

选修	专业学位课	知识工程前沿	2	36	
选修	专业学位课	模式识别前沿技术	2	36	
选修	专业学位课	大数据的采集与智能处理	2	36	方向学位课必修可作为方向学位课选修
选修	专业学位课	生理信号解译	1	18	
选修	专业学位课	生命系统的建模与仿真	1	18	
选修	专业学位课	信息检索前沿研究	1	18	
选修	专业学位课	医学图像处理	1	18	
选修	专业学位课	多媒体计算技术	2	36	

4. 跨媒体智能与时空计算

研究内容:

研究跨媒体智能计算、智能安防、智能时空计算等

必修/选修	课程性质	课程名称	学分	总学时	备 注
必修	专业学位课	多媒体计算技术	2	36	方向学位课,根据研究方向任选不少于9学分;学科通开课可作为方向学位课必修
必修	专业学位课	自然语言处理技术及应用	2	36	
必修	专业学位课	计算机视觉技术及应用	2	36	
必修	专业学位课	计算机听觉技术及应用	2	36	
必修	专业学位课	空间数据智能计算	2	48	
选修	专业学位课	知识工程前沿	2	36	
选修	专业学位课	模式识别前沿技术	2	36	
选修	专业学位课	大数据的采集与智能处理	2	36	
选修	专业学位课	分布式多媒体系统与技术	2	36	方向学位课必修可作为方向学位课选修
选修	专业学位课	跨媒体计算	2	36	
选修	专业学位课	对地观测大数据处理	2	36	
选修	专业学位课	应用信息论	2	36	
选修	专业学位课	遥感数据分析	2	36	

5. 泛在物联网与智能系统

研究内容:

研究人工智能硬件计算平台与计算框架、人工智能应用集成开发环境、下一代通信环境下智能系统等

必修/选修	课程性质	课程名称	学分	总学时	备注
必修	专业学位课	计算机视觉技术及应用	2	36	方向学位课,根据研究方向任选不少于9学分; 学科通开课可作为方向学位课必修
必修	专业学位课	无线传感技术	2	36	
必修	专业学位课	嵌入式编程技术	2	36	
必修	专业学位课	物联网技术	2	36	
必修	专业学位课	控制理论与方法	2	36	
必修	专业学位课	智能硬件与新器件	2	36	
选修	专业学位课	知识工程前沿	2	36	方向学位课必修可作为方向学位课选修
选修	专业学位课	模式识别前沿技术	2	36	
选修	专业学位课	大数据的采集与智能处理	2	36	
选修	专业学位课	智能控制	1	18	
选修	专业学位课	云计算	1	18	
选修	专业学位课	智能机器人与应用系统	1	18	
选修	专业学位课	高等运筹学	2	36	
选修	专业学位课	智能系统设计	1	18	

表 3.10　武汉大学人工智能交叉学科直博生课程体系

一、平台课程					
必修/选修	课程性质	课程名称	学分	总学时	备注
必修	公共学位课	中国特色社会主义理论与实践研究	2	36	
必修	公共学位课	自然辩证法概论	1	18	
必修	公共学位课	中国马克思主义与当代	2	36	
必修	公共学位课	第一外国语	2	72	
选修	公共选修课	公共选修课包括计算机、管理、人文、体育、就业指导等相关课程	2	36	
必修	专业学位课	第二外国语	2	36	

必修	专业学位课	数值分析	3	54	
必修	专业学位课	矩阵分析	4	72	
必修	专业学位课	随机过程	3	54	
必修	专业学位课	高级数据结构与算法	2	36	
必修	专业学位课	高级机器学习	2	36	
必修	专业学位课	计算机视觉前沿技术	2	36	
必修	专业学位课	模式识别前沿技术	2	36	学科通开课,任选不少于12学分
必修	专业学位课	计算机听觉前沿技术	2	36	
必修	专业学位课	物联网前沿技术	2	36	
必修	专业学位课	人工智能前沿理论	2	36	
必修	专业学位课	医学人工智能导论	2	36	
必修	专业学位课	自然语言处理前沿	2	36	
必修	专业学位课	高级多媒体计算技术	2	36	
选修	专业学位课	知识图谱	2	36	
选修	专业学位课	信息检索前沿研究	1	18	
选修	专业学位课	计算生物学前沿	1	18	
选修	专业学位课	高等运筹学	2	36	
选修	专业学位课	智能机器人与应用系统	1	18	
选修	专业学位课	智能控制	1	18	
选修	专业学位课	智能系统设计	1	18	

二、方向课程

1. 人工智能基础

研究内容:

研究人工智能基础理论,具体包括人工智能的数学基础、高级机器学习理论、脑科学及类脑智能计算理论、自然计算理论、量子智能计算理论、人工智能伦理与社会治理等。

必修/选修	课程性质	课 程 名 称	学分	总学时	备　　注
必修	专业学位课	控制理论与方法	2	36	
必修	专业学位课	数学建模方法	2	36	

必修	专业学位课	脑认知与类脑计算	2	36	
必修	专业学位课	自然计算	2	36	
必修	专业学位课	量子计算	2	36	
选修	专业学位课	数理逻辑	2	36	
选修	专业学位课	图计算	1	18	
选修	专业学位课	表示学习	1	18	
选修	专业学位课	人工智能伦理与法治	1	18	
选修	专业学位课	强化学习	1	18	
选修	专业学位课	泛函分析	2	36	
选修	专业学位课	神经科学导论	1	18	

2. 人工智能共性技术

研究内容：

以云计算和大数据为基础，以新型计算架构、通用人工智能和开源生态系统为主要导向，研究感知技术、认知技术、机器人与智能控制、人工智能信息安全等

必修/选修	课程性质	课 程 名 称	学分	总学时	备 注
必修	专业学位课	群智计算	2	36	
必修	专业学位课	增量学习	2	36	
必修	专业学位课	人工智能计算框架	2	36	
必修	专业学位课	控制理论与方法	2	36	
选修	专业学位课	人工智能安全与隐私	2	36	
选修	专业学位课	大数据的采集与智能处理	2	36	
选修	专业学位课	跨媒体计算	2	36	
选修	专业学位课	图论及应用	2	36	
选修	专业学位课	高级编译及优化技术	1	18	
选修	专业学位课	数字图像与视频分析	2	36	

3. 医学人工智能

研究内容：

研究智能肝癌诊疗、智能精神疾病诊疗与心理咨询、智能病理分析预评估、智能口腔医学应用技术、智能心血管疾病诊疗、智能新药研发等

必修/选修	课程性质	课 程 名 称	学分	总学时	备 注
必修	专业学位课	数字图像与视频分析	2	36	
必修	专业学位课	医学人工智能	2	48	
选修	专业学位课	大数据的采集与智能处理	2	36	
选修	专业学位课	生理信号解译	1	18	
选修	专业学位课	生命系统的建模与仿真	1	18	
选修	专业学位课	医学图像处理	1	18	

4. 跨媒体智能与时空计算

研究内容：

研究跨媒体智能计算、智能安防、智能时空计算等

必修/选修	课程性质	课 程 名 称	学分	总学时	备 注
必修	专业学位课	空间数据智能计算	2	36	
选修	专业学位课	大数据的采集与智能处理	2	36	
选修	专业学位课	分布式多媒体系统与技术	2	36	
选修	专业学位课	跨媒体计算	2	36	
选修	专业学位课	对地观测大数据处理	2	36	
选修	专业学位课	应用信息论	2	36	
选修	专业学位课	遥感数据分析	2	36	

5. 泛在物联网与智能系统

研究内容：

研究人工智能硬件计算平台与计算框架、人工智能应用集成开发环境、下一代通信环境下智能系统等

必修/选修	课程性质	课 程 名 称	学分	总学时	备 注
必修	专业学位课	无线传感技术	2	36	
必修	专业学位课	嵌入式编程技术	2	36	
必修	专业学位课	控制理论与方法	2	36	
必修	专业学位课	智能硬件与新器件	2	36	
选修	专业学位课	大数据的采集与智能处理	2	36	
选修	专业学位课	云计算	1	18	

表 3.11 武汉大学人工智能交叉学科普博生课程体系

一、平台课程					
必修/选修	课程性质	课 程 名 称	学分	总学时	备　注
必修	公共学位课	中国马克思主义与当代	2	36	
必修	公共学位课	博士生专业英语	2	36	
必修	专业学位课	第二外国语	2	36	硕士生期间已通过第二外语学习者,可申请免修
必修	专业学位课	计算机视觉前沿技术	2	36	任选不少于 4 学分
必修	专业学位课	模式识别前沿技术	2	36	
必修	专业学位课	计算机听觉前沿技术	2	36	
必修	专业学位课	物联网前沿技术	2	36	
必修	专业学位课	人工智能前沿理论	2	36	
必修	专业学位课	医学人工智能导论	2	36	
必修	专业学位课	自然语言处理前沿	2	36	
必修	专业学位课	高级多媒体计算技术	2	36	
二、方向课程					

研究内容:
人工智能基础、人工智能共性技术、医学人工智能、跨媒体智能与时空计算、泛在物联网与智能系统

必修/选修	课程性质	课 程 名 称	学分	总学时	备　注
选修	专业学位课	知识图谱	36	2	
选修	专业学位课	信息检索前沿研究	18	1	
选修	专业学位课	计算生物学前沿	18	1	
选修	专业学位课	高等运筹学	36	2	
选修	专业学位课	智能机器人与应用系统	18	1	
选修	专业学位课	智能控制	18	1	
选修	专业学位课	智能系统设计	18	1	

3.3.3　代表性课程

课程一：医学人工智能

英文名称：Medical Artificial Intelligence。
开课单位：人工智能研究院。
主讲人：唐其柱王行环。
教学大纲撰写人：王行环。
课程学分：3。
课内学时：48。
适用学生：硕士研究生和博士。
课程性质：学位。
授课方式：线下讲授。
考核方式：课程实践＋笔试。
适用学科：计算机科学与技术、人工智能。
先修课程：人工智能、医学图像处理、生理信号解译。

1. 教学目标

总目标：提高学生在医学视角下对人工智能典型解决技术与原理的理解，培养具有医学思维且理解医疗决策和人机伦理的高素质"医学＋人工智能"复合型人才。

具体表现：①了解人工智能在医学影像学分析、生物组学数据分析、电子病历知识库三大医学场景中的运用；②探索人工智能在医学领域的应用，了解学术界与产业界的最新 AI 创新成果和动态。了解人工智能工具的使用与监管、医学专业知识获取方法、临床伦理决策规范、人工智能应用的协作与管理。

2. 课程主要内容

(1) 医学人工智能绪论(3 学时)。
① 人工智能。
② 医学人工智能。
(2) 医学人工智能的医学基础(3 学时)。
① 神经生理基础。

② 视觉和听觉。

③ 学习和记忆。

④ 意识和认知结构。

（3）医学人工智能的编程和数据分析基础（3学时）。

① Python 概述及编程基础。

② 医学数据处理及分析。

③ 临床数据处理及分析实例。

（4）医学人工智能的人工智能基础（6学时）。

① 医学知识图谱。

② 医学领域的机器学习。

③ 深度学习的医学应用。

④ 医学领域的推理方法。

⑤ 搜索策略。

（5）智能计算（6学时）。

① 智能计算概述。

② 进化算法。

③ 群智能算法。

（6）智能医学（6学时）。

① 智能医学概论。

② 医学人工智能的应用。

③ 智慧医疗。

（7）医学自然语言处理（6学时）。

① 自然语言处理的关键技术。

② 自然语言处理的医学应用。

③ 基于自然语言处理的文本内容比较示例。

（8）医学决策支持系统（6学时）。

① 专家系统。

② 医学决策支持系统。

③ 基于混合推理的中医证型诊断模型构建的实例。

（9）医学图像处理和分析（6学时）。

① 计算机视觉。

② 医学图像处理和分析。

(10) 医疗机器人和多智能体系统(3 学时)。

① 智能机器人。

② 医疗机器人。

③ 智能体和多智能体系统。

3. 教学大纲

医学人工智能教学大纲如表 3.12 所示。

表 3.12　医学人工智能教学大纲

序号	课 程 内 容	学时	教 学 方 式
1	医学人工智能绪论	3	讲授
2	医学人工智能的医学基础	3	讲授
3	医学人工智能的编程和数据分析基础	3	讲授
4	医学人工智能的人工智能基础	6	讲授
5	智能计算	6	讲授
6	智能医学	6	讲授
7	医学自然语言处理	6	讲授
8	医学决策支持系统	6	讲授
9	医学图像处理和分析	6	讲授＋实践
10	医疗机器人和多智能体系统	3	实践

参考文献

[1]　刘奕志. 医学人工智能实践与探索[M]. 北京：人民卫生出版社,2020.

[2]　洪松林. 机器学习技术与实战——医学大数据深度应用[M]. 北京：机械工业出版社,2018.

课程二：空间数据智能计算

英文名称：Intelligent Computing of Spatial Data。

开课单位：人工智能研究院。

主讲人：李建成　夏桂松。

教学大纲撰写人：夏桂松。

课程学分：3。

课内学时：48。

适用学生：硕士研究生和博士研究生。

课程性质：学位。

授课方式：线下讲授。

考核方式：课程实践＋笔试。

适用学科：计算机科学与技术、人工智能。

先修课程：人工智能、无线传感技术、遥感数据分析。

1. 教学目标

总目标：提高学生对于人工智能在智能时空计算、智能安防、智能信息管理等领域的技术认识和理解，培养学生针对空间数据的解决自然、社会问题的创新能力。

具体表现：①掌握测绘及遥感科学的基本理论、方法和技术；②理解空间智能计算中模型学习、感知、推理、决策等方法，并对空间大数据进行挖掘与分析；③了解人工智能在智能时空计算、智能安防、智慧城市的前沿动态和技术发展。

2. 课程主要内容

（1）空间数据智能计算绪论（3学时）。

① 人工智能深度学习。

② 空间数据智能计算。

（2）编程和数据分析基础（3学时）。

① Python 概述与编程基础。

② 空间数据处理及分析。

③ 空间数据处理及分析实例。

（3）人工智能深度学习基础（3学时）。

① 人工神经网络的空间应用。

② 深度学习的空间应用。

③ 人工神经网络和深度学习的应用实例。

(4) SAR 图像分类与变化检测(6 学时)。

① SAR 成像原理及变化检测理论。

② SAR 图像滤波算法。

③ SAR 图像变化检测算法。

(5) 极化 SAR 图像分类与变化检测(6 学时)。

① 极化 SAR 测量基本理论。

② 极化 SAR 图像分类。

③ 极化 SAR 图像变化检测。

(6) 高光谱影像分类(6 学时)。

① 基于统计模式识别的高光谱遥感影像分类。

② 基于 SVM 的高光谱遥感影像分类。

③ 联合稀疏表达的高光谱图像分类算法。

(7) 遥感影像解释描述与分类(6 学时)。

① 遥感数据采集、处理及初步解释。

② 遥感影像分类特征的选择。

③ 遥感影像分类方法。

(8) 空间数据智能计算(6 学时)。

① 室内、室外定位与导航。

② 智能测绘与解算。

③ 目标检测与检索。

(9) 智能信息管理系统(6 学时)。

① 智能安防系统。

② 智能信息管理系统。

③ 基于混合推理的城市规划构建的实例。

(10) 智能导航系统(3 学时)。

① 数据感知融合技术。

② 北斗导航系统。

③ 珞珈一号卫星。

3. 教学大纲

空间数据智能计算教学大纲如表 3.13 所示。

表 3.13   空间数据智能计算教学大纲

序号	课程内容	学时	教学方式
1	空间数据智能计算绪论	3	讲授
2	编程和数据分析基础	3	讲授
3	人工智能深度学习基础	3	讲授
4	SAR 图像分类与变化检测	6	讲授
5	极化 SAR 图像分类与变化检测	6	讲授
6	高光谱影像分类	6	讲授
7	遥感影像解释描述与分类	6	讲授
8	空间数据智能计算	6	讲授＋实践
9	智能信息管理系统	6	实践
10	智能导航系统	3	讲授

参考文献

[1]   焦李成. 遥感影像深度学习智能解译与识别[M]. 西安：西安电子科技大学出版社,2019.

[2]   秦昆. 智能空间信息处理[M]. 武汉：武汉大学出版社,2009.

3.4   中国科学技术大学

中国科学技术大学是中国科学院所属的一所以前沿科学和高新技术为主,兼有医学、特色管理和人文学科的综合性全国重点大学。学校是国家首批实施"985 工程"和

"211 工程"的大学之一,是国家首批 20 所可开展学位授权自主审核的高校之一,也是唯一参与国家知识创新工程的大学。在国家公布的"双一流"建设名单中,学校入选一流大学建设高校(A 类),数学、物理学、化学、天文学、地球物理学、生物学、科学技术史、材料科学与工程、计算机科学与技术、核科学与技术、安全科学与工程共 11 个学科入选一流建设学科。2019 年,为加快推进一流信息学科建设,创新人才培养体系,中国科学技术大学组建了信息与智能学部,旨在面向世界科技前沿、面向经济主战场、面向国家重大需求、面向人民生命健康,全面提升学校信息领域人才培养、学科建设和科学研究的水平。信息与智能学部涵盖信息科学技术学院、计算机科学与技术学院、软件学院、网络空间安全学院、微电子学院、大数据学院等,通过发挥信息学科群的综合优势,同时与生物学、物理学、数学等交叉,推动多学科融合,促进内涵式发展,不断提升学科整体水平。其中,人工智能交叉学科是中国科学技术大学信息与智能学部的发展重点。2020 年 9 月中国科学技术大学申请自设人工智能交叉一级学科,该交叉学科主要涉及计算机科学与技术、控制科学与工程、信息与通信工程、生物学、数学等多门类学科。

3.4.1　交叉学科方向

中国科学技术大学自设人工智能交叉一级学科,分为 4 个学科方向,分别是脑认知与脑机理、人工智能理论与方法、人工智能技术与系统、人工智能学科交叉与应用。

1. 脑认知与脑机理

类脑智能是新一代人工智能发展的重要途径之一,而脑认知与脑机理的研究将为类脑智能的发展指明方向。人脑是自然界几亿年进化的高级智能产物,有千亿个神经元和万千亿的神经连接,几百个功能区协同工作,产生每秒 TB 级的信息交换,具有强学习能力、鲁棒性、低功耗等特点。解析脑结构和脑功能,揭示和借鉴人脑信息处理机制,通过脑启发和脑模拟实现智能,发展颠覆性类脑智能技术,是脑科学和人工智能研究中亟待解决的重大问题。其中,认知科学和心理学将帮助制定新的计算原理和目标;系统和计算神经科学将帮助提炼算法和机制;而对神经元结构和功能的探究将帮助深入理解算法的实现方式并构建新的类脑元件和芯片。

对人脑信息处理机制的研究,需要大力发展神经元类型鉴别和标记、神经环路定向示踪标记技术、宏观脑影像、介观与微观的脑网络结构解析、高通量和高时空分辨率的活体电生理和电化学记录技术、神经活动光学成像和基因调控技术等脑研究新技术;在神经环路解析的基础上绘制低等生物全脑神经环路微观图谱、啮齿类动物介观全脑神经元连接以及灵长类局部脑区神经元连接图谱,并通过对局部脑区间信号处理方式和功能的研究来绘制大脑的功能图谱;针对认知功能和本能行为,从突触、分子、细胞、环路或脑区等不同层面聚焦脑与神经科学的前沿科学问题,揭示大脑信息处理机制;从脑与神经科学、认知科学、心理学等深度交叉融合所揭示的大脑结构、功能、机理和规律的基础上,建立神经计算模型和框架,开展引发人工智能范式变革的基础研究。

研究内容包括:脑研究新技术、脑结构与脑功能、认知神经科学、认知心理学、类脑智能计算等。

2. 人工智能理论与方法

人工智能发展经历了两代模型:第一代是以知识驱动为主的符号化模型,如专家系统;现阶段的第二代是数据驱动为主的机器学习模型,如深度学习、概率统计模型等。符号化模型依赖于专业领域知识,可解释性与鲁棒性好,但泛化性和迁移性弱;机器学习模型依赖大量标注数据,可有效利用大数据资源,但标注数据成本巨大、计算复杂度高、可解释性差、推理能力弱,在复杂开放环境下鲁棒性和适应性差,与人类智能水平有较大差距,严重制约了人工智能应用的深度和广度。因此,需要发展新颖的学习理论与方法,有机融合知识驱动的符号化模型与数据驱动的统计学习模型,建立知识、数据、推理和反馈于一体的人工智能新模型,突破无监督学习、知识规则自动构建、经验记忆利用和内隐知识加载以及注意力选择等难点问题,实现具备强泛化能力、高可解释性、学习与思考接近人类智能水平的新一代人工智能。

为此,要借鉴脑科学、认知科学、数学、计算科学等基础科学研究成果,聚焦人工智能重大科学前沿问题,兼顾当前需求与长远发展,瞄准有望引领人工智能技术升级的基础理论方向,深入研究离散数学、逼近论、运筹学、最优化理论等人工智能数学基础,重点突破人工智能在可解释性、可迁移性、因果推理与智能决策等方面基础理论瓶颈问题,开展引发人工智能范式变革的基础研究;同时,围绕视觉、语音、语言、决策、控制、多模态等开展人工智能机理、方法和算法研究,为人工智能持续发展与深度应用奠定坚实的应用基础。

研究内容包括：人工智能数学基础、模式识别与机器学习、强化学习与最优控制、多智能体与机器博弈、因果推理与知识发现、计算机视觉、自然语言处理、大数据智能、跨媒体感知、混合增强智能等。

3. 人工智能技术与系统

人工智能的迅猛发展得益于不断提升的计算能力,计算机处理能力在过去 40 多年里提升了近千亿倍。然而,随着工艺趋向物理极限,摩尔定律放缓,依靠芯片升级换代提升算力的速度不足以应对智能计算任务的爆炸性增长。因此,突破经典计算机理论和技术,发展人工智能芯片势在必行。算力不仅与底层硬件密切相关,计算机体系结构、计算基础框架与软件工程工具等也严重影响算力的提升。基于冯·诺依曼架构的计算机系统,存储与计算在空间上分离,频繁的数据交换导致处理海量信息效率低下,迫切需要围绕上层人工智能应用,结合底层异构硬件,研究智能计算系统与软件。智能机器人是人工智能技术与系统的最佳载体,几乎伴随着人工智能的产生而产生、发展而发展。智能机器人技术代表一个国家的高科技水平和自动化、智能化程度,是人工智能学科前沿和国家重点发展方向。

聚焦关键应用中的核心技术问题,深度融合计算机、控制、脑科学与神经科学、医学、数学、物理等学科,突破人工智能在类脑模拟、植入式感知芯片、实时高性能芯片、大规模分布式计算系统、自主智能系统等方面的瓶颈问题和基础问题,开展引发人工智能范式变革、关键行业纵深突破的应用基础研究,实现技术和系统的跨越式发展。为此,需要研究变革性芯片技术,设计新型处理器、新型存储器、MEMS 芯片、脑机接口等,承载智能技术的应用发展;围绕智能计算所需的计算系统、编程语言、计算框架、人机交互、移动计算等系统与软件,研究新型智能计算系统;面向复杂动态开放环境下智能机器人的作业需求,研究机器人先进感知、多任务感知、自主规划与学习控制、模仿学习与技能迁移、情感识别与人机交互等基本方法和关键技术等。

研究内容包括：类脑模拟与类脑芯片、脑机接口、人工智能芯片、新型智能计算系统、自主智能系统、智能机器人等。

4. 人工智能学科交叉与应用

人工智能技术作为一种发现知识的有效工具,为传统方法难以突破的学科领域带来了新的研究范式。新一代人工智能技术的迅速发展,不仅推动了计算机科学、控制科学、大数据、信息感知与通信等信息技术领域的发展,还深刻影响了数学、物理、化学、天文、地质、生物、医疗、交通、航空航天等自然科学和工程技术领域,同时也渗透到了金融、政治、媒体等社会科学中。作为新一轮产业变革的核心驱动力,人工智能技术的深度应用会对生产生活的多个环节进行重塑,催生新的智能技术、智能产业、智能产品,带动行业的转型升级,为国家经济发展注入新动力;除此之外,在公共安全、教育、医疗、养老、司法等领域,人工智能的创新应用可以为公众提供便捷的社会服务与现代化的治理方案,推动安全便捷的智能社会建设。总之,人工智能技术为学科发展、产业升级乃至民生改善等各项事业带来了前所未有的重大机遇,同时也带来了新问题、新需求和新挑战,如人工智能伦理、个人信息安全、金融安全等问题。

为此,实现人工智能学科理论价值和应用价值,需要同时做好人工智能学科建设和"人工智能+"学科建设,促进协同创新和整体发展;需要聚焦国家发展与社会需求,挖掘人工智能技术在垂直行业和工业系统中的应用需求,深入研究以人工智能理论为核心、结合多学科背景的智能产业体系理论,发展"人工智能+"技术体系,推动人工智能在相关领域的技术融合和应用。

主要研究内容:面向数学、物理、化学、天文、地质、生物、医疗、信息、交通、航空航天等自然科学和工程技术领域的"人工智能+"学科交叉研究方法;面向智能制造、智能医疗、智能金融、智能教育、智能服务、智慧城市、智慧农业和国防安全等领域的"人工智能+"技术及系统。

3.4.2 课程体系

根据《中国科学技术大学研究生培养方案总则》的要求,人工智能学科研究生课程按照一级学科统一设置,课程分为公共必修课、学科基础课、专业基础课和专业选修课4类。研究生培养的课程体系主要采取3种模式:硕士研究生培养模式、硕博一体化培养模式、普通博士研究生培养模式。

(1)硕士研究生培养模式。通过硕士研究生招生统考或免试推荐等形式,取得我校硕士研究生资格者,基本学习年限为2~3年,最长学习年限为5年。研究生在申请硕士学位前,必须取得总学分不低于36分,且基础课加权平均分不低于75分。

(2)硕博一体化培养模式。在读硕士研究生在完成硕士阶段基本学习任务的前提下,若通过博士研究生资格考核,可取得硕博连读博士研究生资格。其中硕博连读生取得博士研究生资格后基本学习年限为 3～4 年,最短学习年限为 2 年,最长学习年限为 8 年;直博生基本学习年限为 5～6 年,最短学习年限为 4 年,最长学习年限为 8 年。研究生在申请博士学位前,必须取得总学分不低于 46 分(包括硕士阶段),且基础课加权平均分不低于 75 分。

(3) 普通博士研究生培养模式。对于已取得硕士学位,通过我校博士研究生招生考试者,基本学习年限为 3～4 年,最短学习年限为 2 年,最长学习年限为 8 年。研究生在申请博士学位时,取得的总学分不低于 13 学分。

(4) 补充说明:硕士研究生培养模式中,学位论文开题报告(2 学分)、参加学术报告(1 学分)两部分内容为必修环节;硕博一体化/普通博士研究生培养模式中,学位论文开题报告(2 学分)、中期考核(2 学分)、参加学术报告(1 学分)三部分内容为必修环节。其中,参加学术报告是指参加人工智能学科前沿讲座、学术报告会,累计参加 15 次并获认可后计 1 学分。本学科主要课程设置如表 3.14～表 3.16 所示。

表 3.14　学科基础课课程设置

序号	课 程 类 别	课 程 名 称	学分
1	学科基础课	矩阵代数	3
2		最优化理论	3
3		组合数学	3
4		高等数理统计	4
5		随机过程理论	4
6		博弈论	3
7		(新开)人工智能原理	3
8		机器学习与知识发现	3.5
9		计算机系统	3.5
10		神经生物学 I	2
11		(新开)计算神经科学 I(2)	2
12		(新开)计算机视觉	3

表 3.15　硕士研究生专业基础课课程设置

序号	课 程 类 别	课 程 名 称	学分
1		基础神经科学	3
2		神经生物学原理Ⅱ	2
3		神经科学研究方法与技术	3
4		认知神经科学(心理学)	3
5		神经生物学原理Ⅰ	2
6		深度学习	4
7		强化学习	4
8		统计学习	2.5
9		(新开)知识表示与推理	2
10		智能计算系统	4
11	硕士研究生专业基础课	数字系统架构	2
12		并行算法	3
13		智能系统	3
14		机器人学	3
15		(新开)智能优化算法	3
16		模式识别	3.5
17		多媒体内容分析与理解	3
18		智能决策	3
19		智能机器人	2
20		自然语言理解	3
21		数字图像分析	3.5
22		(新开)数据挖掘	3

表 **3.16**　博士研究生专业基础课课程设置

序号	课 程 类 别	课 程 名 称	学分
1	博士研究生 专业基础课	高级人工智能	3
2		计算机数学	3
3		高级算法设计与分析	3
4		图像理解	3
5		语音信号与信息处理	2
6		高性能计算	2
7		网络计算与高效算法	3
8		计算机系统性能评价与预测	2
9		软件安全的理论与方法	2.5
10		普适计算	2
11		可重构计算	2
12		网络建模	2
13		社会网络分析	2
14		人工智能前沿	2
15		机器学习与数据挖掘前沿	3
16		高性能算法研究前沿	2
17		多智能体系统前沿	2
18		数据库技术前沿	2
19		实时系统前沿	2
20		（新开）人工智能专题（读书报告）	2

第 4 章

人工智能交叉课程

浙江大学老校长竺可桢曾说过:"若是一个大学单从事于零星专门知识的传授,既乏学术研究的空气,又无科学方法的训练,则其学生之思想即难收到融会贯通之效。若侧重应用的科学,而置纯粹科学、人文科学于不顾,这是谋食而不谋道的办法。"

在本科专业层次上进行多学科交叉也是目前国外高校奋力推进的方向,如麻省理工学院开设的计算机科学与经济和数据科学、卡内基梅隆大学的生物科学和心理学以及不列颠哥伦比亚大学的人文与科学交叉(从人文与科学两个类别中分别选择 2 个本科专业)等专业交叉课程。本章从人工智能学科交叉角度来分析和讨论若干学科融合方向。

4.1 人工智能 + 人文社科

为了满足未来智能社会的需求,人工智能人才的培养目标、培养方式与传统工科明显不同。习近平总书记曾指出,人工智能具有多学科综合、高度复杂的特征。在未来社会,人工智能将引发产业结构、社会体系以及人们生活方式的深刻变革。一方面,人工智能将取代简单的重复脑力劳动,成为人的记忆、思维和沟通的助手,传统社会就业体系和职业形态将因此发生深刻变化,部分职业甚至会消失。另一方面,人工智能会成为人们生活中不可或缺的一部分,人工智能为人提供服务,与人互相影响,双向互动,人机协同成为社会发展中的重要模式。

斯坦福大学的李飞飞教授等在《斯坦福大学以及全世界聪明头脑的共同目标:把人性置于人工智能的中心》中提到,"为了更好地满足我们的需求,人工智能必须融入更多人类智慧的多样性、细微差别和深度。"人工智能的发展前提应该遵循以人为本、可持续发展的原则。因此,在人工智能人才培养中,不仅要培养学生的专业技能,更需要培养学生的爱心、同理心、批判性思维、创造力、协作力等人文精神,强化学生以人为本的理念;需要培养人工智能人才对人类社会的理解和认知能力,培养学生将人工智能技术与社会科学紧密融合来解决实际社会问题的跨学科交叉应用能力和社会素养。总之,未来的人工智能高等教育应该是培养具有人文情怀和社会素养的"有温度"的复合型人才,而不是培养仅具有人工智能专业技能的冷冰冰的人工智能技术生产者和使用者。

现有的人工智能人才培养片面强调技术本身,对学生的人文情怀与社会素养关注不足,虽然短期能够满足企业的临时需求,但也给未来社会健康发展带来了隐患。建立一套适应未来智能社会发展的人工智能＋人文社科人才培养体系,培养"有温度"的人工智能人才,不仅能够推进我国人工智能战略和新工科发展,对人文社会科学发展具有重要的理论意义和实践价值,也是保障未来智能社会可持续和谐发展的迫切需求。

中国人民大学以高瓴人工智能学院为探索主体,充分利用中国人民大学的人文社科学科优势,研究未来智能社会中人工智能＋人文社科复合型人才培养模式,构建适应未来社会经济可持续发展的人工智能交叉人才培养模式、培养体系和培养机制。人工智能＋人文社科复合型人才培养一方面可以服务我国的人工智能发展战略,为我国未来人工智能发展培养文理兼修的高端人才;另一方面,也推动中国人民大学创新性、支撑性新工科建设,带动新时代交叉学科在研究方法、研究内容、教学体系、教学内容、教学方法的转型升级,促进新工科和新文科交叉融合发展。在此基础上,探索人工智能驱动的人文社会科学研究的新范式,探索将人工智能变成一种新的方法和工具,促进人文社科研究发展。

4.1.1　中国人民大学人工智能＋人文社科交叉学科建设基础

为响应国家人工智能战略需求,中国人民大学于 2019 年成立了高瓴人工智能学院,以建设世界一流人工智能学科为目标,进一步推动人工智能基础性理论和技术研究,开展中国人民大学人工智能相关学科的规划与建设,开展人工智能学科和相关交叉学科领域的人才培养和科学研究工作,并积极探索和孵化学科建设和人才培养的新思路和新机制。高瓴人工智能学院一方面立足于促进人工智能学科的建设和发展,提升中国人民大学精干理工科的综合实力;另一方面也将积极探索人工智能驱动的人文社会科学研究新模式,通过人工智能学科对我校的各个学科研究提供支撑,为传统优势学科发展提供新动力,加强人文社会科学的领先地位。经过近一年的建设与发展,高瓴人工智能学院已经在人才引进、人工智能培养方案制定、跨学科平台建设等方面取得了初步进展,学院的人才培养特色,一是高精尖,通过创新体制机制引进优秀师资,传授与国际接轨的前沿人工智能专业知识;二是有温度,充分发挥和利用人大人文社会科学优势,培养学生的人文情怀和社会素养,塑造复合型人才。

在人文社会学科方面,中国人民大学紧紧围绕"国民表率、社会栋梁"的人才培养目标,经过80多年的建设和发展,形成了鲜明的学科特色和优势,被誉为我国人文社会科学高等教育领域的一面旗帜。在全国第四轮学科评估中,理论经济学、应用经济学、法学、社会学、马克思主义理论、新闻传播学、工商管理、公共管理8个人文社会科学学科获评A+。深厚的人文社科土壤为培养"有温度"的人工智能人才提供了得天独厚的优势条件。

近年来,中国人民大学一直把新工科和新文科融合发展作为学校实施"一流大学""一流学科""一流本科"建设的战略途径。通过强化人工智能、数据科学等具有特色优势的理工学科建设,并聚焦数据科学、智能科学、虚拟仿真技术与人文社会科学交叉融合人才培养,构建适应现代社会经济发展的多学科交叉融合人才培养模式、培养体系和培养机制,系统推进交叉学科发展。在人才培养委员会下设立了交叉学科教学指导委员会,构建学校交叉学科人才培养的决策咨询机制;全面深化大类培养改革,打破了院系壁垒和专业壁垒,建立了以学部为核心的大类招生培养机制和教学管理与学生管理统一平台,充分赋予了学生选择专业和选择课程的自主权,为实现跨学科交叉人才培养提供基础性制度机制保障;全面构建了跨学科学习和人才培养体系机制,放开了辅修制度,变审批制为认证制,开放所有专业课课堂供学生跨专业选修。这些机制和体制为人工智能+人文社科跨学科人才培养的实施奠定了政策支持和平台基础。

随着计算机技术的飞速发展,物理世界中的大量信息得以在数字世界中存储。这些大数据中蕴涵着丰富的社会信息,是对真实社会的映射,借助人工智能技术和大数据,之前难以研究的问题可以实现用新思路、新方法和新工具来进行分析和建模。在人工智能+人文社科交叉学科研究上,我们已经把人工智能技术,甚至包括人工智能的思维方式,用到人文社科领域,从而大幅提升对这些领域的理解。例如,在AI+经济学研究中,我们将几十万条新闻相关的数据抽取出来,之后描绘出产业转移地图来分析研究中国产业转移问题。通过研究发现,北京的产业转移大多去往周边,上海的产业转移通常去往中东部。通过这样的研究方式,可以将产业转移形象化、可视化,并且能够揭示出其中隐含的规律。在 AI＋法律方面,借助人工智能技术,可以对几千万份法律文本判决书进行有效的系统分析,技术工作者协同法律专家一同进行深度解读从数据中呈现出来的特征与规律。在 AI＋历史学研究上,运用人工智能、大数据进行历史文献挖掘与研究,形成一套专门针对历史文献挖掘、提取大规模历史数据的范式,为当代管理学等诸多学科提供基础研究设施,以助我们更好地理解传统中国的治理机制及中国崛起的历史渊源。总之,很多社会科学研究会受益于大数据、人工智能等新兴技术,值得将数据与智能驱动的社会科学研究作为一种新的研究范式进行推广。

4.1.2　人工智能＋人文社科人才培养的主要思路与建设举措

如前所述,未来智能社会需要的是具有人文情怀和社会素养的"有温度"的复合型技术人才。在人工智能人才培养中,不仅要培养学生的专业技能,更需要培养学生的人文情怀和社会素养。人工智能＋人文社科交叉学科聚焦于如何培养"有温度"的人工智能人才。在执行思路上,以新成立的高瓴人工智能学院为核心建设实体单位,探索体制创新,系统研究面向未来社会需求的人工智能人才素质要求与培养机制,制定和优化人工智能人才培养方案;充分发挥和利用中国人民大学优势的人文社会学科优势,鼓励人工智能专业学生选修人文社科类课程,强化学生的人文情怀和社会素养建设;以学校现有的多学科交叉融合人才培养模式、培养体系和培养机制为基础,探索人工智能与人文社科交叉人才培养平台,培养未来在经济、金融、新闻、社会等各领域能够切实理解问题、发挥人工智能潜力的复合型人才;广泛开展校企合作,大力拓展实践教学基地,通过实践环节逐步培养和锻炼学生在实际人工智能应用场景下的综合素质。

具体思路和举措如下。

1. 系统研究未来智能社会对人工智能人才的素质要求,优化人工智能人才培养方案,创新培养机制与体制

人工智能学科的人才培养,首先需要系统地研究满足未来智能社会需要的人工智能人才的知识结构和素质要求。目前国际上对人工智能人才的知识体系和素质要求方面,仍处于积极探索阶段。编制完善的人工智能人才培养方案,仍面临着巨大挑战。首先,人工智能技术尚处于飞速发展阶段,知识体系庞杂,技术变化快,产业需求也频

繁变化。其次,如前所述,未来社会对人工智能人才的需求有多学科综合、高度复杂的特征,除掌握核心专业知识外,人工智能人才还需要具备人文精神和社会素养,而人工智能人才的人文社科知识如何学习、课程如何设置,尚未有统一的标准和可以借鉴的成功经验。在和人工智能密切相关的计算机科学与技术等传统工科专业的建设过程中,类似的问题也未得到充分的研究和探索。在充分调研国内外产业需求、相关高校的人才培养思路、人工智能领域的发展趋势的基础上,形成未来人工智能人才的知识结构、能力要求、素质特征等方面的画像,探索"有温度"的人工智能人才培养方案和课程体系,并重点研究培养方案中人文与社会类课程的设置方案、交叉融合培养机制。

中国人民大学人工智能专业的学习以数学和计算机技术为基础,以人工智能的核心理论和知识为依托,以机器学习、计算机视觉、自然语言处理、知识图谱等前沿人工智能专业知识为核心,以人工智能+跨学科实践应用为驱动。在专业建设上,既强调培养学生的基础理论和基本知识,又注重锻炼实践应用和创新能力;依托国际化培养平台,强化学生对前沿人工智能技术的和应用的跟踪与学习;同时,依托中国人民大学人文社会科学的优势,鼓励学生自主选择其他学科的专业课程,并设置专门的人工智能与人文社科交叉跨学科课程,培养学生的人文精神和社会素养。

整体培养方案遵循中国人民大学的大类培养体系。课程的具体组成将包括通识课、专业课(部类核心课、学科基础课、专业必修课、个性化选修课)、国际小学期以及创新研究与实践、素质拓展与发展指导类课程。人工智能是一门综合性学科,既需要有扎实的数学基础,还需要一定的计算机软硬件开发基础,因此,在课程体系上,注重课程的整体性和层次性设置。

(1)通识教育包括思想政治理论课、大学外语等。通识核心课分为"哲学与伦理""历史与文化""思辨与表达""审美与诠释""世界与中国""科学与技术""实证与推理""生命与环境"8个模块,强化学生全方位的人文和社会素质基础。国际小学期利用寒暑假时间邀请全球顶尖的学术导师和企业导师来我校开展教学活动或者开办讲座,传授最新的前沿学科研究成果和行业经验。通过全英文授课方式,打造国际化的校园氛围,创造跨专业、跨学校、跨国家、跨文化的学习环境,开阔学生视野,促进国际交流。国际小学期主要开设中国研究系列课程,包括中国政治、中国经济、中国文化、中国社会和中国发展共5个类别;国际组织与全球治理系列课程,包括国际组织和全球治理2个类别;学科通识和学科前沿系列课程,包括政治、经济、人文、社会、管理和理工共6个类别;中国文化普及类课程,包括书法、京剧和武术共3个类别;语言培训系列课程,包括汉语培训课程和英语口语课程共 2 个类别。创新研究与实践类课程采用问题导向，培养学生动手解决问题的能力。素质拓展与发展指导开设体育、心理指导、发展指导等课程。注重培养学生的综合能力，关注学生身心健康，激发个人潜能，提高自我意识，培养乐观的心态和坚强的意志，提高沟通交流的主动性和技巧性，树立相互配合、相互支持的团队精神，极大增强合作意识，从而达到提高学生心理素质的目的。

（2）部类核心课包括部类必修课（高等数学、高等代数等）、部类限选课（人工智能与 Python 程序设计、普通心理学、环境科学概论等）。该部分课程按照中国人民大学大类培养方案统筹设置。

（3）专业必修课包括学科基础课和专业核心课，人工智能专业除开设计算机专业的核心课及平台课程外，开设与人工智能相关的多门核心课程。根据人工智能专业发展趋势和行业应用的特点，在专业必修课设置上，强化实验教学。实验平台支持人工智能硬件实验平台、大数据处理与云计算平台、机器学习与深度学习平台等。

（4）个性化选修课主要开设人工智能的前沿课程以及与各应用领域相关的学科交叉课程，依据学生特点和兴趣进行定制化培养，满足学生更加个性化的学习需求。依托中国人民大学的人文社会科学的学科优势，鼓励学生跨领域选修其他学科，尤其是人文社会学科的专业课程。个性化选修课共分为人工智能理论、数据科学、机器学习进阶、智能系统、交叉领域 5 个模块。依托中国人民大学人文社会科学的学科优势，鼓励本科生跨领域选修其他学科，尤其是人文社会科学的专业课程，选修课中有 6 个学分可选其他学部的部类基础课。表 4.1 为部分人工智能与人文社科交叉课程设置。

表 4.1　部分人工智能与人文社科交叉课程设置

课 程 名 称	授课对象	课程类型	课时	相 关 学 科
人工智能伦理与安全	本科生	必修课	2	法学
人工智能与法律规制	研究生	个性化选修课	34	法学
智慧法学	本科生	个性化选修课	34	法学
人工智能跨学科应用思维与实战	研究生	个性化选修课	34	综合
数字人文	研究生	个性化选修课	34	历史学、文学、社会学
金融科技概论	本科生	个性化选修课	34	金融学、商学
金融数据分析	本科生	个性化选修课	34	经济学、金融学

续表

课 程 名 称	授课对象	课程类型	课时	相 关 学 科
智慧城市	本科生	个性化选修课	34	管理学、经济学
计算传播理论与实务	本科生	个性化选修课	34	新闻学
智能新媒体	研究生	个性化选修课	34	新闻学
网络群体与市场	本科生	个性化选修课	34	社会学、经济学
计算经济学	本科生	个性化选修课	34	经济学
博弈论与计算经济学	研究生	个性化选修课	34	经济学

（5）创新研究与实践类课程采用问题导向，培养学生动手解决问题的能力。主要分为课内实践和课外实践，课内实践配备专业的上机操作；学院将为学生创造前往全球顶尖高校和机构实习的机会，同时还将与国内外知名企业合作建立学生实践教学基地，将学生实习和实践作为培养方案的一部分，计入实践课程学分。

（6）素质拓展与发展指导开设体育、心理指导、发展指导等课程。注重培养学生的综合能力，关注学生身心健康，激发个人潜能，提高自我意识，培养乐观的心态和坚强的意志，提高沟通交流的主动性和技巧性，树立相互配合、相互支持的团队精神，极大增强合作意识，从而达到提高学生心理素质的目的。

2. 强化人文情怀和社会素养建设

在人工智能人才的人文情怀和社会素养建设方面，依托中国人民大学人文社会学科优势，并借助中国人民大学以学部为核心的大类培养机制、跨学科学习和人才培养体系机制、灵活的辅修制度等现有机制和体制，在培养方案中设置人文社会素养类课程修读学分，鼓励学生在培养方案的指导下自主选择人文社科类专业基础及核心课程。

同时，针对人工智能对社会产生变革性影响的特殊性，对人工智能人才心理健康、职业道德与伦理规范等重要问题进行专门研究。与中国人民大学法学院、新闻学院、哲学院等相关院系和专业教师合作，定向开发面向人工智能专业人才素质培养的专业课程（如人工智能伦理与职业规范、人工智能安全等），进行教学大纲和案例库建设。同时，积极开展与"北京智源人工智能研究院人工智能伦理与安全研究中心"等国内外相关组织机构的合作，研究人工智能安全与伦理的标准与规范，通过标准和规范强化课程内容,提升课程内容的准确性、权威性和前沿性。在人工智能专业课建设中,设置人工智能安全的理论探索、算法模型、系统平台、行业应用等专业能力培养类课程。

3. 建设人工智能与人文社科交叉人才培养平台,培养复合型人才

以中国人民大学现有的多学科交叉融合人才培养模式、培养体系和培养机制为基础,探索人工智能与人文社科交叉人才培养平台,培养未来能够在经济、金融、新闻等各领域切实理解问题并发挥人工智能技术潜力的复合型人才。

在具体举措上,与中国人民大学若干优势学科(如新闻传播学、法学、经济学等)联合设立人工智能交叉类人才培养实验班,联合招收本科生,定向培养交叉学科人才。实验班在中国人民大学交叉学科教学指导委员会的指导下,根据国家战略需求,融合多学科知识体系,设置专门的培养方案。在课程设置上,由多个专业的教师合作授课,定期开展学科建设与培养机制的交流,培养出能在特定行业落地,既懂人工智能技术又懂行业需求的复合型人才。

在人工智能交叉类人才培养实验班的基础上,探索建设一批人工智能交叉类课程,采用人工智能学科与其他学科教师联合制定教学大纲,联合授课的方式,打造精品课程。

4. 广泛开展国内外合作,通过实践强化学生素质培养

在人工智能伦理与安全等相关问题的研究和探索上,广泛开展与国内外相关机构的合作。建立与"北京智源人工智能研究院人工智能伦理与安全研究中心"的合作研究,积极响应《人工智能北京共识》,在人工智能研发、使用、治理等方面开展与校外专家学者的合作。

积极与国际人工智能强校开展联合培养项目,与全球顶尖高校建立学术合作伙伴关系,在相关问题上开展联合培养计划和寒暑期项目等;设立院长奖学金,用于全额资助优秀学生前往国外交流与深造。

重视产教融合,大力拓展实践教学基地,通过实践环节逐步培养和锻炼学生在实际人工智能应用场景下的综合素质。与京东、滴滴、浪潮、爱奇艺、美团点评等在内的20 余家人工智能知名企业达成了实训基地合作协议。加快推动人工智能最新应用成果转换为教学内容,构建自主创新的人才培养共同体。探索"双导师"制,鼓励企业参与建设"场景驱动"的"人工智能实践"等应用型模块课程,邀请企业导师讲授并开展学

生实训,加快推动人工智能最新应用成果转换为教学内容,构建自主创新的人才培养共同体。

5. 智能社会治理研究中心:人工智能＋人文社科交叉人才平台

2019 年 4 月 22 日,中国科协-中国人民大学智能社会治理研究中心正式成立。作为辐射全校的新型学科交叉研究平台,智能社会治理中心将充分发挥中国人民大学理工科与人文社会科学交叉融合的优势,持续产出高水平的研究成果,服务国家战略决策和政策法规制定,成为具有国际影响力的创新型高端国家科技智库;同时,通过建设新型学科交叉研究平台,智能社会治理中心将为人民大学传统优势学科发展提供新动力,探索学科建设的一流创新体制机制,助力学校的"双一流"建设。

智能社会治理研究中心创新性地构建了"1＋N"的模式,围绕智能社会治理的现实与前瞻问题,应用新一代人工智能技术助推多学科领域的开放合作。在学校的支持下,采用双聘教师、课程共享、教学改革专项支持、联合课题等多种新的机制体制和举措,深化推进人工智能交叉学科的合作与交流。在此平台上,已经开展了中国人民大学"智能社会治理十大前沿课题",围绕着智能社会治理算法和机制设计、智能社会算法和数据的法律规制、智能社会数字经济与中国经济转型、智能社会的经济规制和竞争政策、智能社会的互联网与人际关系重塑、智能社会的秩序与智能化治理、智能社会的公共理性与舆论治理、智能社会的公共伦理建设和规范等多个交叉方向开展交流合作。这些交叉学科研究课题的设置,为"有温度"的人工智能复合型人才培养中相关人文社科知识的交融提供了土壤,并为相关交叉学科课程建设提供了良好的合作环境。

为避免人工智能与各个人文社会学科逐一单点开展合作造成的方向过于散乱,以及解决教师因难以兼顾本学科和交叉学科而无法专注,致使合作效率低下的问题,研究中心着手建设了面向全校、服务全校的人文社科数据和工具平台,以高质量的平台建设解决交叉合作中的基本数据和工具问题,直接对人文社科提供便捷易用的平台,提升合作效率。一方面,创建可应用人文社会科学研究的公开数据集,并且在该工具集上,根据研究人员的需要,提供基础的二次处理和加工;另一方面,在自然语言处理、数据挖掘、可视化等方面做好工具集,支撑人文社科教师和学生的实际需要,通过大数据的手段降低研究学者在信息获取方面的障碍,促进现有研究水平进一步发展。

在交叉研究落地,中心下设一个人工智能交叉应用工程中心(简称工程中心)以及多个智能社会治理交叉研究实验室(简称交叉实验室)。工程中心招聘专职研究员和工程师,重点进行前述数据和工具平台的建设工作,提升交叉合作效率,逐步支撑中国人民大学人文社科教学和科研的个性化需求,真正将交叉合作落地,并进而对外提供服务支撑国家新文科建设需要;交叉实验室跨学科招聘专职研究员和博士后,专职研究员和博士后一方面作为人工智能学科与其他学科共同的纽带和桥梁,同时也可以开展专注于交叉学科的科学研究工作,真正创建具有人大特色的跨学科交叉研究的理论和方法。

在数据与工具平台和交叉学科专职研究人员的支撑下,深入开展智能社会算法和数据的法律规制、智能社会互联网平台的法律责任等智能社会治理前沿课题研究,探索包括智慧法学、智慧新媒体、金融/监管科技等前沿人工智能交叉应用问题,高效产出高水平研究成果,向党中央和国务院报送智能社会发展与治理决策咨询建议。同时,探索新时代跨学科人才培养与科学研究,尤其是人工智能与人文社科跨学科人才培养的新理论、新机制与新方法,为我国新工科、新文科建设贡献力量。

6. 一流师资建设

人才培养离不开优秀的师资,尤其是在人工智能这一国际前沿学科上,人才需求迫切。高瓴人工智能学院通过创新一流体制机制,着力打造一流师资队伍。遵循世界一流高校"长聘制"人才管理体制,对专任教师采用 Tenure 制,并采用校内跨院、跨校"双聘制"聘任兼职教师和研究人员。采用全球同行评审制度,采取国际化与本土化并重的形式构建人才团队,提供优良的科研环境与薪酬待遇,构建一流师资队伍。

4.1.3 代表性交叉课程

1. 人工智能伦理与安全

如何应对以人工智能为代表的新一轮科技革命带来的伦理和治理上的挑战?这是一个未被以往任何单个学科的研究所涵盖的问题。相比以往的技术,人工智能的独特之处就在于它的"自主性"。换言之,或由于技术本身的特性,或由于其应用过程中社会赋予了它特定角色,当代人工智能技术已经在深度"参与"人的决策。在这个意义上,人工智能技术与传统的工具意义上的技术有质的区别。正是由于这种对人的决策的深度"参与",人工智能技术导致了短期和长期的伦理问题,这也对治理提出了新的挑战。本课程系统介绍人工智能带来的潜在的伦理与安全问题,并分别从科学和法律的视角来分析技术和法律的关系,引起学生对人工智能引起的相关伦理、安全与法律问题的重视,并培养学生的人文关怀意识。

课程内容设置如下。

(1) 人工智能伦理概论。

(2) 可信赖人工智能的设计和实践。

(3) 人工智能与道德主体性。

(4) "道德算法"的可能性。

(5) 人工智能时代的自由与责任。

(6) 算法透明度。

(7) 大数据阴影下的隐私。

(8) 算法公平性和因果关系。

(9) 算法推荐和平台治理。

(10) 机器决策的困境:以自动驾驶为例。

(11) 人机关系之惑:以性爱机器人为例。

(12) 风险控制的迷思:以金融领域人工智能应用为例。

(13) 用于公共行政的人工智能。

(14) 司法人工智能。

(15) 弱势群体和人工智能伦理。

(16) 人工智能伦理风险管理。

(17) 实践项目报告。

2. 博弈论与计算经济学

本课程是提供博弈论和机制设计的入门课程,包括基本原理和应用。本课程旨在培养学生对博弈问题进行建模的能力、策略性思维能力,以及如何利用机制设计理论分析和理解博弈规则的能力。

本课程前半部分介绍博弈论的基本理论框架和各种博弈模型,后半部分介绍机制设计的基本原理及其在拍卖中的应用。本课程重点在于理论框架的构建,以及部分博弈论及机制设计经典理论结果的严格数学证明和一些趣味性应用实例。

课程内容设置如下。

(1) 博弈论介绍、经典实例和与人工智能的关系。

① 博弈论定义与应用。

② 博弈论与人工智能。

③ 博弈论经典实例。

(2) 社会选择理论及其应用。

① 基本模型、定义及社会福利。

② 投票问题简介。

③ 孔多塞悖论与阿罗悖论简介。

(3) 效用函数与正则形式博弈。

① 偏好与效用。

② 正则形式博弈：定义及假设。

③ 占优策略与迭代占优策略消除。

(4) 正则形式博弈中纳什均衡的定义、性质与计算。

① 纯策略纳什均衡。

② 混合策略纳什均衡。

③ 纳什均衡算法简介。

(5) 其他经典博弈形式和解概念介绍。

① 零和博弈与最小最大值定理。

② 斯塔克伯格博弈与强斯塔克伯格均衡。

③ 势博弈与拥塞博弈。

④ 相关均衡。

(6) 贝叶斯博弈及贝叶斯纳什均衡。

① 不完全信息博弈。

② 贝叶斯策略与贝叶斯纳什均衡。

③ 与正则形式博弈的转化。

(7) 贝叶斯博弈应用举例。

① 劳动力市场模型。

② 信号博弈。

③ 廉价磋商。

④ 拍卖。

(8) 完美信息扩展形式博弈。

① 完美信息定义、与完全信息的区别。

② 纯策略与混合策略。

③ 纯策略纳什均衡与子博弈完美均衡。

④ 逆向归纳法与 Alpha-Beta 剪枝算法。

(9) 不完美信息扩展形式博弈。

① 不完美信息扩展形式博弈定义。

② 混合策略与行为策略。

③ 完美信息博弈与完美记忆博弈。

(10) 博弈中的信息交流与学习理论。

① 劝说模型。

② 虚拟行动、短视最佳反应与无悔学习。

(11) 机制设计理论。

① 环境、定义与目标。

② 占优策略与贝叶斯纳什均衡实现。

③ 显示原理与直接机制。

(12) 拍卖理论概述。

① 拟线性偏好。

② 诚实性与个体理性。

③ 目标：收益与社会福利。

④ Groves 机制与 VCG 机制。

(13) 单物品拍卖。

① 拍卖概述与常见拍卖方法。

② 第一价格拍卖与第二价格拍卖。

③ 收益等价原理。

(14) 最优拍卖理论。

① 环境与假设。

② 公式推导。

③ 分配单调性与虚拟价值函数。

(15) 拍卖理论的扩展与应用。

① 多物品拍卖。

② 互联网广告拍卖。

（16）课程论文展示。

3. 智慧城市

随着新型城镇化的快速发展和大数据时代的到来，智慧城市的概念应运而生，成为全球范围内城市发展的新趋势。打造互联网＋智慧城市，充分运用移动互联网、物联网、区块链、云计算、人工智能等前沿技术来推动城市发展变革，加强信息化城市设施建设，改进城市管理模式与理念是治理城市病、提高城市运行效率、改善民生、促进社会经济高质量发展的有效手段。作为数字中国建设的重要内容，新型智慧城市的打造涉及经济学、社会学、城市规划与设计、政府管理与决策、环境治理、医疗健康、交通出行等方方面面的问题，需要计算机科学技术与多个学科的交叉融合。随着大数据逐渐渗透于各行各业，在智慧城市的建设过程中，各个职能部门的通力合作至关重要，不同行业数据与技术的融合将会愈加普遍。因此，培养具有跨学科思维的学生对未来跨领域、跨部门、跨业务与技术的智慧城市建设与发展十分必要。本课程的开设旨在介绍智慧城市领域的前沿问题、教授基本的城市数据分析技术、培养学生跨学科思考和解决问题的能力。

本课程主要介绍如何利用物联网、云计算、数据科学等技术手段来推进智慧城市在其各主要应用领域的发展。课程聚焦智慧民生、智慧出行、智慧城市决策管理等方面的热点问题。学生将通过本课程了解相关技术的基础理论知识，掌握城市大数据挖掘、时空数据分析、数据可视化等基本研究方法，锻炼其解决跨学科问题的综合能力。本课程适合于计算机科学、软件工程、经济学、社会学、公共管理等专业的本科生。

课程内容设置如下。

（1）课程说明。国内外智慧城市发展前沿介绍。

内容：进行课程总体介绍；介绍智慧城市的基本概念及国内外智慧城市发展现状。

（2）智慧城市系统。

内容：介绍智慧城市的系统。从复杂系统工程的角度介绍智慧城市的主要组成部分，讲解可持续发展的相关概念及智慧城市涉及的居民隐私保护与数据安全问题。

（3）智能家居与智慧社区。

内容：介绍智能家居与智能建筑。讲解家居智能化设计、智能建筑及相关物联网知识、云计算技术、移动互联网技术、通信技术、自动控制技术等。

（4）智慧交通与出行。

内容：介绍城市中各种交通出行方式相关的智能应用。讲解共享单车、电动滑板车等的优化投放与使用，智能交通管理与调度，车联网等相关知识。

（5）智慧城市医疗。

内容：介绍智慧医院系统、区域卫生系统及家庭健康系统相关知识。讲解可穿戴设备等新技术及居民健康信息服务与智慧医疗服务相关发展。

（6）智慧城市环境保护与治理。

内容：介绍智能环境管理与治理。讲解如何完善环境感知系统，建立环境治理大数据决策体系。

（7）智慧社会与经济发展。

内容：城市均衡可持续发展。讲解如何通过智慧城市的手段改善社会隔离及城市内部各地区经济发展不均衡问题。

（8）智慧安防。

内容：城市犯罪与智慧安防。讲解智慧城市中如何部署视频监控等安防系统来进行日常监控预警、提升重大突发公共安全事件处理能力等问题。

（9）智慧防灾减灾。

内容：智能化灾前预防、灾中应急与灾后恢复。讲解智慧化风险评价与常态防灾智能监控、智能化应急救援的实现途径及灾后智慧化管理恢复与优化改善。

（10）物联网发展与智慧城市打造。

内容：介绍物联网相关知识。讲解物联网的基础知识与逻辑体系。

（11）智慧化城市管理与平台建设。

内容：智慧政务与城市管理。讲解如何通过架构优化，打破原有应用竖井和数据孤岛问题，实现数据共享、智慧决策与管理相关应用。

（12）大数据辅助城市决策。

内容：城市大数据相关技术。讲解大数据在辅助城市决策、优化城市规划设计方案中的技术应用。

（13）城市时空数据挖掘（一）。

内容：地理空间数据分析方法。讲解城市地理信息数据的特点、相应的空间分析方法、GIS地理信息系统。

(14) 城市时空数据挖掘(二)。

内容：时序数据分析方法。针对城市数据的时序性特点，讲解多种动态数据处理的分析方法。

(15) 城市时空数据挖掘(三)。

内容：城市多源时空数据挖掘。讲解城市数据在时间、空间的多维度、多源性特点，讲解数据与技术融合的综合性分析方法。

(16) 城市数据可视化。

内容：城市数据可视化方法。通过实践操作，使学生掌握 Python 或 R 语言中关于城市数据可视化的库的应用，熟悉 Mapbox 等在线互动地图绘制工具。

(17) 期末复习，总结复习整个课程内容。

4.1.4　结语

人工智能作为高速发展的行业，知识体系更新变化快，依赖的相关知识多，复杂度高。未来人工智能将引发产业结构、社会体系以及人们生活方式的深刻变革，人机协同成为社会发展中的重要模式。因此，人工智能人才培养也需要人文社科学科支撑。

高瓴人工智能学院强化学生以人为本的理念，保障未来智能社会可持续发展。除专业技能外，学院更注重培养学生的爱心、同理心、协作力等人文精神；培养将人工智能技术与社会科学紧密融合来解决实际社会问题的跨学科交叉应用能力；培养具有人文情怀和社会素养，致力于"有温度"的复合型人才，而非冷冰冰的技术生产者和使用者。"过去未去，未来已来"，在构建人工智能时代的宏大世界观时，在影响人工智能技术发展的历史趋势时，中国人民大学高瓴人工智能学院应运而生，"勇闯无人区"，我们希望吸纳和培养人工智能领域的顶尖学者和实践者，为全球思考并创造"智能而有温度"的未来。

4.2　人工智能＋社会学

4.2.1　人工智能＋计算社会科学研究现状

计算社会科学是融合传统社会科学、计算科学、环境科学和工程科学的新兴交叉学科。计算社会科学利用人工智能、数据挖掘等计算科学方法,以社会、经济等领域大数据作为研究对象,分析社会复杂性,揭示社会发展规律,解决复杂社会问题。

社会问题的复杂程度不断提高和大数据时代的到来催生了计算社会科学的诞生。2009 年,*Science* 发表题为 *Computational Social Science* 的文章,成为其诞生的标志。十余年来,计算社会科学已显露出旺盛的生命力和广阔的应用前景。国内外多所著名高校和研究机构也已成立了专门的计算社会科学中心或学术实体。

计算社会科学不仅仅是人工智能等先进技术手段在社会科学领域的引入应用,其实质是以计算科学、数据科学为代表的高新科技与人文社会科学的相互渗透和融合创新。一方面,人工智能是计算社会科学的重要研究工具,人工智能丰富了计算社会科学的分析手段,增强了其预测能力。另一方面,计算社会科学将推动人工智能"了解智能"。目前的人工智能尚处于弱人工智能阶段,面临隐性知识无法得知和抽象能力无法学习等问题。这些问题的关键在于机器对世界的感知和理解无法达到人类水平。而计算社会科学正是一门研究人及其群体的典型学科。

人工智能涉及计算机科学、数学、机械、电子、自动化、医学、经济学、语言学等学科,充分体现了跨学科的特点,其未来的发展一方面需要吸收各学科的知识和方法,另一方面也需要来自各学科的人才积极将人工智能技术应用到其领域中去。因此,将人工智能和其他学科结合已成为国外高校课程设置的趋势,在国外知名的计算机院校(如 MIT、斯坦福大学、CMU、加州大学伯克利分校等),人工智能课程已经成为理工科和人文学科学生知识的重要来源。

未来随着人工智能对各个学科基础性方法的影响,人工智能和计算社会科学将会进一步融合发展,成为各个学科专业学生的基础知识和技能集。表 4.2 列举了部分国外高校在"人工智能+计算社会科学"方向的代表性研究领域,这些国外高校均在该方向设置了研究生项目和专属课程。斯坦福大学、哈佛大学等已成立计算社会科学研究中心,从事该领域的探索和人才培养工作。国内北京大学、清华大学、浙江大学、复旦大学、中国人民大学等高校也相继设立专门机构、组建校级联盟,推进人工智能和计算社会科学研究交叉融合。

表 4.2　国外高校在"人工智能+计算社会科学"方向的代表性研究领域

国家	高校名称	代表性研究领域
美国	斯坦福大学	公共政策评价、社交网络分析
美国	康奈尔大学	社会网络与复杂网络、组织社会学、社会心理学

续表

国家	高 校 名 称	代表性研究领域
美国	芝加哥大学	群体智能、社会组织结构分析、科技创新产生和传播规律
美国	哈佛大学	数据隐私保护、群体行为预测
美国	东北大学	团队和大型集体的决策和表现、政治和投票方式、集体行动和社会正义
美国	乔治梅森大学	社会复杂性、群体危机预测
英国	牛津大学	数字经济、数字伦理、数字政府、数字生活与福利、信息治理及安全
英国	帝国理工大学	城市可持续设计、智慧城市
瑞典	林雪平大学	文化动力学、组织动力学、社会网络分析

4.2.2　浙江大学设置"人工智能＋计算社会科学"课程

作为国内学科门类最为齐全的高校之一,浙江大学一直致力于推进人工智能多学科交叉融合,强大的信息科学和社会科学学科优势也为"人工智能＋计算社会科学"方向设置提供了良好基础。

1. 学科基础优良

浙江大学是国内最早研究人工智能的高校之一,在 1978 年就开始了人工智能领域的科学研究和人才培养,在 1981 年创建了人工智能研究所。经过 40 多年的发展,浙江大学在人工智能领域取得了一系列历史性突破与创新性成果,在人工智能理论、计算机图形学、多媒体、数据挖掘等领域的发展居国内领先地位,其中跨媒体智能、混合增强智能、大数据、机器学习等方向的研究已达到国际前列水平。

在社会科学领域,近年来学科建设进步明显,学科整体发展势头强劲。农业经济与管理在第四轮学科评估中被评为 A＋,10 个文科学科进入 A 类,社会科学学科进入 ESI 全球学科排名前 1％并保持上升趋势。

2. 推进学科汇聚

近年来,浙江大学不断推进人工智能多学科交叉汇聚,打造一批新型创新中心。2018 年,人工智能协同创新中心获教育部批复建设;2019 年,计算社会科学研究中心依托公共管理学院成立。同时结合人工智能大数据科技创新联盟、大数据科学研究中心、语言与认知研究中心、赛博协同创新中心等平台的创新资源,充分汇聚计算机、统计、数学、医学、人文社会等领域的人工智能研究力量,全面推动相关学科的研究范式转型和实力的提升,逐渐形成了多学科交叉汇聚、共生共享的创新网络布局,促进人工智能相关学科的人才培养。

4.2.3 浙江大学"人工智能＋计算社会科学"课程概况

目前,"人工智能＋计算社会科学"方向课程设置有 3 门(见表 4.3),课时均为 32 学时,其中 2 门面向本科生、1 门面向研究生。课程涵盖知识点主要包括计算社会科学基础方法、基本问题及应用领域见(表 4.4)。课程的深度和广度根据授课对象不同做适当调整。

表 4.3 "人工智能＋计算社会科学"方向课程设置

课 程 名 称	授课对象	课时
面向公共管理的数据分析和建模方法	本科生	32
数据驱动的公共管理分析和建模方法	本科生	32
数据建模分析与公共管理研究	研究生	32

表 4.4 课程涵盖知识点

类 别	知 识 点
计算社会科学基础方法	数据链条、机器学习、数据挖掘、区块链、博弈论、社会仿真模型、复杂系统(博弈、网络分析)
计算社会科学基本问题	隐私保护、分布式建模、数据定价
计算社会科学应用领域	社会科学研究范式、公共管理-智能治理

4.2.4 课程内容简介

以"数据驱动的公共管理分析和建模方法"为例,介绍"人工智能＋计算社会科学"方向课程内容。该课程面向浙江大学竺可桢学院本科三年级学生,要求学生具有微积分、线性代数、概率统计等课程基础。

1. 课程学习目标

(1) 掌握基本的大数据方法、应用能力和思维,了解数据分析链条的全过程,以及一些常用的分析数据的统计方法。

(2) 掌握人工智能的基本概念,基本掌握机器学习的基本建模过程和几种常用模型的使用方法。

(3) 学会常用的统计和数据探索方法,以及关联关系、因果关系的提取方法;理解复杂网络分析方法、可视化方法。

(4) 能够根据这些方法分析目前的各类大数据应用,并根据需求给出解决方案。

(5) 学会查阅相关文献,为今后的后续课程、科学研究及管理工作奠定基础。

2. 可测量结果

(1) 掌握数据链条中的常用方法(数据收集、清理、特征提取等)。

(2) 掌握常用机器学习的概念和常用模型,包括深度网络的常用模型,了解这些模型的应用条件和适用场合。

(3) 了解相关性分析、因果性分析、复杂网络分析、可视化等常用方法和工具。

(4) 结合实际案例,掌握数据分析能力和解决问题的实际能力。

3. 课程主要内容及分配(共 8 次)。

(1) 面向公共管理的大数据和人工智能基础。

介绍人工智能与大数据问题和技术的起源、它们的历史发展、相互之间的关系、发展现状与趋势,特别是深度学习出现之后的前沿发展趋势。

介绍面向公共管理的数据链条思维,即从数据收集到清理到增强到分析建模可视化的整个生命周期,分析其中的关键步骤和生态支持,以及对公共管理方法带来的影响。

在介绍的过程中,将结合公共管理领域应用案例,分析大数据和人工智能技术在现实场景中的应用。

(2) 大数据处理和分析方法。

介绍常用的大数据处理和分析方法,主要包括数据收集和管理的方法,介绍常用的数据收集工具和 NoSQL 数据库的使用方法。介绍如何做数据预处理和转化,介绍常用的数据质量提高方法。

介绍常用数据挖掘分析工具和平台,特别是一些可视化分析工具。介绍常用的可视化类型和方法,结合案例分析哪些可视化方法适用于公共管理学问题。

（3）人工智能建模方法。

介绍人工智能的基础建模方法,介绍语义网和知识图谱,以及知识表达基本知识。简单贝叶斯原理、不确定性推理和统计学习的一些基本模型。重点介绍机器学习和深度学习的概念,介绍常用的分类和回归模型。在介绍过程中,结合应用案例分析。

（4）深度学习和人工智能前沿。

重点介绍机器学习中的神经网络和深度学习（Deep Learning）的基本概念和方法,介绍常用深度学习网络（CNN、RNN等）的适用场景,以及一些前沿的建模方法,包括对抗生产网络、基因算法等。同时介绍一些用于开发机器学习模型的开源开放平台。

（5）面向复杂系统的分析方法。

介绍机器学习中的无监督学习方法,包括聚类和分布估计等方法。重点介绍复杂系统理论和复杂网络分析方法,讨论这些方法在公共管理学领域中的适用问题。

介绍一些博弈理论的基本概念和应用,介绍分布式环境下的智能治理问题。结合应用案例进行分析。

（6）智能化治理。

介绍数据产品及其生态,介绍新的数据驱动的产品开发方式及其支持生态问题,包括数据所有权、隐私保护、数据出版等问题。

介绍在大数据和人工智能背景下数据商业新模式和公共治理新模式。以智慧城市等领域作为案例进行分析。

（7）前沿讲座和案例分析。

重点介绍在大数据和人工智能领域的技术发展前沿,以及数据驱动的思维。以国家投资指数和留守儿童等项目为例进行综合案例分析。

（8）课程论文和讨论。

分组讨论AI中的各种方法比较和热点问题,教师当场点评、打分。同时讲授如何撰写一篇比较符合学术规范的读书报告。

4.3　人工智能＋药学

4.3.1　人工智能＋药学的研究现状

人工智能是引领新一轮科技革命和产业变革的战略性技术,而生物医药产业是我国确定的七大战略新兴产业之一。为实现我国从制药大国向制药强国转变,推进健康中国建设,增强自主创新能力,加快创新药物研发成为重中之重。新时代药学发展站在新的历史起点上,我国新药研究正在进入由模仿创新逐步向原始创新转变的新阶段,必须以更高的站位和更宽的视野谋划医药产业创新发展战略。应用人工智能技术,有效提升药物研发速度,缩短研发周期,节省资金投入,提高新药研发成功率,将是我国制药工业发展换挡提速,加快追赶国际领先水平的重要战略机遇。

近年来,大数据的指数级积累和计算算力的大幅度提升促进了人工智能算法和技术方法的飞速进步。以深度神经网络为代表的新一代机器学习方法,以知识图谱为代表的新一代知识工程方法等新型 AI 算法被广泛引入到新药研发、生产制造和临床应用的各个层面(包括候选药物挖掘、化合物筛选、成药性预测、靶标发现、药物晶型预测、疾病标志物挖掘、辅助病理生物学研究、药物新适应征挖掘、智能制造、精准用药等),极大提升了相关方法的准确性,有望推动创新药物靶标发现、先导化合物发现、设计和评价领域取得重大突破。根据 TechEmergence 的研究报告,AI 有望将新药研发的成功率从 12％提升至 14％,这仅有的 2％增长不容小觑,不但可以为整个生物制药行业节省数十亿美元成本,还能帮助研发人员节省大量的工作时间,降低药物研发的"随机性"。

越来越多的全球顶尖制药公司看好人工智能在制药领域内的应用前景,纷纷投入巨资与人工智能研发机构开展新药研发的合作,相关应用从 2017 年以来呈现井喷式发展。例如,药物研发 AI 公司 Atomwise 正在利用深度学习分析化合物的构效关系和识别医药化学中的基础模块,进行新药发现和新药风险评估,仅用时一周就模拟预测出两种用于埃博拉病毒治疗的潜在活性化合物,目前与默沙东和艾伯维等公司有深度合作;IBM 公司将 Watson 的超级计算能力用于新药研发,通过分析大量公开数据及公司内部数据,不断假设药物靶点,然后实时交互得到有证据的结果,和辉瑞共同研发的帕金森症治疗药物已进入临床实验阶段;BenevolentAI 公司将人工智能技术应用于药物分子挖掘,已经发现了 24 个候选药物,且已有研发品种进入临床 IIb 期;Berg Health 公司正将 AI 用于筛选生物标志物,通过筛选多达 25 万个疾病组织样本来寻找早期癌症的新生物学指标和生物标记,目前已将一个生物标志物用于抗肿瘤候选药物(BPM31510)的临床开发,并获得了美国国防部和西奈山医院的科研合同;VergeGenomics 公司利用与谷歌搜索引擎类似的计算方法,找出与神经退行性疾病相关的上百种基因,并且试图找出能够同时靶向所有基因靶点的药物;Insilico Medicine、药明康德以及多伦多大学用一种称为生成张力强化学习(GENTRL)的新 AI 系统,极大加速了新药研发的进程,从最初的靶点确定,到完成潜在新药分子结构筛选,仅用时 21 天,而到完成初步的生物学验证,用时仅 46 天,在之后的体内动物实验中,筛选出的新药分子的药代动力学特征均达到预期结果,这一速度要比传统制药公司的药物研发过程快 15 倍;MIT 的科研团队开发了一个人工智能抗生素预测平台,这个平台可以学习化学分子的结构和特征,然后根据它掌握的信息,预测分子的功能,即预测它是否能抑制特定细菌的生长,通过对 2500 个分子进行人工智能训练,其中包括 1700 种已知药物和 800 种天然产物,经过训练的 AI 系统从 6000 种化合物数据库中发现了出乎科学家预料的全新抗生素 halicin。

由此可见,AI 技术作为一种强大的数据挖掘工具已经涉及药物设计和新药研发的各个领域,包括靶标发现、先导化合物筛选和优化、从头药物分子生成、新药合成路线设计、药物有效性及安全性预测等。人工智能药物分子设计技术正成为药物研发的重要新工具,有望在创新药物研究各领域中取得重大突破,前景巨大。美国 MIT 与全球 13 家顶级大型制药公司成立了 MIT-Industry 联盟,开展 AI 与机器学习技术服务于靶点发现和成药性评价等新药发现过程的研究,并迅速成为该领域的核心关键技术成为国际竞争的热点。我国在人工智能研究领域发展迅猛,而创新药物研发则仍落后于国际先进水平,在人工智能＋药学交叉学科领域尚处于萌芽阶段,必须通过自主研发赶上欧美领先国家水平。

4.3.2　人工智能＋药学的方向设置原因

我国创新药物研发仍落后于国际先进水平,人工智能新药研发已经成为医药领域的新发展趋势,有望成为创新药物研发重要驱动力。国内外著名高校相继成立了人工智能＋药学的专门研究机构,布局人工智能制药领域的科学研究和人才培养。浙江大学学科门类齐全,计算机、药学、化学、工程学等学科排名位于世界前列,在人工智能和新药研发等领域的研究水平受到国内外同行广泛认可,也拥有一批已经开展"人工智能＋药学"研究的专家学者。期望通过汇聚多学科的优势研究力量,建立一批基于人工智能的新药创制和制药工程关键技术体系,抓住"人工智能＋药学"的战略机遇期,以新药研发、临床精准用药和智能制药领域的国家重大战略需求为导向,实现人才培养和新药创制的长远建设目标,为我国生物医药产业转型升级和可持续快速发展贡献智慧和切实解决方案。

人工智能＋药学的快速发展需要兼备药学基础知识与人工智能技术创新能力的跨领域人才。人工智能＋药学的跨学科交叉本质决定了需要融合信息科学和生命科学两大学科群的基础知识和核心理论。现有专注于药物科学的研究者往往缺乏分析生物医药大数据的能力,而信息科学领域的研究者则缺乏相关药学领域的理论基础和知识背景。为适应人工智能药学领域的重大需求和发展趋势,应对我国人工智能＋药学综合素质人才严重缺失的挑战,急需通过建设人工智能＋药学交叉学科,依托学历体系推动人工智能＋药学专业人才的系统化培养,培养能够应用人工智能技术开展药学研究的高层次、复合型专门人才。

主要培养方向如下。

(1) 人工智能药物设计:围绕药物设计中的关键科学问题(活性化合物筛选、成药性评价、选择性和脱靶效应评估),应用大数据和 AI 技术发展高精度及高效的活性分子虚拟筛选方法、成药性预测方法以及靶标预测方法,开发整合的基于 AI 技术的高精度药物设计和筛选在线计算平台,并用于重要靶标的药物分子设计和开发。

(2) 人工智能药物靶标发现:围绕药物靶标发现的关键科学问题,建立药物靶标识别及新适应征发现的 AI 关键技术体系;基于不断累积的医学及生物活性大数据,构建系统的药物靶标相关知识库,并利用深度学习和集成学习等 AI 技术发展高精度的靶标预测新方法。

(3) 人工智能药物合成:围绕药物分子合成中的关键科学问题,以人工智能技术和数据挖掘为核心驱动力,实现复杂分子合成路线的智能设计和自主决策,构建高效药物分子筛选的智能实体库与信息库,并建立药物分子的合成化学和合成生物学技术体系,为药物研发中的多层面分子需求提供坚实的物质基础。

(4) 人工智能药品质量控制:围绕人工智能技术与制药过程相关物料性质检测、制药过程状态检测、药品质量风险预测、制药过程调控等内容相结合,累积制药过程大数据,深刻揭示制药过程规律,智能控制制药过程风险,从而提高药品质量、增加生产柔性、避免生产事故、减少质量风险、降低能耗物耗、增加生产效率、提升管理水平,构建出以"数据驱动,人机互动,深度感知,全程管控"为特征的智能药品质控新模式。

(5) 人工智能制药大数据与信息技术:围绕人工智能制药方向的研究所产生的海量化学与生物大数据,建立系统的数据中心、知识库、算法模型、软件系统等大数据和人工智能关键技术体系,为学术界和产业界提供共享数据服务、技术服务和研发服务。

4.3.3 人工智能＋药学的课程概况

按照药学＋人工智能＋计算思维的培养模式,随着人工智能新算法、新技术和新方法的发展,人工智能＋药学方向交叉课程的设置是培养能够应用人工智能前沿技术,解决创新药物研发的关键技术问题,创新发展突破性技术、拓展新业态的高层次、复合型人才。课程设置上除公共学位课外,专业课部分应包括药学专业课程、人工智能专业课程,以及人工智能与药学交叉方向前沿课程。

课程培养:专业课体现药学和人工智能等交叉;重视创新药物研发方法及工程应用(研究方法类)、人工智能制药前沿技术(技术前沿类)、智能制药实践(实践实验类)3类课程。人工智能药学工程硕士专业学位研究生培养需要 24 学分(含英语 3 学分,政治 3 学分,专业课 18 学分),工程博士专业学位研究生培养需要 12 学分(含英语 2 学分,政治 2 学分,专业课 8 学分)。

人工智能药学工程硕士和博士专业学位研究生课程体系如表 4.5 和表 4.6 所示。

表 4.5 人工智能药学工程硕士专业学位研究生课程体系
(包含电子信息和生物与医药两个类别)

一、平台课程					
必修/选修	课程性质	课 程 名 称	学分	总学时	备 注
必修	公共学位课	研究生英语基础技能	1	0	
必修	公共学位课	自然辩证法概论	1	24	
必修	公共学位课	中国特色社会主义理论与实践研究	2	32	
必修	公共学位课	实用交际英语	2	32	
必修	公共学位课	工程伦理	2	32	

续表

必修	专业学位课	研究生论文写作指导	1	16	论文写作指导课
选修	专业选修课	优化算法	3	48	工程数学类课程,至少 4 选 1
选修	专业选修课	工程中的有限元方法	2	32	工程数学类课程,至少 4 选 1
选修	专业选修课	数值计算方法	2	32	工程数学类课程,至少 4 选 1
选修	专业选修课	数学建模	2	32	工程数学类课程,至少 4 选 1
选修	专业学位课	创业能力建设	2	32	创新创业类课程,至少 4 选 1
选修	专业选修课	深度科技国际创业前沿	1	24	创新创业类课程,至少 4 选 1
选修	专业选修课	技术创业	2	32	创新创业类课程,至少 4 选 1
选修	专业选修课	科技创新案例探讨与实战	2	32	创新创业类课程,至少 4 选 1
必修	专业学位课	人工智能算法与系统	2	32	卓越培养项目核心课程,技术前沿类课程
必修	专业学位课	药品创制工程实例	2	32	卓越培养项目核心课程,工程案例类课程
必修	专业学位课	新药发现理论与实践	2	32	卓越培养项目核心课程,实验实践类课程

二、方向课程

人工智能药学

研究内容
研究方向一:人工智能药物设计
研究方向二:人工智能药物靶标发现
研究方向三:人工智能药物合成
研究方向四:人工智能药品质量控制
研究方向五:人工智能制药大数据与信息技术

必修/选修	课程性质	课 程 名 称	学分	总学时	备注
选修	专业学位课	工程前沿技术讲座	2	32	人工智能核心课程,电子信息类别学生至少 6 选 2,鼓励生物与医药类别学生选修,技术前沿类课程

选修	专业选修课	大数据技术前沿	2	32	人工智能核心课程,电子信息类别学生至少6选2,鼓励生物与医药类别学生选修,技术前沿类课程
选修	专业选修课	数据挖掘	2	32	人工智能核心课程,电子信息类别学生至少6选2,鼓励生物与医药类别学生选修,实验实践类课程
选修	专业选修课	生物智能与算法	2	32	人工智能核心课程,电子信息类别学生至少6选2,鼓励生物与医药类别学生选修,实验实践类课程
选修	专业选修课	自然语言处理	2	32	人工智能核心课程,电子信息类别学生至少6选2,鼓励生物与医药类别学生选修,实验实践类课程
选修	专业选修课	机器学习	3	48	人工智能核心课程,电子信息类别学生至少6选2,鼓励生物与医药类别学生选修,研究方法类课程
选修	专业学位课	药物信息学	2	32	药学专业核心课程,生物与医药类别学生至少6选2,鼓励电子信息类别学生选修,技术前沿类课程
选修	专业选修课	药物设计学	2	32	药学专业核心课程,生物与医药类别学生至少6选2,鼓励电子信息类别学生选修,实验实践类课程
选修	专业选修课	药物基因组学	2	32	药学专业核心课程,生物与医药类别学生至少6选2,鼓励电子信息类别学生选修,实验实践类课程

选修	专业选修课	先进制药技术	2	32	药学专业核心课程,生物与医药类别学生至少 6 选 2,鼓励电子信息类别学生选修,实验实践类课程
选修	专业选修课	生物大分子模拟	2	32	药学专业核心课程,生物与医药类别学生至少 6 选 2,鼓励电子信息类别学生选修,实验实践类课程
选修	专业选修课	现代药剂学研究方法	2	32	药学专业核心课程,生物与医药类别学生至少 6 选 2,鼓励电子信息类别学生选修,研究方法类课程

表 4.6　人工智能药学工程博士专业学位研究生课程体系(电子信息类别)

一、平台课程					
必修/选修	课程性质	课 程 名 称	学分	总学时	备　　注
必修	公共学位课	研究生英语基础技能	1	0	
必修	公共学位课	研究生英语能力提升	1	32	
必修	公共学位课	中国马克思主义与当代	2	32	
必修	专业学位课	药物科学前沿	2	32	
必修	专业学位课	计算机科学与技术前沿	2	32	
二、方向课程					
人工智能药学					

研究内容
研究方向一:人工智能药物设计
研究方向二:人工智能药物靶标发现
研究方向三:人工智能药物合成
研究方向四:人工智能药品质量控制
研究方向五:人工智能制药大数据与信息技术

续表

选修	专业学位课	人工智能引论	2	32	
选修	专业学位课	机器学习	2	32	
选修	专业学位课	药物信息学	2	32	≥2学分
选修	专业学位课	新药发现理论与实践	2	32	
选修	专业学位课	计算机辅助药物设计	2	32	
选修	专业学位课	药物及临床数据挖掘	2	32	
选修	专业选修课	计算机科学与技术研究方法	1	16	
选修	专业选修课	数据挖掘	2	32	
选修	专业选修课	神经网络基础及应用	2	32	
选修	专业选修课	复杂网络与多智能体系统	2	32	
选修	专业选修课	计算机视觉	2	32	
选修	专业选修课	生物智能与算法	2	32	
选修	专业学位课	自然语言处理	2	32	
选修	专业选修课	高端计算及其应用	2	32	
选修	专业选修课	凸优化引论	2	32	
选修	专业选修课	医药大数据科技	2	32	≥2学分
选修	专业选修课	实验设计与数据分析	2	32	
选修	专业选修课	医药人工智能导论	2	32	
选修	专业选修课	生物信息学与计算生物学	2	32	
选修	专业选修课	高等药物化学	2	32	
选修	专业选修课	现代有机合成化学	2	32	
选修	专业学位课	高等分子生物学	2	32	
选修	专业选修课	细胞化学信息药理学	2	32	
选修	专业选修课	药物设计学	2	32	
选修	专业选修课	生物大分子模拟	2	32	

4.3.4　人工智能＋药学课程介绍

课程一：药物信息学

英文名称：Pharmaceutical Informatics。

学分：2.0。

总学时：32。

面向对象：硕士及博士研究生。

1. 课程简介

药物信息学是一门通过整合现代信息学、药物分析学及药理学等多个领域的方法和技术解析药物相关特性的药学学科,包括药物对基因表达谱的影响、体内过程、系统作用模式及质量评价等内容。药物分析信息学从大量化学、生物及生产数据中挖掘有用的信息,从信息与模拟的角度阐述药物特性,为指导临床的合理用药提供借鉴,为实现药物的安全可控设定合理的指标。通过本课程的学习,使学生能够了解药物分析信息学相关研究方法、技术及应用领域;掌握微阵列芯片(Microarray)的相关知识及其在网络药理学中的应用;了解化学计量学相关方法、掌握指纹图谱技术及其应用范围;从化学结构出发理解药物计算 ADMET 的建模及预测的过程、优势及局限性;讨论药物信息学在医药领域的应用前景以及了解 MOE 计算软件的基本操作,通过对药物特性的分析信息学研究,揭示其内部潜在规律,为创新药物的设计与研发打好扎实的理论基础。

2. 教学目标

通过本课程学习,学生应了解以下方面研究的最新进展并具备相关领域研究的基本能力：从大量化学、生物及生产数据中挖掘有用的信息,从信息与模拟的角度阐述药物特性,包括药物对基因表达谱的影响、体内过程及毒性、系统作用模式及质量评价。

3. 教学安排

第 1 章绪论,主要介绍药物分析信息学的概念、发展史和药物分析信息学的基本任务与研究内容。

第 2 章 Microarray 和 MAQC,在介绍微阵列芯片和 MAQC 项目的基础上,重点阐述芯片技术的基础及技术特点。

第 3 章化学计量学,重点介绍多种化学计量学的方法。

第 4 章指纹图谱分析。

第 5 章网络药理学研究。

第 6 章 ADMET in silico。

第 7 章药物信息学的工业应用。

第 8 章药物信息学相关软件介绍。

课程二:生物大分子模拟

英文名称:Molecular Modeling of Biological Macromolecules。

学分:2.0。

总学时:32。

面向对象:硕士及博士研究生

1. 课程简介

主要讲授计算生物学的基本理论方法及应用,内容包括生物大分子三维结构的图形显示、分子力学、构象分析、分子动力学、定量构效关系(QSAR)、分子对接、数据库搜索等。课程交叉性比较强,主要课程主要包括以下内容:①计算生物学和计算机辅助药物分子设计的基本概念、研究进展,及其在生物大分子研究和药物研发中的重要性。②计算生物学的基本理论方法,课程涉及分子力学方法、构象分析、分子动力学方法、分子对接方法、定量构效关系方法、数据库搜索方法等。通过上机实习和课堂讨论,加深对计算生物学方法和相关重要软件的了解。③通过对已上市的 HIV-1 蛋白酶抑制剂等经典案例的讲解,结合授课教师多年研究心得体会,让学生对计算生物学如何指导药物的设计和研发有基本的了解。

2. 教学目标

主要讲授计算生物学的基本理论方法及应用,每节授课都包含理论讲解和应用实例讲解,使学生在学习理论知识的基础上,能够亲身使用重要的计算生物学程序和软件。通过本课程的学习,力求使学生较系统地掌握必要的计算生物学及计算机辅助药物设计的基础理论、基本知识和技能,了解生物大分子模拟技术在药学中的地位和作用,并初步具备用计算生物学知识分析及解决实际问题的能力,能运用计算生物学和计算机辅助药物设计的方法到毕业课题设计中。

3. 教学安排

第 1 章生物大分子结构显示和图形化(蛋白质结构综述、蛋白质结构文件格式以及分子图形软件介绍及使用)。

第 2 章分子力场及分子力学(分子力学基本特征、分子模型、能量函数)。

第 3 章构象分析(势能面、能量优化、构象分析)。

第 4 章蛋白质结构预测(蛋白质结构特征、蛋白质结构预测方法)。

第 5 章分子动力学模拟(分子动力学模拟方法、水溶液中模拟、轨迹分析)。

第 6 章定量构效关系(构效关系基本原理、常用统计方法介绍、CoMFA 方法、QSAR 的应用)。

第 7 章分子对接(分子对接基本原理、对接问题、打分方法)。

第 8 章研究案例分享及讨论。

4.4　人工智能＋法学

4.4.1　人工智能与法学交叉的研究现状

人工智能＋法学(AI&Law)的研究包含两个领域。一个是法律人工智能(AI for Law),指的是人工智能在法律领域的应用,它不仅仅是研究人工智能应用于法律领域以辅助法律实践,还关注推理、表示和学习等人工智能非常核心的问题,因而,它被认为是人工智能研究的一个子领域。另一个是人工智能法学(Law for AI),指的是对人工智能在应用中所引发的法律问题而进行的法学研究,包括从法理学、刑法学、民法学、商法学、宪法学和行政法学等学科交叉融合的视角进行探讨,它属于新兴学科视角下的法学研究范畴。

法律人工智能是一个新兴的交叉领域,它是将人工智能技术和方法引入到司法领域,从而辅助立案、审理和司法行政,替代简单和重复性的法律任务,提高司法业务的准确性、精确性或效能,帮助实现司法公开,促进司法公正和司法为民。在国际学术界,成立于 1987 年的国际法律人工智能协会(IAAIL)致力于推动这个交叉学科的发展,"法律人工智能国际会议"(ICAIL)是该领域最有影响力的会议,该会议的论文集由美国计算机协会 ACM 出版。除此之外,在一些国家和地区的人工智能会议也有举办与此相关的会议,比较典型的有在欧洲范围举办的"法律知识与信息系统国际会议"(JURIX)和日本每年召开的"法律信息学国际会议(JURSIN)"等。《法律人工智能》(*AI&Law*)杂志是国际法律人工智能领域的专业性刊物,刊发关于法律人工智能领域的高水平学术论文。2012年,法律人工智能协会为了纪念 ICAIL 会议举办 25 周年,特别在《法律人工智能》上刊发了一篇题为《50 篇论文中的法律人工智能史:人工智能与法律国际会议的 25 年》的纪念文章,该综述选取了每一届人工智能与法律会议上最具有代表性文章,收录了 13 次会议的 50 篇论文,以此展示整个法律人工智能的学术发展之路。

法律人工智能的发展紧跟人工智能的历史进程,大致可以归结为符号主义(Symbolism)和连接主义(Connectionism)法律人工智能两条路径。符号主义法律人工智能认为法律人的思维是演绎式思维,是由证据和知识组合逻辑地推出结论的过程,该路径研究法律推理、法律论证和法律对话的人工智能模型,服务于案件事实发现与认定等具体的司法任务。连接主义法律人工智能认为法律人的思维是归纳或类比式思维,是从经验或已有数据当中检测和归纳共性规律和特征的思维,该路径研究以机器学习技术在司法领域的应用,主要以深度学习应用于法律信息检索、法律信息抽取、法律文本分类、法律文本摘要、司法判决预测等领域。两种路径解决不同领域和需求的法律任务,结果的表现力各有差异,在算法透明性等属性上也有所不同。由两种路径所构成的法律人工智能的技术体系如图 4.1 所示。

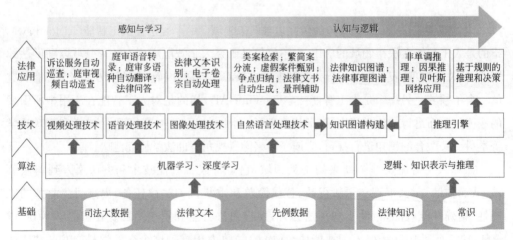

图 4.1　法律人工智能的技术体系

大数据和人工智能的应用也改变了现有的法律秩序和法律关系,它倒逼法学家思考该如何应对。人工智能是一把"双刃剑",它既能造福人类,但是其不确定性又带来了新挑战,也改变现有的法律秩序和法律关系,它倒逼法学家思考该如何应对。公民个人隐私因个人数据的获取和共享便利而受到威胁,自动驾驶引发交通事故,智能机器人可能危害人的生命和财产安全,人工智能生成物引发著作权纠纷,网络安全面临新的风险挑战等。这些具体问题的背后,是法律上主体的再界定、权力内涵与外延的重构、法律责任的重新分配等,并从根本上改变国家与社会、政府与市场的关系。我国《新一代人工智能发展规划》清醒地认识到人工智能发展的不确定性所带来的风险挑战,因而明确提出了法律风险防控的要求:开展与人工智能应用相关的民事与刑事责任确认、隐私和产权保护、信息安全利用等法律问题研究,建立追溯和问责制度,明确人工智能法律主体以及相关权利、义务和责任等。这种国家层面的战略性需求表明当前迫切需要加强前瞻预防与约束引导,最大限度降低风险,确保人工智能安全、可靠、可控发展,这也意味着"人工智能的法学研究"已经成为法学研究的一个重要问题。

当前,我国"人工智能＋法学"的专业化人才十分匮乏,"人工智能＋法学"旨在培养从事人工智能技术的法律应用、法律法规、伦理规范和政策体系研究与实践的,基本掌握人工智能理论与技术的高素质复合型、应用型高级法律人才。因而,"人工智能＋法学"教育需要涵盖人工智能和法学两方面的基本理论:一方面,法律人工智能的人才培养要求掌握人工智能的基本理论与基本知识,具备法律大数据采集、整理、分析和挖掘与利用的基本能力,能够胜任法律人工智能系统的分析、设计和实现;另一方面,人工智能法律的人才培养要求掌握法学各学科的基本理论与基本知识,具备运用法学理论知识解决人工智能技术实践中的法律问题的能力,同时应当具有人工智能法律法规、伦理规范和政策体系的研究与实践能力。

4.4.2　国内外人工智能＋法学的课程设置情况

国内已有十余所高校开设了"人工智能＋法学"课程,清华大学开设了"计算法学导论"等课程;浙江大学开设了"人工智能法学"和"互联网法学"等课程;东南大学开设了"法律大数据和人工智能导论"和"大数据与互联网法学"等课程;四川大学开设了"法律大数据分析方法"和"司法大数据与司法人工智能"等课程;北京理工大学开设了"智能科技与法律"等课程;中国人民大学开设了"人工智能与法律规制"和"大数据智能法"等课程;中国政法大学开设了"网络规制法"等课程;西南政法大学人工智能法学院形成了较全面的课程体系,包括"人工智能法学""网络与信息安全法"和"法律大数据挖掘、分析和应用"等课程;华东政法大学开设了"人工智能治理"和"数据法学"等课程;上海政法学院开设了"法律大数据分析"和"网络与信息安全概论"等课程。

国内部分高校还设置专门的硕博点,浙江大学光华法学院依托"双脑计划"实施"人工智能+法学"优势特色学科建设,整合国家"2011计划"司法文明协同创新中心和互联网法律研究中心等跨学科资源,大力推动法学与人工智能、互联网的深度结合,目前设置了"互联网法学"硕士点,并且与计算机学院人工智能协同创新中心合作招收"人工智能+法学"交叉方向博士(工程学博士)。此外,清华大学设置了计算法学硕士点,西南政法大学设置了人工智能法学的硕博点,华东政法大学设置了智能法学的硕博点。

国际上,多数高校都开设了"人工智能+法学"相关课程,这当中,斯坦福大学的法律信息学研究中心(CODEX)是国际上较早推动计算法学研究与教学的研究机构,该中心常年开设"计算法学"和"法律信息学"等课程,讲授以可计算形式表示法律法规以及人工智能辅助法律体系运行的创新方法。《法律人工智能》杂志主编,匹兹堡大学的 Kevin Ashley 开设了"应用法律大数据分析与人工智能",该课程主要讲授应用自然语言处理和机器学习方面的最新进展,教学内容包括从法律文档中提取语义信息,提高大型文档分析任务的效率,并使用预测分析来辅助制定决策。牛津大学开设了"法律推理中的人工智能",讲解非单调逻辑、可废止推理、论辩理论在法律推理和法律论证中的应用。欧洲大学学院(EUI)连续多年举办了国际人工智能与法律暑期学校,与哈佛大学法学院、博洛尼亚大学等多所高校的知名专家学者联合授课,短期课程包括:人工智能与法律导论、知识系统、法律论证模型、规则推理、案例推理、证据推理、机器学习与法律分析、案件结果预测、法律信息检索等。在人工智能法学方面,如哈佛大学开设了"自动驾驶与法律""医疗人工智能:伦理、法律与政策"和"算法、权利与责任"等课程。

表 4.7 为世界一流高校开设人工智能与法学相互结合课程的相关情况(两门以上)。

表 4.7　世界一流高校开设人工智能与法学相互结合课程的相关情况

高　　校	开 设 课 程
哈佛大学	算法、权利与责任;自动驾驶汽车与法律;数据隐私比较;医疗人工智能:伦理、法律和政策;数字平台:过去和现在的责任
斯坦福大学	计算法学;法律信息学;人工智能规制;法律、偏见和算法;人工智能治理:法律、政策与制度;算法管理:监管状态下的人工智能

续表

高　校	开 设 课 程
牛津大学	法律推理中的人工智能;数字正义;人工智能规制;法律和技术教育;法律科技与体系创新
伦敦国王学院	人工智能、法律和社会;安全与可信耐 AI;知识产权与信息法
麻省理工学院	人工智能、大数据和社会媒体;法律、科技与公共政策
耶鲁大学	法律中大数据分析;规制新兴科技
哥伦比亚大学	科学与法庭;信息社会中的法律
宾夕法尼亚大学	自动驾驶汽车法律;人工智能法学
多伦多大学	数据治理;人工智能治理
杜克大学	人工智能与机器人前沿:法律与伦理;人工智能与法律对策
西北大学	人工智能评估和可计算技术;人工智能和机器人法律;人工智能与法律推理
爱丁堡大学	数据保护和信息隐私;机器人、人工智能和法律;人机协同与治理
墨尔本大学	人工智能与法律;大数据:政策和法律竞争;法律、科学和技术
匹兹堡大学	应用法律大数据分析与人工智能;人工智能与法律推理
阿姆斯特丹大学	法庭科学中的推理和形式化建模;法律与大数据伦理
香港大学	计算机程序、数据挖掘与法律;人工智能与法律导论

4.4.3　人工智能＋法学的方向设置原因

根据 Zion 市场研究的调研和统计报告《法律技术应用的人工智能市场:全球行业视角、综合分析与预测(2018—2026)》,2018 年国际法律人工智能的市场规模达到32.45 亿美元,预计 2026 年的市场规模将达到 378.58 亿美元,平均年增长率将达到35.94％。根据斯坦福 Codex 的研究报告[3],国际上从事法律人工智能的科技公司已经达到 1712 家。目前法律人工智能的研究和实践[4]极度缺乏专门的研究人才,多数专业人才都是由传统语音识别、图像处理和自然语言处理领域转入法律人工智能行业,这些研究人员短时间难以应对法律领域的特殊问题。以深度学习＋自然语言处理技术在法律文本中的应用为例,法律文本进行标注的工作需要经过法律专业训练的人员才能完成,后续的文本分类、实体及其关系获取、知识图谱的构建、知识图谱推理等工作都需要经过专业化的训练才能胜任。

我国人工智能＋法学受到国家政策的支持,中共中央办公厅等印发的《国家信息化发展战略纲要》和《"十三五"国家信息化规划》将建设智慧法院列入国家信息化发展战略。《中共中央关于制定国民经济和社会发展第十三个五年规划的建议》、国务院《法治政府建设实施纲要(2015—2020 年)》和《国家中长期科学和技术发展规划纲要(2006—2020 年)》等政策规划明确提出要加强社会主义民主法治建设,全面推进法治中国建设。2017 年国务院印发的《新一代人工智能发展规划》也明确将"智慧法庭"列入规划,提出要建设集审判、人员、数据应用、司法公开和动态监控于一体的智慧法庭数据平台,促进人工智能在证据收集、案例分析、法律文件阅读与分析中的应用,实现法院审判体系和审判能力智能化。

在政策利好和官方资本投入的优势下,人工智能＋法学也迅速吸引了国内外各大科技公司的参与,阿里巴巴达摩院、司法大数据研究院、华宇元典、科大讯飞、交大慧谷、通达海、海康威视等科技公司提供了强有力的数据和技术支撑。在基础支撑层面,中国司法裁判文书网提供了数以亿计的海量裁判文书,为法律文本挖掘的应用提供了有保障的司法大数据库。在技术支撑层面,深度学习与语音识别、图像识别、自然语言处理、知识图谱等技术的结合在司法审判等场景的应用达到了较为理想的成绩。语音识别技术辅助人力识别和记录庭审对话内容;图像处理技术(OCR)应用于手写裁判文书的识别以及电子卷宗随案生成等任务;视频处理技术用于诉讼服务和庭审视频自动巡查;自然语言处理技术在类案检索、法律法规推送和司法判决预测等任务中都发挥了重要作用。

4.4.4　人工智能＋法学的课程概况

人工智能＋法学课程体系可以分为"法律人工智能"和"人工智能法治"两部分,它们分别对应于人工智能＋法学的两个知识领域。第一部分"法律人工智能"课程体系包含法律人工智能的理论、技术与应用,主要包括现代逻辑与法律逻辑基础、机器学习与大数据分析的法律应用,司法人工智能及其应用。第二部分"人工智能法治"课程体系关注法律对人工智能所引发问题的回应,从法理学、刑法学、民法学、商法学、行政法学等学科探讨对人工智能规范和治理,这当中自动驾驶汽车的立法需要最为迫切,所引发的法律问题亟待解决,数据安全和个人隐私也是当前民众密切关心的问题。

4.4.4.1 第一部分 法律人工智能：理论、技术与应用

1. 现代逻辑与法律逻辑基础

法律逻辑主要面向案件事实认定和法律法规适用的法律推理，包括演绎推理、类比推理、归纳推理、溯因推理等逻辑推理类型。法律推理是法律实践中基本法律方法，法官从证据出发，通过逻辑推理得到结论，从而达到查明案件事实和法律适用，最终形成司法裁决的过程。知识表示（KR）和法律推理的基础，将法律知识清晰地表示为可描述的形式，使之适用于基于规则的法律推理（RBR）。知识主体进行推理都必须依赖知识表达，推理进程的好坏也取决于知识表达的优劣。知识表达的传统方法是根据命题逻辑和谓词逻辑来将法律法规等规则进行形式化。基于案例推理（CBR）已经由类比或归纳逻辑转向大数据挖掘的路径，融合基于知识引导的规则推理和数据驱动的案例推理是当前法律人工智能的新趋势。

传统法律逻辑通常指一阶逻辑或命题逻辑，命题的符号化方法研究如何应用命题逻辑和谓词逻辑来表达法律命题。掌握判定演绎推理有效性的方法，理解归纳推理和演绎推理的差异。根据三段论推理的形式性质，构建常见的司法三段论，判断命题推理和三段论推理的有效性。符号逻辑的基本知识包括现代逻辑及其符号语言、逻辑连接词的性质。演绎推理的基本知识包括推理的有效式、命题的量化理论、形式证明的构造方法以及在法律推理中的应用。类比推理基本知识包括类比推理的逻辑结构以及类推在法律推理中的应用、因果推理及密尔五法的应用。

现代法律逻辑指应用现代逻辑工具更加精细化刻画法律推理的逻辑群，非经典逻辑在法律推理中的应用，主要包括以下几种类型：①非单调逻辑（包括缺省逻辑、可废止逻辑、回答集编程）刻画法律推理和法律论证的可废止性，表达论证的辩护和攻击属性，体现论辩的动态特征，尤其用于分析和评估法律论证。②道义逻辑通常用来表达包含权利和义务关系的法律规范命题、法律规范命题的结构和特征、法律规范推理的对当方阵等。③模糊逻辑在法律命题的模糊属性和法律推理中的不确定性。④概率逻辑的基本理论，全概率公式的推导方法，主观概率理论和贝叶斯网络在证据推理中的应用。⑤论辩逻辑证据理论以及组合规则在不确定证据推理中的应用。

传统法律逻辑与现代法律逻辑基础知识点如表 4.8 所示。

表 4.8　传统法律逻辑与现代法律逻辑基础知识点

领域	方法/路径	知　识　点	教学和案例
传统法律逻辑	命题逻辑	法律演绎推理	裁判阶段的司法三段论案例
		法律归纳推理	侦查案例中的归纳推理
		法律类比推理	指导性案例的类比推理
	谓词逻辑	基于规则的法律推理	知识推理和法律专家系统介绍
		法律命题的谓词表达	法律案例中的谓词表达
		自然演绎推理的应用	法律推理中运用自然演绎推理
现代法律逻辑	非单调逻辑	可废止逻辑、回答集编程	法律可废止推理的案例分析
	道义逻辑	权利与义务的逻辑关系	霍费尔德权利义务道德体系
	模糊逻辑	法律概念和规则的模糊性	法律案例中的模糊推理
	概率逻辑	法律推理的不确定性	证据推理和贝叶斯网络的应用
	论辩逻辑	法律论证的形式化	庭审辩论中的对抗案例分析

2. 机器学习与大数据分析的法律应用

法律人工智能的当前热点是深度学习与自然语言处理技术的融合,主要应用于法律文本挖掘、信息检索和司法预测等领域。这些应用在机器学习算法不断升级迭代的过程中不断得到优化,法律任务的结果表现力愈加良好。法律信息抽取包括法律本体、法律关系、法律命名实体和要素的抽取。法律信息抽取的基础研究是关于法律文本中要素的抽取,这包括法律概念的抽取、法律文本中案例要素的抽取、合同要素的抽取等。法律文本分类主要是基于不同类型的分类器实现对法律文本的分类,通常使用恰当的方法描述数据的特征,选择的算法分类器通常包括朴素贝叶斯、支持向量机、逻辑回归和神经网络算法等,多标签学习成为流行的方法。法律文本摘要主要针对法律文本中关键信息的抽取,较早是通过文本语法表示的语义网络来识别法律文本类型、相关性和重要组成部分。目前的自动摘要多采用监督学习的方法处理结构化的法律文本数据,通过常见的机器学习算法实现法律摘要的抽取。

法律预测是文本信息抽取和分类的一种特殊应用。判决预测从包含先例数据的裁判文书等法律文本中抽取文本信息,然后再应用这些信息去预测新案例的结果,从而达到"举一反三"的效果。构建特征工程需要按照"类案"的标准选取一些关键要素以供标注和训练,接着对法律问题相关的事实文本描述进行分类,而后在这些分类下,进一步评价和解释如何从此前已经分类的案例当中预测当下法律问题的结果。欧洲科学家就预测了欧洲人权法院的司法判决结果,语料库是由欧洲人权法院的判决文本中所抽取的结构化信息,分类器使用 N-gram 和主题聚类算法来表达文本的特征,从而支持训练支持向量机,目标输出是预测判决结果是否违背了人权,实验结果得到较高的预测准确率。

法律知识图谱是在法律信息抽取基础上构建的,已成熟应用于法律信息检索,通过搜索引擎理解实体及实体之间的联系,进而搜索可关联的信息。构建法律知识图谱除了需要抽取实体,还需要抽取实体关系,常见的实体之间关系包括因果关系、隶属关系、位置关系、社会关系等,不同的评测方法可能得到不同类型的实体关系。实体关系抽取的方法包括:①有监督实体关系抽取方法,这种方法需要通过人为标注数据的方式为机器学习训练模型,然后再对关系的类型进行分类。②半监督的学习方法,只需要人工少量标注实体关系实例,再基于弱监督关系分类算法来抽取实体关系。③无监督学习方法,不需要依赖实体关系的标注,实体关系的抽取和聚类算法等都不需要人工干预。法律知识图谱还在法律智能推荐、智能问答和对话系统等领域有所应用。机器学习和大数据分析的应用如图 4.2 所示。

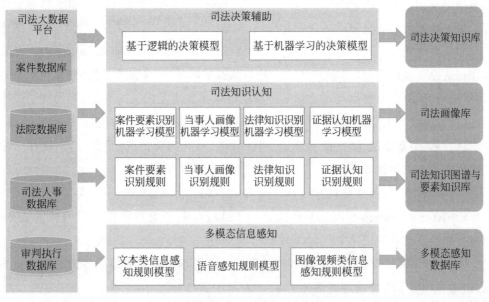

图 4.2 机器学习与大数据分析的应用

3. 司法人工智能及其应用

人工智能已经在立法、司法和行政领域得到应用,但在司法领域的技术应用最具有代表性。司法人工智能是人工智能在法院、检察院和司法行政机关等场景应用的技术,它可以是系统、软件、平台和装备,是解决司法实践问题的最终应用形态。司法人工智能对应于"智慧法院""智慧检务""智慧司法行政"为核心的智慧司法建设,实现司法任务的网络化、平台化和智能化,成为科学技术助力司法体制改革,推动国家治理和社会治理现代化的成功范例。司法人工智能的应用按照任务不同可以分为平台化应用和智能化应用两类,平台化应用主要是将线下工作搬到线上,实现任务执行网络化、可视化和平台化,这类应用包括:支持证据管理和分析的应用系统(如上海刑事案件智能辅助办案系统,206 工程)、司法业务流程可视化管理平台、司法大数据应用平台等。

智能化应用也可以根据知识引导和数据驱动划分为两种类型,一种是知识引导的法律专家系统(IKBS),多数开发用于支持判决,具有透明性、启发性和灵活性等特点。法律知识库包含有多样化的知识来源,包括立法、判例法、法律文本、专家知识和元知识等。这类系统支持法律推理、法律论证和法律对话呈现的应用,支持基于知识图谱和事理图谱推理的应用,支持案件事实认定的应用,支持法律法规适用和解释的应用等。另一种是由大数据驱动的智能化应用,对应感知智能,包含语音识别与合成、图像识别和视频智能化处理技术,意在模拟人类的语言表达、视觉和听觉感知能力。感知智能在法律领域的应用场景主要包括:庭审语音的转录、图像证据识别、庭审视频自动巡查等。自然语言处理推动了法律人工智能由感知智能走向认知智能,再形成法律决策的过程,由此产生了诸多直接服务司法实践的应用,例如"智慧法院"的应用包括:法律信息检索、类案推送、法律法规推送、司法画像、司法判决预测、量刑辅助、法律文书辅助生成和自动纠错等。

在律师行业,人工智能同样发挥了重要的作用。由 IBM Watson 支持的"人工智能律师"ROSS Intelligence 超越了 Lexis 和 Thomson 等老牌科技公司的搜索业务。律师行业的人工智能应用主要包括如下:

① 法律咨询服务。结合计算语言学和语音识别等技术实现精准咨询的法律机器人,向律师和当事人提供咨询服务。

② 法律大数据管理。自动检测或提取文档中的条款和关键数据,实现自动文档分

类,方便查询和管理关键事项信息和法律资源。

③ 法律文本审查和生成。自动获取法律法规和合同文本数据中的关键信息,辅助法律文档审查,实现法律文本自动化生成。

④ 法律分析和预测。对有关人员进行司法画像,对法官和陪审团的行为进行预测以及对判决结果的预测。

⑤ 智能合约。创建基于区块链的智能合约,保障数字签名安全和存储法律协议安全,以法律合规的方式实现传统法律协议与智能合约的融合。

司法人工智能及其应用知识点如表 4.9 所示。

表 4.9　司法人工智能及其应用知识点

技　术　领　域		司　法　应　用
司法应用层	智慧审判技术	类案推荐技术;法律法规推荐技术;繁简案分流技术;虚假案件甄别技术;争点归纳技术;法律文书自动生成与纠错技术;量刑辅助技术;偏离度预警技术
	智慧执行技术	执行查控技术;执行风险预警技术;执行智能合约;信用惩戒
	智慧服务技术	立案智能审查技术;多元纠纷调解技术;法律咨询问答技术;诉讼风险评估技术
	智慧管理技术	案件评查技术;庭审过程自动巡查;人事绩效评估技术;司法资源优化
技术支撑层	语音识别技术	庭审语音识别;庭审语音合成技术;庭审多语种自动翻译技术
	图像识别技术	司法案件图像识别技术;电子卷宗自动编目和分类技术;电子卷宗多媒体数据抽取技术;人脸识别关键技术
	视频处理技术	视频人物特征捕捉技术;诉讼服务自动巡查技术;庭审视频自动巡查技术
基础支撑层	法律大数据平台	司法大数据一体化汇聚、关联和融合技术;精准挖掘技术;大数据可视化技术;大数据质量管控和校验技术
	法律知识平台	知识的生成和汇聚技术;知识图谱和事理图谱构建技术;知识计算与推理技术;知识检索关键技术

4.4.4.2　第二部分　人工智能法治

1. 人工智能规范与治理

大数据时代,以深度学习算法为代表的第三代人工智能技术的突破、计算能力的提升以及云端网络设施的完善,人工智能影响人类社会进入了崭新阶段,"智能化"成为互联网、金融科技、实体经济和信息产业发展的重要方向。同时,大数据和人工智能的应用也改变了现有的法律秩序和法律关系,它倒逼法学家思考该如何应对。公民个人隐私因个人数据的获取和共享便利而受到威胁,自动驾驶引发交通事故,智能机器人可能危害人的生命和财产安全,人工智能生成物引发著作权纠纷,网络安全面临新的风险挑战等,这些都已经从科幻式想象的"伪问题"成为当前急需立法回应的"实问题",如何化解这一波由"科技革命"所引发的法律风险,是当前人工智能法治必须要思考和解决的问题。

人工智能规范与治理关注人工智能发展所引发的法律问题,涉及的应用领域包括智能制造、自动驾驶汽车、无人机、护理机器人、物联网、社交媒体等人工智能应用。包含了法理学、刑法学、民法学、商法学、宪法学和行政法学等探讨人工智能可能引发的法律问题,围绕这些问题所展开的探讨还可能促进人工智能法治作为新的法学领域。从民法角度看,人工智能在民事主体资格、著作权等领域对民法构成了全方位的挑战,代码、算法和统计模型的所有权问题,创作型人工智能在著作权和专利方面的知识产权问题等。从总则到分则,从物权到侵权、人格权、合同、家庭婚姻等。从刑法角度看,人工智能可能使用新的数字技术来实施(新型)犯罪。例如使用无人机进行走私、恶意勒索软件和比特币洗钱等网络犯罪。从行政法角度看,人工智能还面临行政合法性质疑,这需要探究其行政主体地位及其在行政检察、行政执法和行政命令中应用的法律风险。

人工智能的法律规制体系探讨如何保障和规制人工智能参与社会实践活动,平衡不同情景下人与机器之间的权力和责任,应对人工智能的应用所引发的问题。例如机器学习使得法律规制变得复杂,在智慧司法和智慧医疗等领域使用机器学习,将面临算法黑箱和不可解释性难题,算法歧视和潜在的机器偏差也是不可忽视的问题。由于人工智能应用程序还可能存在深度学习算法所导致的过拟合和欠拟合等技术风险,算法失灵不易被发现,因而需要建立有效的评估方法和治理方案。此外,人工智能法治发展还应关注国际法律制度的建立,以标准化体系应对全球人工智能竞争的挑战。

人工智能规范与治理知识点如表 4.10 所示。

表 4.10　人工智能规范与治理知识点

领域	问题	知识点	教学和案例
民法问题	人工智能应该承担民事责任吗？	人工智能是否具备民事主体资格	一般客体说、道德客体说、代理人说、有限人格说
		人工智能是否构成侵权	侵权责任分配
			著作权和专利权
刑法问题	人工智能应当承担刑事责任吗？	人工智能是否具备刑事主体资格	动物类比说、一般客体说、次等人格说、有限人格说
		人工智能是否具备自主意识	机器人犯罪案例分析
算法规制	算法黑箱如何规制？	不同算法的可解释力 算法偏见和歧视	COMPAS 系统歧视 大数据杀熟案例 智能推荐算法偏见案例

2. 智能化系统的法律规制

智能化系统主要应用于自动驾驶汽车、智能服务机器人、智能无人机、智能医疗、智能语音和智能家居等。智能化系统可能引发侵权，甚至临刑事风险。这当中，自动驾驶是目前人工智能在智能制造产业落地较为成熟的领域，立法需求最为紧迫。根据国际汽车工程师学会(SAE)的划分，自动驾驶技术可以划分为 L0～L5 六个等级，即无自动化、驾驶支援、部分自动化、有条件自动化、高度自动化和完全自动化。国际上，联合国欧洲经济委员会在 2016 年修改了《维也纳道路安全公约》，正式将自动驾驶技术引入国际条约的规范之中；而在各国立法上，德国已经率先在《道路交通法》中正式在交通规则、驾驶人义务、数据处理等章节正式加入自动驾驶的相关规定，成为世界上首个将自动驾驶技术正式写入法律的国家。美国、日本、英国等国也相应在不同层面对自动驾驶汽车的测试和使用进行规制，我国也出台了《智能网联汽车道路测试管理规范(试行)》等规范以支持自动驾驶技术的发展。

自动驾驶汽车所引发的法律问题涉及侵权责任法、刑法和道路交通安全法等，由于诸多法律关系并不明确，目前尚缺乏专门的立法回应。在侵权责任方面，当自动驾驶汽车发生交通事故时，该如何确定汽车制造商、驾驶人、保险公司和自动驾驶汽车公司之间的责任分配？从人工智能的产品属性来看，生产者一方应当对自动驾驶系统因为故障缺陷引发的事故承担责任。从人工智能的智能属性来看，自动驾驶系统的行为取代了驾驶人的行为,驾驶人一方不应承担使用责任,而应从驾驶人是否尽到注意义务等情形来判定驾驶人的过错等责任。在刑事责任方面,自动驾驶汽车交通肇事犯罪区别于传统交通肇事罪的情形,如果有明确合理的驾驶人注意义务,那么未尽注意义务的驾驶人应承担刑事责任。如果因为自动驾驶系统自身造成了交通肇事犯罪,那么"生产商"在产品犯罪中承担责任,严重情况下还可归入到危害公共安全犯罪当中。

智能化系统法律规制的知识点如表 4.11 所示。

表 4.11 智能化系统法律规制的知识点

领域	问题	知　识　点	教学和案例
自动驾驶立法	国内外自动驾驶立法比较	道路测试阶段、试商用阶段和规模化商用阶段的法律设计;与传统道路交通法律的协调等	《维也纳道路安全公约》《智能网联汽车道路测试管理规范(试行)》等法律法规比较解读
法律问题	智能化系统的侵权责任分配	自动驾驶系统地位 自动汽车驾驶人责任 产品责任和保险制度	美国 Uber 公司的自动驾驶车发生交通事故致人死亡案件
	智能化系统的刑事责任认定	智能化系统制造商、系统开发商、传感器制造商、使用者等之间的刑事责任分配	日本摩托车工厂智能机器人杀人案件

3. 数据安全与隐私保护

随着大数据技术的发展,个人数据的收集、传输和存储实现了质的飞越,反映个人行为、习惯、状态和偏好的海量数据以极速且隐秘的方式汇聚。数据共享和使用的成本几乎为零,数据控制者极易在不经数据主体同意的情况下使用数据创造价值,诸如深度伪造技术被滥用等问题逐渐凸显,这使得人们的隐私权面临前所未有的威胁,数据安全和隐私保护备受关注。数据安全问题贯穿数据收集、访问、使用和传播的整个过程,数据安全问题涉及对数据的保密性、完整性和可用性的侵害,包括个人隐私信息被泄露,对数据进行篡改等。在大数据挖掘技术应用下会产生大量的法律问题,数据安全的法律治理涉及数据管辖权的确定,数据所有权和开放,数据签约和许可,以及针对数据可移植性、互操作性和数据共享等问题,这些都需要提供可操作的法律解决方案。

数据安全和隐私保护需要了解国内外的立法概况,已经有多国法律制度以各种方式确定与数据和个人信息有关的权利和义务。欧盟《通用数据保护条例(GDPR)》旨在确立个人数据处理中的自然人保护和数据自由流通的规范,保护自然人的基本权利和自由,尤其是保护个人的数据权利。全球数据治理的法治方案还包括跨国管辖范围的数据流动、个人和非个人数据的跨国流动的政策和国际法问题。例如美国的《美国国家安全与个人数据保护法案》、英国的《新的数据保护法案:计划的改革》、日本的《个人信息保护法》等。我国的《民法典》也在民事权利中提到数据和个人信息等概念,在人格权篇中规定了隐私权和个人信息保护的条款。在刑事立法方面,《刑法》第 285 条第 2 款规定了非法获取计算机信息系统数据罪。《网络安全法》在个人信息保护的立法层面相对全面,也规定了网络运营者收集、使用和提供个人信息时的义务并且明确了个人有要求信息删除和更正的权利。

2020 年 7 月,全国人大公布了规制数据安全的《中华人民共和国数据安全法(草案)》,该草案的思路是坚持安全与发展并重,规定了开展数据活动的组织、个人的数据安全保护义务和责任,尤为重视对数据安全制度的建设,确立了数据分级分类管理以及风险评估、监测预警和应急处置等数据安全管理各项基本制度。针对个人隐私保护的《中华人民共和国个人信息保护法(草案)》也于 2020 年 10 月公布,该草案首次界定了"个人信息""敏感个人信息"等概念的内涵与外延。规定了以"告知-同意"为核心的个人信息处理规则、个人信息跨境提供的规则、人在个人信息处理活动中的权利、个人信息处理者的义务等内容,形成了较完善的个人信息保护的制度框架。

数据安全与隐私保护知识点如表 4.12 所示。

表 4.12 数据安全与隐私保护知识点

领域	问题	知识点	教学和案例
数据安全	数据安全与数据共享、流动的平衡	数据安全的立法背景、立法定位与制度设计	《通用数据保护条例》与我国《数据安全保护法》等的立法比较分析
		各国数据跨境流动规则和基本政策框架	数据安全审查制度; 数据安全监督管理体制; 数据出口管制制度
个人信息保护	个人信息保护与利用的平衡	数据安全的立法背景、立法定位与制度设计	《联合国个人资料保护智能》《欧盟个人资料保护指令》等与我国《中华人民共和国个人信息保护法(草案)》的立法比价分析
		各国个人信息保护的规则和基本政策框架	个人信息保护的调整对象; 个人信息的保护模式; 个人信息的权利基础

4.4.5　人工智能＋法学课程介绍

课程一：法律人工智能导论

英文名称：Introduction of the application of AI to Law。

学分：2.0。

周学时：2.0～0.0。

面向对象：高年级本科生。

预修课程要求：高等数学、线性代数、概率与数理统计、数理逻辑、离散数学、大数据分析与挖掘、自然语言处理、法律逻辑学、法学导论、诉讼法学等。

1. 课程介绍

课程将从计算机科学、人工智能、数据科学、统计学和法学等多学科交叉视角解析人工智能＋法学教育发展趋势中的理论、技术和应用等。具体内容如下。

（1）法律人工智能的研究领域。法律人工智能的基本问题域,法律人工智能（符号主义和连接主义）的理论和技术,人工智能的司法应用等。

（2）法律人工智能的研究内容。法律人工智能课程体系包含3部分。

① 现代逻辑与法律逻辑主要包括法律知识表示,法律推理、法律论证、法律对话的逻辑,演绎推理与归纳推理,基于规则和案例的推理,非经典逻辑在法律逻辑中的应用。

② 机器学习与自然语言处理的法律应用包括深度学习、朴素贝叶斯、统计学习等算法分类器,法律实体和实体关系抽取,法律文本分类和法律文本摘要,法律预测,法律知识图谱的构建。

③ 立法、行政、司法人工智能及其应用包括智慧立法、数字政府、智慧法院、智慧检务、智慧司法行政的应用,知识引导的法律专家系统,数据驱动的法律信息检索、类案推荐、司法判决预测等应用,律师行业的人工智能应用。

（3）法律人工智能案例分析。介绍法律人工智能系统在司法大数据可视化、司法判决预测、法律文书辅助生成等司法实践场景中的应用,以道路交通、金融借贷和民间借贷等民商事案件为案例数据,培养人工智能＋法学人才的应用能力。

2. 教学目标

1）课程定位及学习目标

本课程的定位是通过法学和人工智能等多学科交叉的培养，使得学生了解法律人工智能的发展历史和研究现状、最新的研究动态、基础理论和关键技术。通过采用项目式学习、小组合作的方式，以真实的法律案件为引导，教育学生理解人工智能司法应用的基本原理，使学生能够较好地利用法律人工智能的辅助系统，完成简单的法律任务，同时能够搭建面向法律人工智能实践的场景，充分激发学生利用新科技手段解决法律实践问题的积极性。

2）可测量结果

（1）了解法律人工智能的发展历史。

（2）了解法律人工智能的基本概念、核心理论和关键技术。

（3）了解法律人工智能的应用场景，能够辅助哪些法律任务。

（4）使用已经开发的法律人工智能系统来实现目标。

（5）形成阅读相关文献的阅读能力。

注：以上结果可以通过课堂讨论、课程作业以及课程论文等环节测量。

3. 课程要求

本课题注重培养学生解决实际问题的能力，在课堂上将通过启发式提问、小组汇报、答辩总结等途径激发学生的学习积极性，使学生既要掌握人工智能等新科技工具的基本原理和方法，也要掌握最基本的法学知识，同时还要理解新科技辅助法律实践的目的，并能够使用一些辅助系统解决法律实践中的问题。通过系统的学习，使学生能够对标掌握成为一名法律人工智能科技人才的基本能力，较为全面地掌握法律人工智能的相关理论、技术和应用。课堂上还将根据学生的学习情况和反馈及时调整教学方法，提高授课质效。主要授课形式如下：①教师讲授（启发式提问、讲授知识点、小结、穿插提问、答疑等）；②课后阅读（阅读课堂推荐书目及参考文献）；③期末报告（辩论、汇报和考试等形式）。

4. 考试评分与建议

课程作业占 40%，期末报告占 60%。

课程二：人工智能法学

英文名称：AI and Law。

学分：2.0。

周学时：2.0～0.0。

面向对象：高年级本科生。

预修课程要求：人工智能导论、法理学、刑法学、民法学、商法学、宪法学和行政法学等。

1. 课程介绍

课程将从法理学、刑法学、民法学、商法学、宪法学和行政法学等学科视角探讨人工智能时代出现的新法律问题，从中思考对应的规制和治理方法。具体内容如下。

(1) 人工智能法学的研究领域。民法学视域下人工智能的民事主体责任问题，侵权法视域下人工智能的侵权责任问题，刑法学视域下人工智能的刑事责任问题，法理学视域下人工智能应用的法理问题，行政法视域下人工智能应用的合法性问题，人工智能的著作权和知识产权问题，人工智能法律规制，数据安全与个人隐私等。

(2) 人工智能法学的研究内容。人工智能法学课程体系包含 3 部分。

① 探讨人工智能的规范与治理，以人工智能引发的新法律问题为研究对象，形成独立法学研究领域，具体将从法理学、民法学、刑法学、商法学、宪法学和行政法学等学科探讨民事主体地位和民事责任、著作权、刑事责任、算法黑箱和算法偏见等问题。

② 探讨自动驾驶汽车、工业和服务业机器人、智能无人机、智能医疗（影像）、智能语音和智能家居等智能化系统的法律规制，以自动驾驶的法律规制为主，包含世界各国关于自动驾驶的立法情况，确定当前自动驾驶汽车可能会引发什么样的法律问题，了解自动驾驶汽车在发生交通事故中的侵权责任认定方法，在自动驾驶汽车肇事犯罪中的刑事责任分配问题。

③ 探讨运用人工智能等前沿技术推动政府治理手段、模式和理念创新，建设数字政府，推进政府治理体系和治理能力现代化。同时，人工智能也给政府行政权力的合法性、政务流程的优化、政府的技术能力带来严峻挑战，数字政府需要构建更精准的公民个性化服务体系。

④ 数据安全与隐私保护包含国内外有关数据安全和个人隐私的法律法规，了解《通用数据保护条例(GDPR)》《民法典》《数据安全法（草案）》和《个人信息保护法（草案）》对

数据安全和个人隐私的细则,思考当前立法工作的不足,提供完善的路径和思路。

（3）人工智能法学案例分析。介绍"小冰"和"九歌"机器人作诗的著作权问题,美国 Uber 公司的自动驾驶车发生交通事故致人死亡案,日本摩托车工厂智能机器人杀人案件,培养人工智能＋法学人才解决实际法律问题的能力。

2. 教学目标

1) 课程定位及学习目标

本课程的定位是通过法理学、刑法学、民法学、商法学、宪法学和行政法学等多门法学分支的学习,来探讨人工智能在社会生活诸多场景中应用可能引发的法律风险和问题,常见的包括人工智能的民事责任和刑事责任问题,自动驾驶汽车的侵权责任问题和肇事犯罪所引发的刑事责任问题,数据安全和个人隐私的法律问题等。本课程的目标是培养学生了解人工智能与人类参与社会实践活动的异同,理解人工智能所引发法律问题背后的本质,准确运用相关理论分析问题。本课程还重在提高学生批判性思维的能力,不局限于传统案例分析的束缚,对于新型案件的分析懂得在现有的法律体系中,提出合理的方法来解决问题。

2) 可测量结果

（1）判定人工智能可能会引发哪些类型的法律问题,与哪些法律法规相关。

（2）从民法学视角探讨人工智能的民事主体地位和民事责任问题。

（3）从刑法学视角探讨人工智能的刑事责任问题。

（4）从侵权责任法视角探讨人工智能的侵权责任问题。

（5）从道路交通法视角探讨自动驾驶汽车的法律问题。

（6）从国内外相关立法探讨数据安全和个人隐私的法律问题。

（7）形成阅读相关文献的阅读能力。

注：以上结果可以通过课堂讨论、课程作业以及课程论文等环节测量。

3. 课程要求

本课程注重培养学生运用法学知识解决新生法律问题的能力,通过人工智能引发的真实法律案例来启发学生的学习积极性,剖析问题背后的原因,结合人工智能的技术特征寻找可能的解决方法,进而引导学者思考如何完善现有的法律法规,以应对人工智能所引发的新问题。课堂将使用案例教学法,结合翻转课堂的教学方式,提高授课质量。

主要授课形式如下：①教师讲授（案例展示、提问、讲授知识点、学生回答、老师答疑等）；②课后阅读（阅读课堂推荐书目及参考文献）；③期末报告（辩论、汇报和考试等形式）。

4. 考试评分与建议

课程作业占40％，期末报告占60％。

参考文献

［1］ EDWINA L RISSLAND，KEVIN D ASHLEY，RONALD PRESCOTT LOUI. AI and Law：A fruitful synergy[J]. Artificial Intelligence 2003，150(1-2)：1-15.

［2］ TREVOR BENCH-CAPON，MICHA ARASZKIEWICZ，KEVIN ASHLEY，et al. A history of AI and Law in 50 papers：25 years of the international conference on AI and Law[J]. Artificial Intelligence and Law，2012，20(3)：215-319.

［3］ https://www.zionmarketresearch.com/market-analysis/legaltech-artificial-intelligence-market.

［4］ http://techindex.law.stanford.edu/.

［5］ JACKSON P，Al-KOFAHI K，TYRELL A，et al. Information Extraction from Case Lawand Retrieval of Prior Cases[J]. Artificial Intelligence，2003，150(1-2)：239-290.

［6］ FRANCESCONI E，PASSEERINI A. Automatic Classification of Provisions in Legislative Texts[J]. Artificial Intelligence and Law，2007，15：1-17.

［7］ HACHEY B，GROVER C. Extractive Summarisation of Legal Texts[J]. Artificial Intelligence and Law，2006，14：305-345.

［8］ ASHLEY K D，BRUNINGHAUS S.Automatically Classifying Case Texts and Predicting Outcomes[J]. Artificial Intelligence and Law，2009，17(2)：125-165.

［9］ ALETRAS N，TSARAPATSANIS D，PIETRO DP，et al. Predicting Judicial Decisions of the European Court of Human Rights：A Natural Language Processing Perspective[J].PeerJ Computer Science，2016，2016(10)：1-19.

［10］ SUSSKIND R. Expert Systems in Law：AJurisprudential Approach to Artificial Intelligence and Legal reasoning[J]. Modern Law Review，1986，49(2)：168-194.

[11]　ASHLEY K D. Artificial Intelligence and Legal Analytics：New Tools for Law Practice in the Digital Age[M]. Cambridge：Cambridge University Press，2017.

[12]　陈甦，田禾，等.中国法院信息化发展报告[M].北京：社会科学文献出版社，2020.

4.5　人工智能＋金融学

4.5.1　人工智能赋能金融学的研究现状

我国的经济发展正处于新旧动能转换的关键时期，2017 年 7 月，国务院发布了《新一代人工智能发展规划》，提出了通过人工智能加快推进金融智能化升级，通过大数据提升金融数据处理及理解能力，创新金融智能产品，创新金融智能服务，鼓励金融业使用智能客服等技术，建立金融风险防控系统。每一次技术的革新都会推动金融的技术和商业模式的革新，而人工智能技术将对我国金融业的转型升级产生更为深远的影响。人工智能赋能金融的技术特点可参见图 4.3(参见艾瑞咨询发布的 2018 年中国人工智能＋金融行业研究报告)，可以发现，技术对金融的赋能可以分为"IT＋金融""互联网＋金融""人工智能＋金融"三个阶段，其中基于新一代人工智能技术助力金融行业转型，将削弱信息不对称性并有效控制风险，降低交易决策成本，充分发掘客户个性化需求与潜在价值。

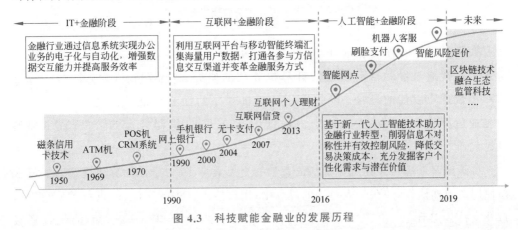

图 4.3　科技赋能金融业的发展历程

　　"人工智能＋金融"的相关技术包括机器学习、知识图谱、自然语言处理、计算机视觉等(见图 4.4)。从人工智能技术生态中——基础层、技术层、应用层——三者的关系来看,在金融领域最先获得应用的技术应该是人工智能中最成熟的技术。而人工智能目前发展最成熟的技术是机器学习、自然语言处理技术。

机器学习

深度学习技术作为机器学习的子类,通过分层结构之间的传递数据学习特征,对各类金融数据具有良好的适用性。目前长短期记忆神经网络、卷积神经网络、深度置信网络、栈式自编码神经网络等算法在股票市场预测、风险评估和预警等方面进行了相关应用。

知识图谱

在反欺诈领域中,对信息的一致性进行验证,提前识别出欺诈行为;在营销环节中,可以链接多个数据源,形成对用户群体的完整描述,帮助客户经理制定出具有针对性的营销策略;在投资研究中,可以从公司公告、年报、新闻等文本数据中抽取关键信息,辅助分析师、投资经理做出更深层次的分析和决策。

自然语言处理

在自然语言处理技术中,自动分词可以将金融报表中的格式化语句进行拆分,通过词性标注为每个词赋予词法标记,然后结合可圈可点法分析针对进行标注的词组进行内在逻辑研究,进而对研报进行内在逻辑研究,进而对研报进行自动化读取与生成工作。

计算机视觉

主要应用在身份证、移动支付等领域。在身份验证方面,通过前端设备的人脸捕捉与证件信息提取,然后再通过人脸关键点检测、人脸特征提取并与云端服务器数据进行信息比对;在移动支付方面,通过分析人的面部特征数据和行为数据调用相应算法从而进行更为快捷安全的支付。

图 4.4　人工智能＋金融技术分类

　　机器学习是一种使获取知识自动化的计算方法的学习。Mitchell 认为,机器学习是对能通过经验自动改进的计算机算法的研究;Alpaydin 认为,机器学习是指利用数据或以往的经验,以此优化计算机程序的性能标准。由此可知,机器学习是通过算法让机器从大量的历史数据中学习规律,机器处理的数据越多,预测就越精准。

　　自然语言处理是计算机科学与语言学的交叉学科,致力于让计算机理解人们日常所使用的自然语言,并在与人对话的过程中,用自然语言进行交流,从进行的信息传递以及支持认知活动。由图 4.5 可知,自然语言可分为数据、Team 级、短串级、篇章级等,可与不同的应用场景结合。

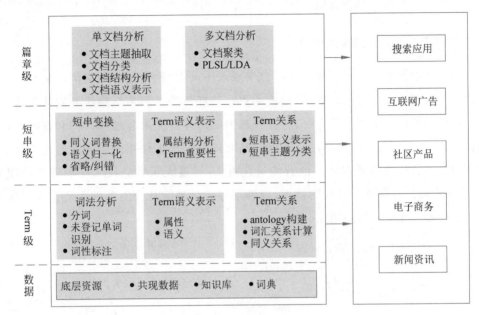

图 4.5　整体自然语言技术系统

知识图谱是结构化的语义知识库,用于以符号形式描述物理世界中的概念及其相互关系。其基本组成单位是"实体-关系-实体"三元组,以及实体及其相关属性-值对,实体间通过关系相互连接,构成网状的知识结构。知识图谱往往可以运用在反欺诈、营销、投资研究等金融领域。

计算机视觉或称图像理解研究的主要内容是,通过计算机分析景物的二维图像,从中获得三维世界的结构和属性等信息,进而完成诸如在复杂的环境中识别和导航等任务。计算机视觉主要应用在身份验证、移动支付等领域。在身份验证方面,通过前端设备的人脸捕捉与证件信息提取,然后再通过人脸关键点检测、人脸特征提取并与云端服务器数据进行信息比对;在移动支付方面,通过分析人的面部特征数据和行为数据调用相应算法从而进行更为快捷安全的支付。

综上所述,人工智能带来了金融行业革命性的进步。然而,技术的进步面临着监管法律法规等制度建设滞后、金融风险越来越复杂且难以管控等风险。因此,我们仍需进一步加强对"人工智能＋金融"的技术研究,使技术更好地服务于金融。

4.5.2 人工智能赋能金融的场景应用

1. 基于人工智能的智能投顾

与居民财富的快速增长相伴生的是家庭和个人在"如何让资产保值增值"这一重大课题上日益迫切的需求。当然,传统的资产管理仍然是当前金融服务实体经济、促进资产保值增值的重要手段之一,正在积极为实体经济提供金融"血液"和资本力量。然而,仅有传统的资产管理手段在金融产品和理财需求多样化的今天是远远不够的。而作为金融科技创新形式之一的智能量化投资,通过人工智能技术开展资产管理业务,能够大幅度提升资产管理的效率,能够很好满足当前社会发展的需要。人工智能在智能投顾方面的应用如图 4.6 所示。

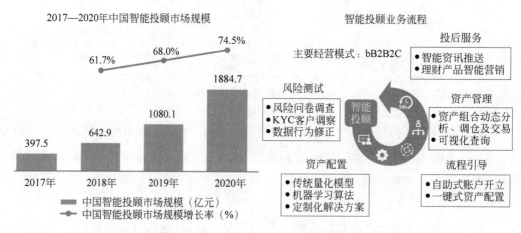

图 4.6 人工智能在智能投顾方面的应用

智能投资顾问是根据客户自身实际情况和机器学习算法、现代资产组合优化理论来构建数学模型的过程。通俗地讲,将客户的经济实力、理财需求、风险偏好、年龄、学历等信息输入模型后,人工智能分析技术和网络平台的结合使得客户能够根据自身情况获得个性化的顾问服务。智能推荐式的理财顾问服务和电商平台本身的个性化产品推介具有类似的性质,与传统理财顾问相比,智能投资顾问更具有精确性和科学性。其所具备的高速度、高精度和高敏捷度等特点,使得上百只证券同时被一个智能代理交易程序跟踪得以实现,并且可以实现实时盯盘,及时自主地拟定最优的交易指令并精确执行。

典型的例子是位于美国的 Wealthfront 和 Betterment,它们是世界上最著名的两大机器人投资顾问公司。其中,Wealthfront 这一机器人投资顾问公司更是掌控了超过 20 亿美元的资金。而在我国,当前也已经有很多公司提供人工智能进行智能投顾服务,例如银行方的广发智投、招行摩羯智投等,基金方的南方基金超级智投宝、广发基金基智理财等,互联网方的百度金融、京东智投等。其中,南方基金的超级智投宝通过对投资者的风险属性和投资预期目标进行分析,从而为投资者制定出与其自身理财需求相符的投资策略,并可自动根据市场变化情况和投资者需求的变化对投资策略进行调整和优化,为投资者实现了获取长期稳健投资收益的投资需求。另一个例子是,平安资产管理公司认为智能量化投资将是未来的主流投资方式,于 2018 年进行量化转型和科技赋能,致力于打造科技型资产管理公司,这一转型和改造被证明是当时极富有战略前瞻的创举。

2. 基于人工智能的资产管理

人工智能应用程序可以帮助金融机构优化资产,提供风险管理模型,并及时分析交易对市场的影响。金融机构传统的资产管理严重依赖使用者所选择的数学方法,且往往失之单一。而人工智能可基于对海量数据的分析,快速给出维度更加全面的方案。在资产管理方面,人工智能虽然还不能达到人脑的理性思维能力,但科学有效地运用人工智能技术,可以优化资产管理公司的流程和业绩,这一点在近年来的工作中被越来越多的业界资深人士所认可。

当然也需要看到,目前公共基金、资产组合管理、私募基金以及对冲基金等资产管理领域很大程度上还要依赖人脑判断。如资产管理公司在管理其资产时,必须依靠制定资产配置的战略性方案,这显然限制了其快速的发展和响应市场的需求。在这类战略性发展问题上,人工智能目前还不能实现脱离人脑思考而独立工作,仍需要辅之以人脑的创新思维能力。不过,在资金管理工作中可以将人脑与人工智能进行分工与配合。人工智能的强项在于微观分析,人类的强项在于宏观分析。战略制定完成后,可以将大量细碎的微观变量分析工作交给人工智能去完成。

3. 基于人工智能的交易预测

早在 2009 年,智能交易预测就出现在美国市场,诞生出诸如 Wealthfront、Betterment 等业界巨头。目前基于人工智能的交易预测已实现能够掌握大量资产,而第一个以人工智能驱动的基金 Rebellion 曾成功预测了 2008 年股市崩盘并在 2009 年给希腊债券 F 评级,与之形成鲜明对比的是当时惠誉的评级仍然为 A,通过人工智能,Rebellion 比官方宣布结果提前一个月;另一方面,掌管 900 亿美元的对冲基金 Cerebellum,使用了人工智能技术,从 2009 年以来一直处于盈利状态;此外,日本三菱公司发明的机器 Senoguchi,每日可预测日本股市在 30 天后将上涨还是下跌,为投资者提供了更多的决策时间,更有利于投资者获取投资收益。

4. 基于人工智能的风险控制

基于关联历史数据和机器学习算法,金融机构可以更好地加快信用评估,加快信贷决策速度,控制增量风险。与传统征信报告相比,人工智能更擅长在海量弱变量(例如,互联网用户行为)中挖掘出与信用相关的信息。传统征信往往关注那些置信度在 80% 以上的强变量。但在超强的计算能力支持下,人工智能可以将数以亿计的 51% 的弱变量组合成强变量。此外,人工智能能够利用关联历史数据,结合金融环境和金融周期,为信贷等级评估提供参考,同时还可配合相关预测和风险评估结论进行信用评定。哥伦比亚大学教授 Graphe 提到“在贷后管理方面,AI 技术可以预测企业会不会出问题。”调研发现,通过与数据公司的合作,AI 技术应用于贷后管理时,准确率可以从小于 20% 提升至 60%。

在国内,已有成功将人工智能运用于互联网小贷、保险、征信、资产配置、客户服务等领域的蚂蚁金服;而利用人工智能风控系统实现月均 20 万笔以上放款的智融金服,常规机器审核速度用时仅 8 秒。在国际金融业,澳大利亚证券及投资委员会、新加坡货币当局及美国证券交易委员会等,使用人工智能检测可疑交易,从证据文件中检测和提取利益主体,分析用户的交易轨迹、行为特征和关联信息,实现更快更准确地打击地下洗钱等犯罪活动。图 4.7 给出了传统业务面临的问题与智能风控流程图(以信贷为例)。

5. 基于人工智能的金融反欺诈

基于机器学习技术打造的智能反欺诈侦测应用能够通过超高维特征刻画精准地洞察每一笔交易、申请背后的细微特征,发现不易总结或尚未总结成专家规则的欺诈手段,并在数十毫秒内实时做出欺诈风险判断,这有效弥补了传统反欺诈准确率低、时效性差等弊端,将金融反欺诈从被动防范转变为主动预防。

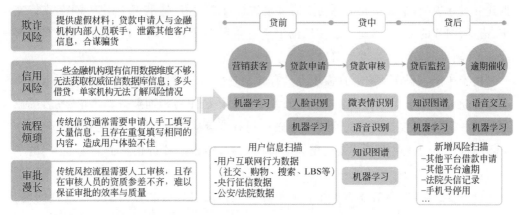

图 4.7　传统业务面临的问题与智能风控流程图（以信贷为例）

　　智能反欺诈应用利用先进的自学习模块,通过接入案件数据的持续反馈,以周为频率自主迭代更新,可以及时适应、识别新型的欺诈手段,做到无人值守式自成长。最典型的例子是针对新型冷启动业务问题的处理,该应用结合传统侦测和机器学习侦测两种应用的优势,分工协作,对不同阶段的欺诈进行识别和拦截,帮助金融机构从多维度大幅度地提高风险拦截水平。

　　6. 基于人工智能的反洗钱防控

　　当前基于机器学习技术的反洗钱,其背后的算法称为“唯正学习”(positive only learning),即被标记为洗钱的交易为正样本,未被标记为洗钱的交易为未标记样本(既可以是正,也可以是负)。而人工智能技术的应用使得每笔资金的实时监督成为可能,并在必要时可通过迫使其停止交易来提升商业银行的反欺诈能力。在反洗钱领域,人工智能通过学习分析大量典型反洗钱案件背后隐藏的金融数据信息,能显著提高可疑交易识别率,实现大量交易数据的智能化识别。更进一步,在模型优化基础上,通过辅之以必要的人工复核和抽检,将得到比传统方式更高效更准确的反洗钱成果。而随着无监督学习和深度学习模型的逐步成熟和广泛应用,通过机器学习将能够识别多维度数据中的复杂模式,生成网络知识图谱,以更大幅度地提高反洗钱风险监测能力。

　　7. 基于人工智能的智能客服

　　智能客服基于 NLP、深度学习、语义智能理解与交互等人工智能技术,使用海量数据建立对话模型,结合多轮对话与实时反馈进行自主学习,精准识别用户意图,支持文字、语音、图片的交互,实现了多领域的语义解析和多形式的问答对话,将智能客服由此前的"辅助问答"向"主动问答"转变。

由于智能客服在预测客户需求上具有的及时性和前瞻性优势,其便捷的渠道能实现随时随地提供个性化的金融产品与服务。例如传统银行柜面业务的填单、签名等流程复杂的问题,不仅在长期的实践中难以得到有效解决,并且在金融业务多元化的今天不断带来新的费用增长。在应用人工智能之后,结合了传统银行的开卡业务、电子银行业务、外汇业务、基金业务、理财业务、查询业务、转账业务、特殊业务八大功能于一体的"超级柜台",只需要一位银行职员在一旁稍加引导就能轻松地解决这些问题。2015 年年底,交通银行推出了中国首个智慧型人工智能服务机器人"娇娇",交互准确率可达 95%以上。"娇娇"所使用的系统中搭载了诸多项人工智能交互技术,具有强大的大数据处理能力,整合了包括语音识别、语音合成、自然语言理解等技术,这也正是"娇娇"为何能够实现如此高的交互准确率。它是国内第一台真正"能听会说、能思考会判断"的智慧型服务机器人,目前已在国内多个省份的营业网点有所应用,例如上海、重庆等。上岗的"娇娇"具有分流客户、为客户节省办理业务时间的作用,同时在给排号等待办理业务的银行客户带来了诸多的乐趣。智能客服系统服务体系架构及主要功能如图 4.8 所示。

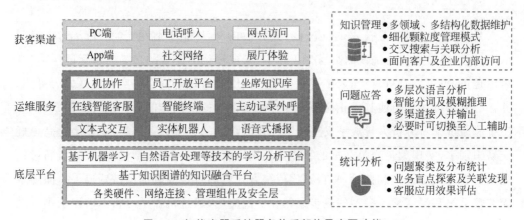

图 4.8　智能客服系统服务体系架构及主要功能

当前,已有很多银行设置了智能机器人引导客户操作,客户通过智慧柜员机和远程视频柜员机,快速办理相关金融业务。甚至某些银行试点无人银行概念,通过引入机器提高审核速度和准确率,简化办事流程,业务办理效率得到大幅提升。中国建设银行自 2013 年 11 月起在微信、微博、短信等渠道推出的智能客服"小微",其日均服务量已经相当于一个中型的客户服务中心。

而基于此诞生的"智能支付"(见图 4.9)是对人工智能、区块链、云计算和大数据的集约化应用,目前多家银行已为客户提供了独立的支付系统和安全、低成本的支付平台,实现互联网"技术和支付"模式的革命性升级。

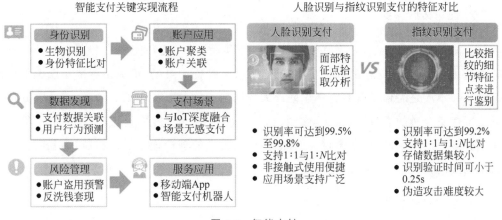

图 4.9　智能支付

此外,智能客服不仅能够根据历史经验和新的市场信息来预测金融资产的价格波动趋势,还能以此为基础构建符合客户风险偏好的投资组合,并结合客户风险承受能力和基金、股票及外汇等市场情况,通过物理网点、网上银行、手机银行等多渠道,为客户推荐相关金融投资产品并完成销售。

4.5.3　人工智能＋金融的方向设置原因

1. 宏观政策引领

人工智能的金融应用是国家经济战略规划的重要组成部分和国家核心竞争力的重要体现,不仅能破解寻找新经济增长点的难题和金融个性化需求凸显的现实矛盾,还将重构现代金融的组织体系和服务模式,得到了国家相关政策的大力支持。国务院发布《新一代人工智能发展规划》提出要创新智能金融产品和服务,发展金融新业态,鼓励金融行业应用智能客服、智能监控等技术和装备,建立金融风险智能预警与防控系统。中国人民银行成立金融科技委员会加强金融科技工作的研究规划和统筹协调，积极利用大数据、人工智能、云计算等技术丰富金融监管手段，提升跨行业、跨市场交叉性金融风险的甄别、防范和化解能力。因此，开设人工智能＋金融的专业方向既是对党和国家发展战略的积极响应，也是社会主义市场经济发展至今天所自然衍生的人才培养需求。人工智能的融入，让传统的金融学内涵再一次提升，并借国家机器的力量，依靠政策引领实现有效发展。

2. 理论拓展需要

金融学是时代科学，凭借其极强的社会性和灵活性，往往能同步乃至先于社会变化而变化。为此，金融学的理论基础是开放的，是螺旋上升的，而人工智能＋金融的跨学科交叉本质是时代发展对金融学处理大数据与智能判断提出的新要求。为此，开设人工智能＋金融的学科方向，能融合数据科学、复杂系统、传统金融学、社会科学等多个相关学科的理论，来拓展金融学的外延，将金融学的理论地基纵深扩展，为新时代金融学大厦的构筑打下坚实的基础。

3. 技术革新促进

21世纪最尖端前沿的科学技术和颠覆性的科技范式当属人工智能及其附加领域，而泛人工智能领域技术的快速发展必将为人工智能＋金融的学科发展提供重要且强大的内驱力。移动互联、大数据、云计算、区块链、人工智能等新技术发挥各自优势，共同为金融行业的智能化转型升级奠定重要基础。移动互联为金融行业提供了高速的通信网络设施；大数据丰富了营销和风险管控的手段；云计算降低了金融服务的成本并提升了金融服务的效率；区块链技术去中心化的信任机制，颠覆了传统金融的服务模式，重构信用形成机制；人工智能近年来迅猛发展，在计算机视觉、机器学习、语音识别等技术研发方面取得了明显突破。

有鉴于此，可以看到依靠金融大数据支持、算力大幅度提升、核心算法突破，我国人工智能＋金融的技术基础架构已经成熟，其飞速发展为开展这一方向的教学环境、课程结构、学习服务以及教育评价的转型升级带来新的发展动力。

4. 人才需求驱动

人工智能＋金融的快速发展需要兼备扎实金融学基础与优秀人工智能技术创新

能力的跨领域人才。为此,教育部已经批准了数十所院校设立智能科学方面的专业。各地方高校相继成立了人工智能＋金融相关学院,致力于该复合领域的高端人才培养。同时一些高校与人工智能领域的知名企业开展校企合作,加强从技术研发到应用落地的投入力度。

另一方面,现有专注于传统金融学的研究者往往缺乏大数据时代下分析多模态金融数据的能力,而信息科学领域的研究者则缺乏相关金融学领域的理论基础和知识背景。为应对我国人工智能＋金融综合素质人才严重缺失的挑战,急需通过建设人工智能＋金融交叉学科,依托学历体系推动人工智能＋金融专业人才的系统化培养,为人工智能＋金融交叉学科的创新发展储备高素质跨领域研究和实践人才。

4.5.4　人工智能＋金融的课程概况

当前浙江大学开设的人工智能与金融学相互结合的课程情况如表 4.13 所示。

表 4.13　人工智能与金融学相互结合的课程情况

课 程 名 称	授 课 教 师
量化投资	曾涛
Python 与智能金融	刘晓彬
人工智能与经济金融理论新发展	潘士远、王义中、朱燕建

人工智能结合金融,一方面以量化投资、智能金融作为一大落地点;另一方面,人工智能将会赋能整个金融价值链和金融生态。本节从这两方面出发,阐述课程设置的概况。

首先,人工智能的飞速发展、数据量的高速膨胀,共同催生了投资方式的变革。一方面,传统的投资实务以主观交易为主,人在主观上的恐惧、贪婪等弱点,会导致投资者无法及时做出对自己最有利的投资决策。而量化投资在交易执行上以程序员交易为主,可以完美地克服这些弱点。另一方面,传统的投资实务可以利用的信息有限、分析手段有限,在当下随着大数据的发展,可利用的信息大大增多,如另类数据、高频数据等,并且人工智能本身就为大数据的分析提供了新的分析手段,如机器学习可将分析范式从解释变成预测。

在投资实务界中,量化投资已经成为新的投资方式。量化投资是目前人工智能与金融相结合的重要落地点,因此开设"量化投资"课程,让学生掌握新的投资理念、投资工具,这也与实务界的发展方向相吻合。

更广义来说,人工智能也可以应用到投资以外的金融的各方面中,它带来的分析方法也可以给这些领域带来变革。因此,掌握人工智能时代的分析工具和分析方法尤为重要。在众多编程语言中,Python 语言因其简洁性、扩展包的丰富性而被广泛使用。"Python 与智能金融"课程旨在培养学生这些技能。

人工智能深度赋能金融生态,会在金融的整个价值链上都产生影响。需要从理论、运营模式、案例、实践全方位分析,才能理解这些影响发生的原因、过程、结果。"人工智能与经济金融理论新发展"课程将从上述角度出发,剖析人工智能给金融带来的全方位的影响,展望未来的发展。

4.5.5 人工智能＋金融的课程介绍

课程一:量化投资

量化投资为现代投资所涵盖的技术和工具提供了一个量化分析框架。首先,本课程介绍如何将基本面分析、技术面分析和宏观消息分析转化成量化程序,并应用于选股和交易;其次,本课程将详细介绍现代统计分析软件——R 语言和 SAAS 语言,实现量化交易程序的语言编写;最后,本课程还将介绍一系列量化投资在 A 股市场的经典应用实例。

最终让学员掌握资产管理的基本理论和方法,并能够运用以上方法解决实际中的资产配置问题。通过本课程的学习,使学员掌握资产配置的一些基本模型,如 Black-Litterman 模型及其延伸,并能够熟练运用这些基本模型进行资产配置、如大类资产配置,行业资产配置等。同时,让学生能够掌握一门基本的软件(如 R)。基于该软件,使得学生具备运用资产配置模型进行实际操作的能力。

该课程内容将涵盖 R 语言、量化投资概念、基本面分析、技术面分析和宏观消息分析、量化对冲交易系统搭建、资产配置理论等知识点。

课程二:Python 与智能金融

本课程将培养硕士生应用编程语言 Python 数量化分析实际经济金融问题的技能。本课程将教会学生收集数据、模拟数据、处理数据并结合所学的经济金融知识构建解决方案,分析解决问题。

本课程将涵盖 Python 基础知识、数据结构、常用类的使用、Pandas 数据分析、金融时间序列分析、机器学习、算法交易、交易策略、金融模型的模拟等知识点。

课程三：人工智能与经济金融理论新发展

人工智能加快推进金融智能化升级。以人工智能为代表的新技术与金融服务深度融合的产物,能够重塑金融价值链和金融生态,全面赋能金融机构。本课程主要围绕"人工智能＋金融"的前沿理论、实践经验、经营管理等方面展开,课程主要内容包括四大部分:一是"人工智能＋金融"的理论解析,主要涉及"人工智能＋金融"的相关理论基础、"人工智能＋金融"的功能、作用机制分析等;二是"人工智能＋金融"的经营管理,主要涵盖"人工智能＋金融"的成本-收益分析、"人工智能＋金融"产品与服务创新等;三是"人工智能＋金融"的国际经验,主要包括国外典型"人工智能＋金融"范例、各国"人工智能＋金融"的共性经验、国际"人工智能＋金融"运用未来发展趋势等;四是"人工智能＋金融"中国实践,主要探讨中国"人工智能＋金融"运营模式、可持续发展、改革的基本思路等。

参考文献

[1]　张昊泽. 机器学习技术在数据挖掘中的商业应用[J]. 电子技术与软件工程,2018,000(020):173.

[2]　TOM M MITCHELL. Machine learning[M]. New York:McGraw Hill,1997.

[3]　ETHEM ALPAYDIN. Introduction to machine learning[M]. Cambridge:MIT press,2020.

[4]　刘峤,李杨,段宏,等. 知识图谱构建技术综述[J]. 计算机研究与发展,2016,53(3):582.

[5]　刘成君,戴汝为. 计算机视觉研究的进展[J]. 模式识别与人工智能,1995,008(A01):63-75.

4.6　人工智能＋神经科学

神经科学(Neuroscience)是研究神经系统的结构、功能、发育、演化、遗传学、生物化学、生理学、药理学及病理学的一门科学。传统的神经科学是生物科学的一个分支。

近年来神经科学的研究深度有了突破性成长,开始与其他学科有了越来越多的交叉与融合,如认知和心理学、信息学(光电、信电、控制、仪器等)、精神病理学、计算机科学、生物信息学、统计学、物理学、生物化学、犯罪学、医学科学和哲学等。其中,神经科学与计算机科学的交叉,诞生了人工智能算法和脑机接口等技术,不仅极大地促进了人工智能,尤其是类脑人工智能的进步,而且深刻地影响着神经科学的发展。神经科学和类脑人工智能已成为西方发达国家的科技战略重点或力推的核心科技发展领域。近年来,我国科技、经济、社会发展对神经科学和类脑人工智能发展存在巨大的需求,并已将脑科学与类脑研究上升为国家战略。

传统的人工智能研究都集中在精确模拟上。尽管人工智能已经成为"工具",逐渐渗透人类的生活,代替人类进行重复性工作,越来越多的机器将解放人类劳动力去追求创造性,自近年来,人工智能在发展过程中仍有一系列技术难题需要克服。例如,为建立一个模型,计算机工程师需要罗列尽可能多的特征,使用海量的数据进行识别训练,这不仅抬高了人工智能的应用门槛,如大数据处理对处理能力和技术能力来说提出了非常高的要求,而且还存在过度拟合的风险问题,用大量的数据训练机器学习,可能得到很复杂的模型,它能够很好地解释训练数据,但是不能处理未来实际应用中的情况。机器学习是人工智能领域的核心内容,但是,当前的机器学习与人脑的学习能力相比还存在显著差异,尤其在可解释性、推理、举一反三等方面。"现有的算法和理想智能还有距离,迫切需要对脑科学进行探索。""脑科学的认知是生命科学的最后一个堡垒。"人工智能的本质是通过探索人类的思维和感觉规律,模拟人类的智能行为。所以,人工智能需要借助人类智慧才能实现。人脑的工作机理是从外部世界获取信息并存储起来,然后将记忆与正在发生的情况进行对比,并以此为基础进行预测。智能技术借鉴脑科学和神经科学,从人脑认知神经机制中得到启发,研发出新一代人工智能算法和器件,称为类脑智能。模拟人脑的类脑智能是借鉴人脑存储处理信息的方式发展起来的新技术,它通过仿真、模拟和借鉴大脑生理结构和信息处理过程的装置、模型和方法,制造类脑计算机和类脑智能,为信息智能领域的产业升级带来颠覆性的突破。

类脑智能从脑神经机理和认知行为机理中得到启发,以计算建模的方式,通过软硬件协同实现机器智能。类脑智能尽量模拟人脑的信息处理机制,以类脑的方式实现人类具有的认知行为和智能水平,期望最终达到或超越人类智能水平。类脑研究需要解决的问题是一方面怎么理解大脑,另外一方面怎么把对大脑的理解真正运用到工程中。类脑研究基于人脑的结构,更多的是模拟人类大脑的功能。类脑研究的突破将推动新一代人工智能技术的发展。

"类脑计算系统是基于神经形态工程,借鉴人脑信息处理方式,打破冯·诺依曼架构束缚,适于实时处理非结构化信息,具有学习能力的超低功耗新型计算系统。它是人工通用智能的基石,是智能机器人的核心,拥有极为广阔的应用前景。"类脑研究基于人脑的结构,更多的是模拟人类大脑的功能,类脑智能技术框架如图 4.10 所示。具体来说,结构层次主要研究基本单元(各类神经元和神经突触等)的功能及其连接关系(网络结构),通过神经科学实验的分析探测技术完成;器件层次,重点在于研制模拟神经元和神经突触功能的微纳光电器件,在有限物理空间和功耗条件下构造出人脑规模的神经网络系统,如研制神经形态芯片、类脑计算机;功能层次,对类脑计算机进行信息刺激、训练和学习,使其产生与人脑类似的智能甚至涌现自主意识,实现智能培育和进化,实现学习、记忆、识别、会话、推理、决策以及更高智能;计算模型层面,探索更多具有生物可行性学习机制的人工神经网络算法;网络架构层面,引入网络内的大脑样域和子域来建模人类认知行为,通过学习来协调、整合和修改这些域。目标是在多个层面、理论上模拟大脑的机制和结构,开发一个更具有普遍性的人工智能以应对包括多任务、自学习和自适应等方面的挑战。类脑计算机则以神经元作为基本计算和存储单元,利用神经元之间的突触连接传递信息,模拟神经突触的强度变化,其分布式的存储和计算单元直接相连构成大规模神经网络计算系统。

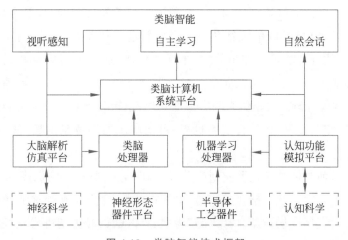

图 4.10 类脑智能技术框架

目前机器学习领域中表现优异的人工神经网络最初是受到脑科学的启发,而现在这一领域的发展已经和脑科学很少有交集。将人工智能与脑科学相结合,利用脑科学研究中对智能的探索和理解,将有可能解决目前人工智能的相关瓶颈问题。类脑智能是人工智能的一种新形态,也是人工智能重要的研究手段,从脑神经机理和脑科学中得到启发,通过计算建模的方式,实现机器智能。类脑智能尽量模拟人脑的信息处理机制,以类脑的方式实现人类具有的认知行为和智能水平,期望最终达到或超越人类智能水平。类脑研究需要解决的问题是:一方面怎么理解大脑;另外一方面怎么把对大脑的理解真正运用到工程中。

脑科学的发展将有助于在人工神经网络技术中设计实现新的学习机理与拓扑结构,有力推动人工智能进一步发展。认识到脑科学对人工智能的推动作用,美国、日本、澳大利亚和欧盟等世界各国和地区都在积极布局各自的脑计划,其总思路为:一是探索脑科学的秘密、研究人类大脑成像技术的机制,统计大脑细胞的类型,把神经科学与理论模型统计学进行融合;二是提出新一代的人工智能理论与方法,建立机器感知、机器学习到机器能够思维和机器决策的颠覆性模型和工作方式。

4.6.1 人工智能+神经科学的现状

人工智能的迅速发展正在深刻改变世界发展模式和人类生活方式。当前人工智能存在两条技术发展路径:一条是以模型学习驱动的数据智能;另外一条是以认知仿生驱动的类脑智能。类脑智能作为人工智能的另一条发展路径,也是实现通用人工智能的最可能路径,成为各国的关注焦点。类脑智能可以解决数据智能的局限性和不足。数据方面,类脑智能可处理小数据、小标注问题,适用于弱监督和无监督问题;更符合大脑认知能力,自主学习、关联分析能力强,鲁棒性较强;计算资源消耗较少,人脑计算功耗约20W,类脑智能模仿人脑实现低功耗;逻辑分析和推理能力较强,具备认知推理能力;时序相关性好,更符合现实世界;可能解决通用场景问题,实现强人工智能和通用智能。

类脑智能目前整体处于实验室研究阶段,如图4.11所示。脑机接口技术是类脑领域目前已经产业化的领域。脑机接口技术是在人或动物脑(或者脑细胞的培养物)与外部设备间建立直接连接通路,以"人脑"为中心,以脑信号为基础,通过脑机接口实现控制人机混合系统。

除此之外,类脑智能研究发展依然缓慢。一是由于脑机理认知尚不清楚;二是由

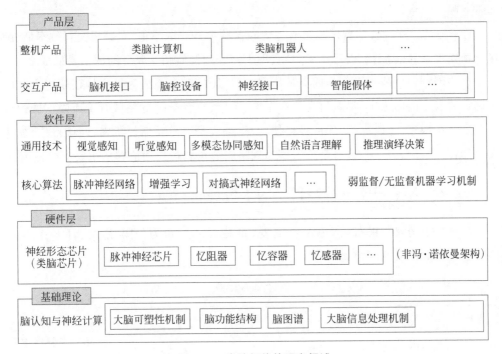

图 4.11　类脑智能的研究领域

于类脑计算模型和算法尚不精确,神经元连接的多样性和变化性,使得前馈、反馈、前馈激励、前馈抑制、反馈激励、反馈抑制的建模不精确,脑功能分区与多脑区协同的算法不准确;三是现有计算架构和能力制约,现在计算系统是冯·诺依曼架构,计算与存储分离,系统功耗高、并行度低、规模有限,而类脑计算系统是非冯·诺依曼架构,计算与存储统合,高密度、低功耗,颠覆现有架构的代价较大。

纵观国内外,类脑研究目前大都处于初级阶段。为人类构建"超级大脑"的美好愿望,尚存在诸多困难和挑战,主要有以下几个方面。

(1)大脑神经信息的解读手段相对有限。虽然当前的核磁共振、经颅直流电刺激、电极阵列、光学成像技术等各种脑神经信息获取和调控手段发展迅猛,但依然存在观测模态单一、调控独立、信息片面、无法同步等问题。

(2)类脑计算模拟的架构模型尚未成熟。人们对大脑信息加工过程的认识还非常粗浅,相关的数学原理与计算模型仍不清楚;基于硬件的类脑计算过程模拟在类脑器件和芯片、体系结构等方面仍需要重点探索;类脑学习启发的运作机制与算法研究也非常有限。

（3）脑机交互融合的智能增强有待突破。脑信号获取不稳定、脑机交互效率低、脑区干预要求高、融合系统构建难等，是实现生物脑和机器脑互联互通的主要挑战之一。

这些困难和挑战为下一步的类脑研究指明了方向，有望成为人类构建超级大脑的关键突破点。面向未来，类脑研究将在军事、医疗、教育等关键领域有着无限广阔的应用前景。在构建"超级大脑"的世界科技新赛道上，我国需要抓住机遇、迎接挑战，加快实施部署类脑研究计划，这将是抢占国际战略制高点和科技话语权的重要支撑力量。

4.6.2　人工智能＋神经科学的平台现状

目前多个国家积极布局类脑智能研发，如表 4.14 所示为美国、欧盟、日本、韩国神经科学与类脑领域重大规划/项目。

表 4.14　神经科学与类脑领域重大规划/项目

项目	美　　国	欧盟	日本	韩国
名称	BRAIN 计划	HBP 计划	Brain/MINDS 计划	第二期脑促进基本计划
投资	30 亿美元/10 年（2017 财年已达到 4.35 亿美元）	10 亿欧元/10 年	30 亿日元（第 1 年）；40 亿日元（第 2 年）	1.5 万亿韩元（2008—2017 年）
主要目标	（1）行为学、电生理学、解剖学、细胞分子学、神经学、社会学等。（2）剖析人类神经活动模式和大脑工作机制。（3）为神经系统疾病和智力发育障碍的诊断、治疗和预后提供知识基础和参考方案	（1）基本了解脑对人类的意义。（2）开发新的脑部疾病治疗手段。（3）建立新的革命性的信息与通信技术	（1）对狨猴大脑的研究。（2）加快人类大脑疾病的研究	（1）创造性的脑科学研究。（2）创造不严新兴产业。（3）成为脑研究领域的世界七大技术强国之一

同时，我国也积极统筹加速布局类脑智能。我国在 2006 年《国家中长期科学和技术发展规划纲要（2006—2020）》中就把"脑科学与认知"列入基础研究 8 个科学前沿问题之一。在 2016 年《"十三五"国家科技创新规划》中也将脑科学与类脑研究列入科技创新 2030 重大项目。2017 年国务院《新一代人工智能发展规划》提出了 2030 年类脑智能领域取得重大突破的发展目标。同样也取得了很多成果，如清华大学研发的类脑

芯片"天机芯"[8]、浙江大学牵头研制的"达尔文"类脑系列芯片[9]、浙江大学实现了国内首例临床病人用意念控制机械手完成"石头-剪刀-布"猜拳游戏[10]等。

2018 年 9 月,浙江大学发布"脑科学与人工智能会聚研究计划"(简称"双脑计划"),布局脑科学与人工智能的会聚研究,聚集全校生命科学、信息科学、物质科学和哲学社会科学众多领域的专家学者,充分发挥多学科综合优势,开启探索脑认知、意识及智能的本质和规律。"双脑计划"将集中优势学科力量,重点推进脑科学与意识、下一代人工智能、脑机交叉融合等前沿方向的研究,同时围绕"脑科学+""人工智能+"开展高水平学科会聚研究,力争基础理论、前沿技术和成果转化取得重大突破,面向未来培育一批世界领先的研究成果和优势学科。

脑科学旨在探索脑认知、意识及智能的本质和自然规律,人工智能致力于以机器为载体实现人类智能,两者的发展呈交叉会聚的趋势。"双脑计划"紧紧围绕国家战略目标,瞄准国际科学前沿和重大挑战问题,布局脑科学和人工智能的会聚研究,努力实现人类对脑功能及智能本质的认识和利用,引领未来的智能和健康产业发展。"双脑"研究将产生大量造福人类社会的重大科技创新,是世界各国竞相发展的战略科技前沿高地。

"双脑计划"先后成立脑与脑机融合前沿科学中心、人工智能协同创新中心,并与浙江省政府、阿里巴巴集团共建之江实验室,与西湖区政府共建西投创智中心等。也产出了众多成果,如由中国科学院院士吴朝晖主持的"脑机融合的混合智能理论与方法"获得由教育部科学技术委员会组织评选的 2016 年度"中国高等学校十大科技进展"入选项目。在国际上率先提出"混合智能"的研究范式——生物智能与机器智能的融合,形成了一系列突破理论与创新技术,如图 4.12 所示。2020 年 9 月 1 日,浙江大学联合之江实验室在杭州发布一款包含 1.2 亿脉冲神经元、近千亿神经突触的类脑计算机 Darwin Mouse。这是我国第一台基于自主知识产权类脑芯片的类脑计算机,该计算机使用了 792 颗"达尔文二代"类脑芯片,可以实现嗅觉识别、意念打字和多机器人协同抗洪抢险模拟等功能,是目前国际上神经元规模最大的类脑计算机。

4.6.3 人工智能+神经科学的课程设置原因

人工智能已成为新一轮科技革命和产业变革的核心驱动力,是未来数十年人类社会发展进步的重要支撑。人工智能发展的最终目标是构建像人脑一样能够自主学习和进化,具有类人通用智能水平的智能系统。然而,受限于冯·诺依曼体系结构及其计算理论基础,现阶段人工智能对环境、图像、视频、语音、自然语言等非结构化数据的

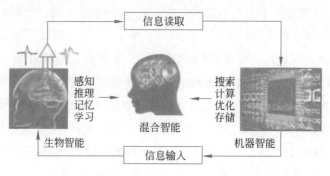

图 4.12　混合智能研究范式

处理能力,以及多模态感知和自我学习能力较人脑仍存在巨大差距。因此,开发类脑智能计算技术受到了科学家的高度重视。

类脑智能计算技术是一种基于神经形态工程、受大脑神经机制和认知行为机制启发、借鉴人脑信息处理方式而形成的新型计算系统。类脑智能被视为科研领域"皇冠上的明珠",已成为全球竞相关注和发展的重要领域。美国、欧盟、日本、澳大利亚等发达国家和地区争相启动了相应的发展计划,以求在大脑机理、类脑算法、计算架构和硬件能力方面实现率先突破。随着脑认知和神经科学的发展,类脑计算将引领新一代的智能革命,助推实现通用人工智能。

大力推进类脑智能研究、构建适合类脑智能研究的大环境以及促进类脑计算研究成果的实质性转化,对增强国家综合竞争力,保障科技、国防、公共安全和推动经济建设具有重大意义。近年来,全球与我国的新一代人工智能产业规模迅速扩大,如图 4.13 所示。基于此,我国也将发展新一代人工智能上升为国家战略,在 2016 年将脑科学与类脑研究列入科技创新 2030 重大项目。将 2030 年在类脑智能领域取得重大突破作为重要发展目标,以图把我国建设成为世界主要人工智能创新中心。

浙江大学同样非常重视类脑智能的教育与研究,将大信息、大生命、大物质的交叉融合作为战略必争和主攻方向。服务"互联网＋"科创高地建设和数字经济发展,布局浙江省提出的类脑芯片、人工智能、量子信息、未来网络、智能感知、智能计算等前沿方向,为打造数字安防、云计算大数据、电子商务、物联网等世界级数字经济产业集群提供科技支撑。

习近平同志指出:"新一代人工智能正在全球范围内蓬勃兴起,为经济社会发展注入了新动能,正在深刻改变人们的生产生活方式。"把握人工智能发展的新机遇,以类

(a) 全球新一代人工智能产业规模及年增长率

(b) 我国新一代人工智能产业规模及年增长率

图 4.13 全球与我国的新一代人工智能产业规模

脑智能引领人工智能发展,实现人工智能普适化,将对经济社会发展产生重大影响、对人类文明进步产生重大影响,使人工智能更好造福人类。

人工智能涉及范围极广,需要多方参与、共同努力。全面了解大脑机制和功能更需要长时间的探索,这种创新往往需要高度专业性和长时间的储备与积累。近年来,包括我国在内,不少国家高度重视推动人工智能领域的科技创新和人才培养。因此,浙江大学以"双一流"交叉学科建设和跨学科人才梯队培养为抓手,实现未来人工智能领域的重大原始突破,进而利用类脑智能技术推动产业升级、民生改善。总而言之,为推动脑科学、类脑智能、人工智能的发展,需要大力建设人才队伍,开设"人工智能+神经科学"课程。

4.6.4　人工智能＋神经科学的课程概况

人工智能作为计算机科学的一个重要分支,是一门理论基础完善、多学科交叉且应用领域广阔的前沿学科,主要研究如何利用计算机模拟、延伸和扩展人类的智能活动。

神经科学是指寻求解释神智活动的生物学机制,即细胞生物学和分子生物学机制的科学,主要研究突触传递和信号转导、感觉信息处理的神经机制、脑的高级功能、神经发育和老化的基因组生理学等。

交叉学科是不同学科之间相互交叉、融合、渗透而出现的新兴学科。人工智能与神经科学的交叉课程首先对人工智能和神经科学的起源与发展,以及人工智能领域影响较大的主要流派及其认知观进行简要概述;然后介绍人工智能和神经科学中的几种经典技术,如推理证明技术、经颅电刺激技术等;此外,还重点对类脑智能的研究和应用领域进行详细讲授。

课程目的是使学生在已有知识基础上,对人工智能和神经科学从整体上形成较全面和清晰的系统认识,掌握人工智能和神经科学的基本概念、基本原理和基本方法,了解人工智能和神经科学研究与应用的新进展和新方向,开阔学生知识视野、提高解决问题的能力,为将来更加深入地学习、运用人工智能和神经科学的相关理论及方法解决实际问题奠定初步基础。具体来说,课程的教学目标如下。

1. 知识与技能目标

了解人工智能和神经科学的发展与研究内容,掌握人工智能和神经科学的基本概念、基本思想方法和重要算法,熟悉典型的人工智能系统,了解有关人工智能与神经科学的基本原理。

2. 过程与方法目标

通过学习掌握人工智能和神经科学的基本概念、基本思想方法和重要算法,了解人工智能和神经科学交叉研究与应用的新进展和新方向,拓展学生的知识视野。

3. 科学研究发展目标

通过课程学习,对人工智能和神经科学从整体上形成较清晰全面的了解,更重要的是培养学生积极思考、严谨创新的科学态度和解决实际问题的能力。

　　人工智能与神经科学的交叉科学具有理论性强、涉及面广、知识点多、内容抽象等特点,同时也需要一定的数学基础和较强的逻辑思维能力作为支撑。通过多年的教学实践,课程应结合类脑智能技术的发展趋势,从交叉学科的学科特点出发。课程的开展应注意以下几点:

　　(1) 注重实例的教学方式。

　　(2) 直观生动的动画辅助演示。

　　(3) 适合不同专业层次的教材选择。

　　(4) 注重能力评价的考核方式。

　　研究生的课程分为学位公共课、学位核心课和选修课,其中学位公共课、学位核心课组成学位课程(简称"学位课")。学位公共课包括政治理论课程、第一外国语课程、专业外语课程;学位核心课包括学位基础课、学位专业课;选修课包括公共选修课、专业选修课、跨一级学科选修课。

　　学位公共课根据国务院学位委员会和教育部的相关规定设置,由研究生院委托马克思主义学院、哲学学院、大学英语教学部等单位,按国家制定的教学大纲或教学要求开设和组织教学。

　　学位基础课是学习和掌握本学科基础理论和研究方法的重要基础课程;学位专业课是掌握本专业系统专门知识、拓宽理论基础、提高专业能力的重要课程,包括生物信息学、脑科学导论、神经信号处理、磁共振成像原理、计算神经科学、分子影像学、高等数理统计、常微分方程稳定性理论等。

4.6.5　人工智能＋神经科学的代表课程

课程：脑科学导论

英文名称：Introduction to Brain Science。

学分：3.0。

简介：脑是人类各种行为、思维和心理活动的物质基础。各种技术和分析方法的飞速发展为全面深入研究大脑的结构和功能提供了丰富的手段;同时对大脑的探索逐渐成为多学科交叉融合的前沿学科,可能形成新理论和新知识,对人类的发展产生深远影响。

　　该课程系统地讲授脑科学研究领域研究理论、方法和最新进展,主要内容如下。

　　(1) 神经系统的基本结构和功能。神经细胞：大脑的神经元和神经胶质细胞。神经电生理学基础：静息电位和动作电位；神经传递物质和突触结构；脑科学研究方法；概述大脑的高级功能，如感觉系统功能、运动系统功能、生物节律睡眠与觉醒、学习记忆、动机和情绪、摄食等行为的机制。

（2）探测脑。利用信息技术探索大脑的感觉功能和认知功能，介绍神经编码、神经计算的基本概念，通过听觉、语言加工等介绍如何利用不同类型的神经记录手段研究感觉、认知相关的神经编码机制，介绍磁共振成像原理、脑功能形态、纤维结构和功能成像技术原理和技术进展。

（3）保护脑的研究，如神经和精神疾病概况；脑相关疾病和神经功能病变的基础机制和治疗进展，如神经退行性疾病表征；发病的细胞分子机制。

（4）开发大脑功能的现状，认识大脑潜能以及目前大脑开发的概况。

（5）仿造脑；高级智力行为、语言理解、意识模型、情感计算及神经网络，以及人工智能研究进展脑科学；相关的交叉科学前沿领域热点。

参考文献

［1］ 韩雪，阮梅花，王慧媛，等.神经科学和类脑人工智能发展：机遇与挑战［J］.生命科学，2016，28(11)，1295-1307.

［2］ 邹蕾，张先锋.人工智能及其发展应用［J］.信息网络安全，2012，(2)：11-13.

［3］ 杨秋玲，白鹏.基于脑科学的人工智能研究［J］.计算机产品与流通，2018，6：107.

［4］ 曾毅，刘成林，谭铁牛.类脑智能研究的回顾与展望［J］.计算机学报，2016，39(1)：212-222.

［5］ DAI R W. Formation and development of social intelligence science［J］. Journal of University of Shanghai for Science and Technology, 2011, 33(1)：1-7.

［6］ 任浩，肖洋，汪立志.浅析基于脑科学的人工智能［J］.轻松学电脑，2019，(13)：1.

［7］ 王冲.类脑智能：人工智能发展的另一条路径［J］.科学中国人，2019，(6)：72-73.

［8］ PAUL A MEROLLA, JOHN V ARTHUR, RODRIGO ALVAREZ-ICAZA, et al. A million spiking-neuron integrated circuit with a scalable communication network and interface[J]. Science 2014，345(6197)：668-673.

[9]　JING PEI，LEI DENG，SEN SONG，et al. Towards artificial general intelligence with hybrid Tianjic chip architecture[J]. Nature，2019，572(7767)：106-111.

[10]　ZHAOHUI WU，YONGDI ZHOU，ZHONGZHI SHI，et al. Cyborg intelligence：recent progress and future directions[J]. IEEE Intelligent Systems，2016，31(6)：44-50.

[11]　吴朝晖. 类脑研究：为人类构建超级大脑[J]. 浙江大学学报(工学版)，2020，54(3)：425-426.

4.7　人工智能＋教育

　　人工智能作为智能时代变革社会的重要科技力量,受到学术界和工业界持续的关注,它也成为了教育领域创新发展的新动力和新方向。进入 21 世纪以来,教育变革正在经历从移动互联网技术驱动的在线化向认知计算、情感计算、脑科学等技术驱动的智能化方向发展(见图 4.14)。

　　"人工智能＋教育"的相关技术包括大数据、机器学习、深度学习、自然语言处理、图像识别、知识表示方法、情感计算等。图 4.15 呈现了一个人工智能＋教育的技术框架,由教育数据层、算法层、感知层和认知层构成。教育数据层是教育人工智能技术框架的基础层,该层主要包括管理类数据、学习类数据、教学类数据以及评价类数据,具体涉及的技术包括数据采集、筛选、集成、格式转换、流计算、信息传输等。算法层是实现各类教育人工智能技术的核心,该层主要包括机器学习和深度学习两类算法。目前,机器学习在学生行为建模、预测学习表现、预警失学风险、学习支持与测评以及资源推送等方面发挥着重要作用。深度学习是机器学习的一个子领域,致力于算法构建、解释和学习。感知层则是让机器和人一样能看会认,能听会说,具备感知能力。该层涉及的技术主要有情境感知、语音识别、计算机视觉、图像识别和生物特征识别等。认知层是感知层的进一步发展,不仅能够让机器感知和识别语音、图像和文字,而且能够读懂语音、图像和文字的内在含义。该层涉及的技术主要有自然语言处理、语义分析、知识图谱、知识表示方法、情感计算等。

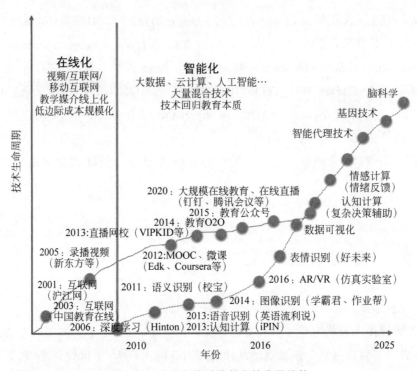

图 4.14 人工智能赋能教育的发展趋势

认知层	自然语言处理		语义分析		知识图谱
	知识表示方法		情感计算		…

感知层	语音识别		生物特征识别		情境感知
	图像识别		计算机视觉		…

算法层	机器学习	回归算法	深度学习	生成对抗网络
		聚类算法		卷积神经网络
		贝叶斯算法		循环神经网络
		…		…

教育数据层	管理类数据	学习类数据	教学类数据
	评价类数据	…	

图 4.15 "人工智能＋教育"的技术框架

人工智能赋能教育的技术在重塑教育全过程中具有变革型潜力,然而却面临大规模混合情境下多模态数据采集与融合、智能化分析与可解释性计算等挑战性问题。因此必须加强"人工智能＋教育"方向的理论研究和关键技术突破,促进基于人-机-物的智能教育创新发展。

4.7.1　面向人工智能＋教育的平台研究现状

随着大数据、人工智能技术的不断发展,人工智能逐渐渗透到教育领域,成为推进21世纪教育变革创新的强大技术杠杆。2019 年,党中央、国务院发布了《中国教育现代化 2035》,对智能教育进行重点部署,明确指出要统筹建设一体化智能化教学、管理与服务平台。

根据应用场景的不同,人工智能＋教育平台可分为基础支撑平台、自适应教学平台、教育管理平台等几大类。其中,基础支撑平台是教育人工智能平台的基础,对海量教育多模态数据进行收集、存储、分析以及预测,包括教育大数据分析平台、视频分析平台、云计算平台以及教育云存储平台等;自适应教学平台贯穿整个教育过程的教、学、评、测和练,能针对学生的具体学习情况提供实时个性化学习解决方案,典型代表平台有松鼠 AI、科大讯飞等;教育管理平台能够帮助教育决策者理顺教学工作中的各环节,实现数据的互联互通与教育决策的科学化,包括教育管理公共服务平台、教育资源公共服务平台等。

人工智能＋教育平台将面向教育改革创新和教育行业发展的需求,为利益相关者提供面向教育全场景、全过程、全周期的智能服务,助力教育产业的智能化转型升级。

4.7.2　人工智能赋能教育的应用场景

随着人工智能与教育教学全过程、全方位的融合,正在形成教育教学新生态,为师生提供多层次、智能化、开放式的教育教学服务。2019 年科技部和罗兰·贝格咨询公司联合发布的《智能教育创新应用发展报告》中指出,"人工智能＋教育"全流程可分为"学习—教学—练习—考试—评价—管理"六大应用场景,针对学生、教师、学校等不同类型的教育主体,六大场景又包含有对应的二级场景和三级场景内容(见图 4.16)。

由《智能教育创新应用发展报告》可知,在上述"人工智能＋教育"的场景应用中,随着知识图谱、认知计算等技术的发展与全域教育数据的不断累积,基于教育大数据的智能采集、建模、分析与诊断将逐步覆盖"学习—教学—练习—考试—评价—管理"

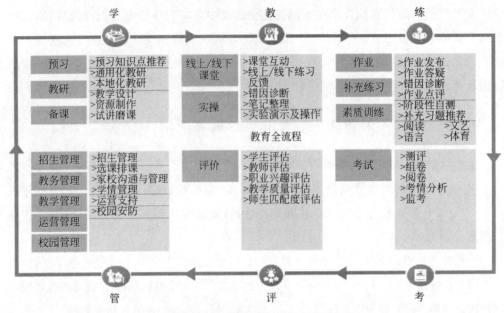

图 4.16 智能教育全流程六大应用场景

全教学流程的更多场景,且应用场景深入更多教学核心环节(见图 4.17)。不过,现实中仍存在智能教育应用门槛高、用户体验差、教师智能教育能力不足等问题。

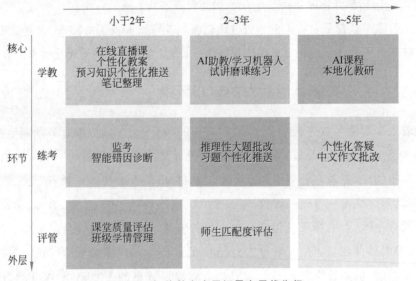

图 4.17 智能教育应用场景布局优先级

4.7.3 人工智能＋教育的课程设置情况

"人工智能＋教育"课程是从事人工智能教育的基本载体。为了完成"人工智能＋教育"的人才培养任务,发达国家的大学开设了大量与人工智能相关的课程。英国有26 所大学开设了人工智能本科课程。例如,牛津大学在本科阶段开设机器学习课程,在硕士阶段开设智能系统、机器学习、深入学习自然语言处理、视觉分析等课程模块。斯坦福大学本科阶段内置人工智能课程,硕士阶段内置人工智能或人机交互课程。南加州大学南加州计算机科学系研究生学院内置人工智能、代理、自然语言与数据、机器人学等课程。中国高校的智能教育课程建设也在近几年内加快步伐。据不完全统计,截至 2020 年 3 月底,全国已有 59 所院校建立了人工智能学院/研究院,215 所高校获批人工智能本科专业,数据科学与大数据技术专业 616 个,智能制造工程专业 130 个,还有机器人工程、智能科学与技术、智能建造、智能医学工程、智能电网信息工程和智能车辆工程等相关专业过百个。"人工智能＋教育"相关专业建设散落在其他多个一级学科中,主要依托于计算机科学与技术、控制科学与工程等理工类学科领域,与教育学、心理学等其他领域交叉学科体系建设尚不健全(见图 4.18)。

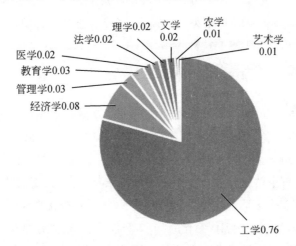

图 4.18 全国高校已有学科领域智能教育相关专业建设情况

目前,国内"人工智能＋教育"从课程体系方面尚未形成统一清晰的认识,也未推出教材编写方案,这在一定程度上阻碍了人工智能融入教育的进程。此外,大部分高校的人工智能师资力量不足,除我国几所重点院校之外,其余各大学、高职院校能够独立完整地实施"人工智能＋教育"的教学教师不多,缺乏"人工智能＋教育"的师资力量。因此,如何建设人工智能教师队伍、设计"人工智能＋教育"的课程体系,处理好与脑科学、计算机科学、心理学等现有学科的关系,避免重复设课、建立杂而不精的课程体系是"人工智能＋教育"方向课程建设中的现实问题。

4.7.4 人工智能＋教育的方向设置原因

1. 政策引领

人工智能教育是国家战略规划的重要组成部分和国家核心竞争力的重要体现,不仅能破解规模化教育和个性化需求的现实矛盾,还将重构教育的组织体系和服务模式,得到了国家相关政策的大力支持。2018年4月,教育部印发了《高等学校人工智能创新行动计划》,提出:加强人工智能领域专业建设,推进"新工科"建设,形成"人工智能＋X"复合专业培养新模式,到2020年建设100个"人工智能＋X"复合特色专业。2019年和2020年,党中央、国务院、教育部出台了一系列旨在促进人工智能与教育深度融合的政策措施,这些都是推动"人工智能＋教育"方向设置的重要保障,为我国教育智能化、现代化建设指明了新的方位。"人工智能＋教育"是自上而下的战略驱动型实践,其方向的设置随着政策的有效驱动而逐渐进入快车道。政策引领"人工智能＋教育"方向设置是教育创新的重大机遇。

2. 理论保障

"人工智能＋教育"的跨学科交叉本质决定了需要融合数据科学、复杂系统、教育心理学、认知神经科学等多个相关学科的理论来综合分析复杂而动态变化的教育系统,最终解释教育现象和规律。例如,认知神经科学揭示了个体与群体行为模式;复杂系统解释了教育环境和教育主体之间相互动态作用的复杂特征。"人工智能＋教育学"的理论框架构建需要梳理各个不同理论体系之间的关系,加强系统化学科融合的创新实践与规律探索,建立具有内部一致性和体系化的"人工智能＋教育"理论框架。因而,数据科学、复杂系统、认知神经科学、教育心理学等理论体系的可持续与健康发展,为构建"人工智能＋教育"交叉学科理论框架与保障可指导实践的方法论体系奠定了基础保障。

3. 技术先导

人工智能作为21世纪最尖端前沿的科学技术和颠覆性的科技范式,必将为"人工智能＋教育"发展提供重要且强大的内驱力。依靠教育大数据支持、计算力大幅度提升、核心算法突破,我国的人工智能技术基础架构已经成熟,其飞速发展为教学环境、课程结构、学习服务以及教育评价的转型升级带来新的发展动力。因此,人工智能技术为"人工智能＋教育"方向设置的教育全过程计算、服务与应用等提供了基础的技术保障。

4. 人才需求驱动

"人工智能＋教育"的快速发展需要兼备教育理念与人工智能技术创新能力的跨领域人才。现有专注于学习科学的研究者往往缺乏分析多模态教育数据的能力,而信息科学领域的研究者则缺乏教育领域相关的理论基础和知识背景。为应对我国"人工智能＋教育"综合素质人才严重缺失的挑战,急需通过建设"人工智能＋教育"交叉学科,依托学历体系推动"人工智能＋教育"专业人才的系统化培养,为"人工智能＋教育"交叉学科的创新发展储备高素质跨领域研究和实践人才。

4.7.5　人工智能＋教育的课程体系

"人工智能＋教育"的课程体系由基础理论、关键技术、核心服务、一体化平台 4 方面内容组成。

1. 基础理论

1) 教育大数据与数据科学

教育大数据与数据科学是"人工智能＋教育"交叉学科的基础知识体系,主要包括专业基础知识、专业核心知识以及专业选修课程。其中专业基础课程涵盖了数学、统计学、计算机科学与教育学等理论知识。专业核心课程侧重教育数据分析与计算、计算机技术以及教育大数据应用等方面的内容,包括了数据科学导论、教育数据采集及教育大数据应用导论等课程。专业选修课程在专业核心课程的基础上深入学习,包括《深度学习》《教育大数据分析算法》《云计算与教育大数据平台》等,同时也在应用方面开设新课程,例如《教育大数据理论与应用》等。教育大数据与数据科学知识体系如图 4.19 所示。

2) 复杂系统

学习发生的情境是一个复杂系统,含有不同层次的元素(神经、认知、个人、人际、

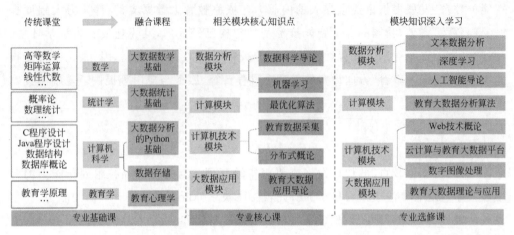

图 4.19　教育大数据与数据科学知识体系

文化)与主体(集体、个体)等。将复杂性科学作为学习理论的基础,从非线性、不确定性、自组织性和涌现性等特性,概括或统一复杂教育系统的相关理论。基于复杂系统概念化的视角、原则和方法,阐释教育环境与学生群体行为与个人认知发展的动态因果关系,建立教育环境、教学模式、教学内容、教师等主要外在教育要素与学生内在心智表征及信息加工能力等因素之间的复杂关系模型。以下将从复杂教育系统中的群体行为与个人行为两方面的概念与实例,描述复杂系统基础理论中的相关知识点(见表 4.15)。

表 4.15　复杂系统基础理论中的相关知识点

领域	概念	相关实例	学习与教育实例
群体行为	系统中的主体和元素	蚂蚁觅食	大脑神经元 教室中的学生
	自组织	鸟集群结队	学生在操场分组活动
	系统层次	微观的化学反应,宏观的化学系统平衡	学生个体认知 协作学习活动
	初值敏感性和非线性	蝴蝶效应	在开始学习时的认知激活将影响学习效果
	涌现性	候鸟排成"人"字形飞行	学生协同交互导致问题解决方案趋同

续表

领域	概念	相 关 实 例	学习与教育实例
个体行为	并行性	生物细胞通过多种蛋白质型号相互作用	协作学习活动
	条件触发	狼在饿的时候看到一只羊,就会去吃它	参与的学生有更强的毅力急需后面的学习
	适应于演化	在英国工业时代,百花蛾的翅膀颜色从白色斑点变为浅黑色	幼儿时认为地球是平的,小学阶段有"空心地球"的心智模型,再大一点知道地球真正的样子

3) 教育心理学

教育心理学是把心理学的理论或研究结论应用于教育领域,研究在教育教学情境中师生学与教相互作用的心理过程与心理规律的科学。由于在复杂教育教学情境中,个体与群体学习与行为、认知、情感之间紧密相关,具备动态性、内隐性、微观性等特性,因此教育心理学旨在研究外在教育现象与教学行为背后的规律与基本模式,研究学习与认知的发展规律和形成机制,以此应用于设计课程、改良教学方法、激发学习动机以及帮助学生面对成长过程中所遇到的各项困难和挑战。以下将从研究方法、相关理论、核心概念角度呈现教育心理学的知识体系(见表 4.16)。

表 4.16 教育心理学的知识体系

角 度		描 述
研究方法	实验法	根据研究目的,改变或控制某些条件,以引起被试某种心理活动的变化,从而揭示特定条件与这种心理活动之间关系的方法
	观察法	在教育过程中,研究者通过感官或借助于一定的科学仪器,有目的、有计划地考察和描述个体某种心理活动的表现或行为变化,从而收集相关的研究资料
相关理论	认知派学习理论	顿悟学习理论、符号学习理论、发现学习理论、有意义接受学习理论、信息加工学习理论
	人本主义学习理论	知情统一的教学目标观、有意义的自由学习观、学生中心的教学观、人本主义教学模式
	建构主义学习理论	知识观、学习观、学生观、教师观
		抛锚式教学模式、支架式教学、随机进入教学、自上而下的教学

角　度		描　述
核心概念	学习动机	强化理论、需要层次理论、成就动机理论、成败归因理论、自我效能理论
	学习策略	认知策略、元认知策略、资源管理策略
	学习迁移	早期：形式训练说、相同要素说、概括化理论、关系理论
		后期：认知结构迁移理论、产生式理论、情境性理论

4）认知神经科学

认知神经科学（Cognitive Neuroscience）是关于心智认知过程的生物学，是一门结合了认知心理学和神经科学的交叉学科。认知心理学关注大脑对外部世界的心智建模与信息处理过程，提供了对各种心理活动信息操作过程的概念和解释，神经科学关注的是有机体内部活动和行为控制的生物基础。因此，通过结合心理活动与大脑结构的研究，综合运用不同的方法研究感知、运动、情绪、学习、记忆、语言、注意与意识、认知控制以及社会认知等诸多心理过程，从而揭示人脑认知活动的机制具有重要的理论和实践价值。以下将从认知神经科学相关理论与研究主题的角度阐释认知神经科学的知识体系（见表4.17）。

表 4.17　认知神经科学的知识体系

角度		描　述
研究方法		脑电图（EEG）、脑磁图（MEG）、功能性磁共振成像（MRI）、事件相关电位（ERP）、经颅磁刺激（TMS）
相关理论		检测器与功能柱理论、群编码理论、多功能系统理论、基于环境的脑认知功能理论
研究主题	感知觉与物体识别	知觉重组与神经可塑性、多通道细胞发现、联觉多脑区加工
	运动和控制系统	运动计划表征、运动层级表征模型、运动编码
	注意	注意的概念、认知模型、认知资源分配理论、注意的神经机制
	学习记忆	记忆的概念、记忆障碍、记忆的神经机制
	情绪	情绪的概念、测量方法、情绪加工系统、情绪其他相关脑区研究

5）人工智能伦理与道德

人工智能的快速发展打破了人类现有的道德理论和价值观念，出现了隐私权和信息权的重构、人与环境价值的平衡等一系列问题。人工智能与大数据技术所具备的伦理意蕴,促使在人工智能与大数据技术赋能教育的同时,也需要遵守最根本的伦理道德、公序良俗以及教育教学的规律。因此,基于人工智能理论与教育理论,从角色、技术、社会 3 个层面探讨"人工智能＋教育"可能引发的伦理与道德问题,并基于此,提出需要遵循的人工智能理论原则与教育伦理原则很有必要。以下将从人工智能技术赋能教育可能出现的问题与必须遵循的原则两方面呈现人工智能伦理与道德的知识体系(见表 4.18)。

表 4.18　人工智能伦理与道德的知识体系

角　度		描　述
利益相关者伦理问题	系统创建者	如何保证教育人工智能的稳健性、安全性、可解释性、非歧视性和公平性
	教师	如何保护学生的隐私及个人安全;如何遵循伦理准则以做出伦理决策
	学生	如何保障涉及的知识产权的归属问题与明确的伦理规范
	监测员	如何保证教育人工智能的可解释性,以对其做出的决策、判断建立相应的解释方案
技术伦理问题	自动化决策伦理问责问题	如何保障智能道德代理具有一定的伦理决策与判断能力,协调各方利益
	算法伦理问题	如何处理具有创造性和创新性的学习活动过程
	数据伦理问题	如何保障学习者的能力、情绪、策略和误解等方面的数据伦理问题
社会伦理问题	人际关系问题	如何保障师生之间以及学生之间的正确关系
	社会不公平问题	如何保障人工智能教育应用过程中数字鸿沟带来的社会不公平问题
原则	问责原则、隐私原则、平等原则、透明原则、身份认同原则、预警原则	

2. 关键技术

基于人工智能的关键技术领域化成为"人工智能＋教育"知识结构中的重要组成部分。由于教育系统的复杂性,采集教育全过程数据、表征教育领域知识、分析教育数据并发现教育知识等关键技术是"人工智能＋教育"课程体系中不可或缺的内容,也是实现教育全过程个性化、智能化的基础。因此,"人工智能＋教育"的关键技术体系如图 4.20 所示。

"人工智能＋教育"的关键技术攻关必须融合教育学、心理学、计算机科学、脑科学等跨学科理论,以数据科学视角突破教育全过程中数据采集、融合与分析等瓶颈。

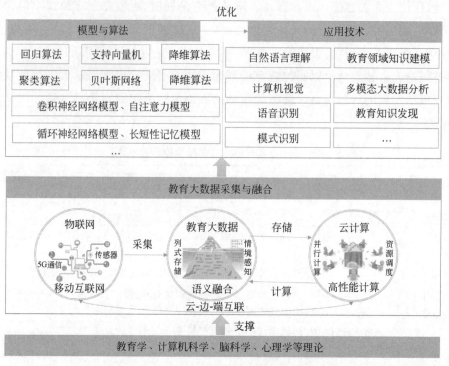

图 4.20 "人工智能＋教育"的关键技术体系

图 4.20 中物联网、5G 技术、移动互联网、云计算等技术的精进,带来计算力的大幅度提升,为教育全域大数据的智能采集、轻量级语义融合等提供了硬件技术基础。面向线上线下无缝整合的混合情境智能获取教育全过程数据,针对复杂教育场景下异构多模态感知数据的不可靠性,"人工智能＋教育"课程知识体系也应积极探索基于数据质量的高可用异构多源多模态存储和多层语义信息融合方法。基于教育大数据的建模与分析是"人工智能＋教育"课程内容的核心和价值所在。基于教育大数据构建教育领域知识模型,以实现面向教、学、考、评等多场景的领域知识表征。继而从教学活动的选择与干预、学习状态的判别与预测、教育管理预警与决策等教育全方面考虑,利用深度学习、大数据分析等相关算法分析对多模态教育情境数据进行表征与自动学习。教育知识发现是"人工智能＋教育"课程知识体系中不可或缺的重要技术,根据上述分析结果,获知各因素与教育分析结果间的关联关系,提炼与萃取隐形的、未知的、可理解的和应用潜力的知识,并形成诊断性的知识,能够有效支撑教学目标达成、学习效能提升等方面的智能化和个性化应用,为教育科学决策提供新的支持。

3.核心服务

　　"人工智能＋教育"的核心服务是"人工智能＋教育"方向的关键所在,以教师、学生、家长、社会等教育多类型主体的需求为出发点,充分发挥人工智能的大数据、强计算力、自适应、自主学习能力在教育活动中的优势,提供个性化的预警、归因、评价等核心服务。关于"人工智能＋教育"课程知识体系中的核心服务机制如图 4.21 所示,其重点是分析处理数据,获取支撑性知识,然后建立各项服务赋能,进而定制化形成全面综合"人工智能＋教育"核心服务体系。由于数据获取与分析上述关键技术部分已经详解,下面将主要阐述"人工智能＋教育"的核心服务。

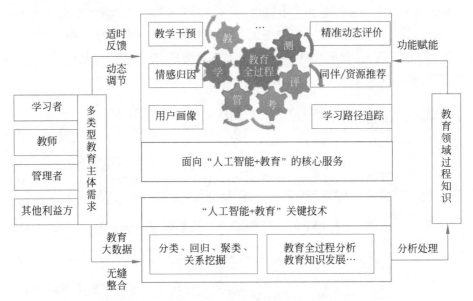

图 4.21　"人工智能＋教育"的核心服务机制

　　针对现有教育具有的交互低效、反馈不足、干预不及时等问题,建立教育全景式画像是实现智能教育服务的重要基础。继而,通过对多样化的用户建立用户画像,面向智慧课堂、在线直播、MOOC 等复杂混合场景,基于分析的结果,提供学习者异常行为或者学情等方面的预警服务。此外,寻求教育全过程中异常行为、情感、群体认知等方面出现的原因,实现高效归因推理服务,从而及时利用教学活动/测试难度调整、学习伙伴/资源/路径推荐等干预服务加以疏导。此外,面向教育全过程的精准评价也是衡量教育个体/群体协同增效、群体智慧与个人思维发展等水平的重要环节。因此,提供基于多主体多阶段协同交互的动态个体/群体学习质量评价服务有利于提高素质教育导向下教育效果。

4. 一体化平台

"人工智能＋教育"的交叉学科以教育心理学与认知神经科学等跨学科理论为基础,以人工智能为关键技术,探究人工智能赋能的教育教学核心服务,但在我国还缺乏"人工智能＋教育"研究的落地实践经验,因而建议在推进"人工智能＋教育"的交叉学科发展的道路上,通过搭建产、学、研、用一体化的智能化平台,促进"人工智能＋教育"研究与实践的同步发展。

"人工智能＋教育"一体化平台以教育领域核心需求为导向,整合了相关人工智能技术,提供核心教育功能服务的集中输出,在整个"人工智能＋教育"体系中处于重要且关键的技术引擎地位,实现了人工智能技术为教育应用系统赋能。图 4.22 所示为"人工智能＋教育"一体化平台参考框架,主要包括场景应用层、核心服务层、关键技术层、教育数据层、基础支撑层 5 个层次。

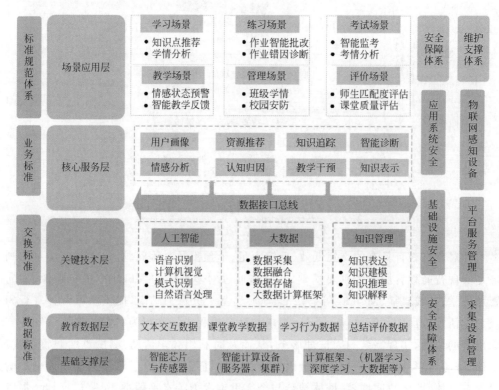

图 4.22 "人工智能＋教育"一体化平台参考框架

4.7.6　人工智能＋教育的基础知识类课程

课程：人工智能教育导论

英文名称：Introduction to Artificial Intelligence in Education。

学分：2.0。

周学时：2.0～0.0。

面向对象：本科生。

预修课程要求：教育学、计算机基础。

1. 课程介绍

本课程将从教育心理学、认知神经科学、复杂系统、数据科学等多学科交叉视角剖析"人工智能＋教育"发展趋势中的相关理论、技术与服务及其应用等。具体内容如下。

(1)"人工智能＋教育"相关研究领域：跟踪相关领域的发展脉络，揭示"人工智能＋教育"领域的发展现状与趋势。

(2)"人工智能＋教育"研究内容：主要包括教育知识表示、教育知识获取、教育知识应用 3 部分。其中，教育知识表示主要介绍教育概念表示、教育知识表示、教育知识图谱；教育知识获取主要介绍搜索技术、群智能算法、机器学习、人工神经网络与深度学习；教育知识应用涉及知识追踪、情感分析、学情预警、资源推荐、认知归因、智能评价 6 部分。力求将"人工智能＋教育"的发展脉络、技术理论、核心服务以翔实的形态展现于人前。

(3)"人工智能＋教育"案例分析：介绍了有关机器人教育、自适应学习、智能助学、智能助教、智能评价等在内的"人工智能＋教育"的应用实践成果。

通过本课程的学习，帮助学生了解"人工智能＋教育"的发展历程与未来趋势，熟悉"人工智能＋教育"的基础理论与关键技术等相关研究内容，培养"人工智能＋教育"的应用能力。

2. 教学目标

1) 课程定位及学习目标

本课程试图从教育心理学、认知神经科学、复杂系统、数据科学等多学科交叉视角,让学生初步了解"人工智能＋教育"领域的发展现状、基础理论与关键技术,采用项目式学习、小组合作的方式,让学生充分利用丰富的开源硬件和"人工智能＋教育"应用框架,搭建面向"人工智能＋教育"的应用场景,进一步激发学生探索新技术、新知识的积极性。

2)可测量结果

(1)了解"人工智能＋教育"的发展历程与概念定义。

(2)了解"人工智能＋教育"的核心理论与关键技术。

(3)采用项目式学习方法,充分利用丰富的开源硬件和人工智能应用框架等资源,搭建面向"人工智能＋教育"的应用场景。

(4)形成对"人工智能＋教育"基础理论与关键技术相关文献的阅读能力。

注:以上结果可以通过课堂讨论、课程作业以及课程论文等环节测量。

3. 课程要求

1)授课方式与要求

改变传统教学过程中教师单方面讲、学生被动接收的模式,通过问题设置、研讨汇报、答辩总结等途径激发学生的主动性与创造性,让学生以主体地位全面融入"人工智能＋教育"的课堂学习中。通过理论实践的融会贯通,让学生能够更全面地了解并掌握"人工智能＋教育"相关理论、技术、服务及应用等,形成对"人工智能＋教育"理论、技术及其应用的研究兴趣,更好地认识"人工智能＋教育"人才的需求,准确定位自我,并通过学生反馈改善教学思路,提高教学效果。主要授课形式如下:①教师讲授(讲授核心内容、总结、按顺序提示今后内容、答疑等);②课后阅读(按照课程内容顺序阅读课堂推荐书目及参考文献);③期末报告(辩论、汇报等形式)。

2)考试评分与建议

课程作业占 50%,期末报告占 50%。

4. 教学安排

第 1 模块:"人工智能＋教育"概论(1 周)

"人工智能＋教育"的发展阶段

"人工智能＋教育"的理论基础

人工智能＋教育的适切性

第 2 模块：人工智能赋能教育的关键技术体系(5 周)

教育全域数据采集与融合

教育领域知识建模

基于多模态教育大数据的智能分析

教育知识发现

第 3 模块：人工智能增能的教育核心服务(4 周)

基于数据分析结果的归因服务

面向教学全过程的预警服务

面向多类型教育主体的推荐服务

基于教育多阶段的动态评价服务

第 4 模块："人工智能＋教育"的应用(5 周)

技术赋能教育应用原则

"人工智能＋教育"的学习应用

"人工智能＋教育"的教学应用

"人工智能＋教育"的评估与管理应用

"人工智能＋教育"应用的实践活动

第 5 模块："人工智能＋教育"展望(1 周)

"人工智能＋教育"的伦理规范

"人工智能＋教育"发展挑战

"人工智能＋教育"发展前景

4.7.7　人工智能＋教育的科研实践类课程

课程一：科研实践　Ⅰ

英文名称：Scientific Research Practice I。

学分：2.0。

周学时：2.0～0.0。

面向对象：低年级本科生。

预修课程要求：人工智能教育导论。

课程介绍：通过线上线下混合方式收集数据,分析真实情境下(如在线学习或课堂教学)教育教学存在的问题(如交互低效、反馈不及时等),利用人工智能赋能教育的技术或者服务,针对线上或线下教学情境设计行之有效的策略。

课程二:科研实践 Ⅱ

英文名称:Scientific Research Practice Ⅱ。

学分:2.0。

周学时:2.0～0.0。

面向对象:高年级本科生。

预修课程要求:科研实践 Ⅰ。

课程介绍:该课程根据学生科研方面的工作进行学分和成绩论定。要获得科研实践课程的学分,需要提供以下材料:

(1) 导师的推荐信,说明该生科研工作的时间、内容、表现和已取得的成绩。

(2) 代表科研成果的证明材料(论文、获奖证书等),论文公开发表或国内外会议上正式报告(至少有录用说明),作者前三名有效,高层次会议可放宽。

(3) 学生本人的申请该课程的书面材料,然后由教学院长或课程组的负责老师进行审核,最后才给予学分和成绩。

参考文献

[1] 36氪研究院.2019年人工智能基础教育行业研究报告[EB/OL].[2021-07-03].http://36kr.com/p/1723720843265.html.

[2] 吴永和,刘博文,马晓玲.构筑"人工智能＋教育"的生态系统[J].远程教育杂志,2017,35(05):27-39.

[3] 闫志明,唐夏夏,秦旋,等.教育人工智能(EAI)的内涵、关键技术与应用趋势——美国《为人工智能的未来做好准备》和《国家人工智能研发战略规划》报告解析[J].远程教育杂志,2017,35(01):26-35.

[4] 李振,周东岱,刘娜,等.教育大数据的平台构建与关键实现技术[J].现代教育技术,2018,28(01):100-106.

[5] 36氪研究院.智能教育创新应用发展报告[EB/OL].[2021-07-03].http://36kr.com/p/1724265218049.html.

4.8　人工智能＋哲学

人工智能与哲学、逻辑学、认知科学等学科紧密关联。首先，与其他"X 哲学"一样，人工智能哲学分析人工智能所涉及的重要概念，并建议人工智能从业者什么能做到，什么不能做到[1]。近年来，人工智能伦理则进一步探索应该如何建立人工智能系统，使之符合人类的伦理价值，造福于人类。与其他"X＋哲学"不同的是，人工智能与哲学的关系更为紧密。其原因是二者之间共享许多重要概念，例如行动、意识、认识论，甚至自由意志等。这种关系在"强人工智能"研究领域显得尤为重要，其中涉及信念、推理和规划等抽象而复杂的概念与任务。在分析这些任务时，人工智能与哲学也面临共同的关键问题，即理解和处理常识性知识。此外，心灵哲学与人工智能的相关性也很明显。前者研究思维、知识和意识如何与物质世界相联系，而后者则关心如何建立能够思维和行动的计算机程序。

除了哲学方面的考量，在实现途径方面，现有的方法主要包括符号方法和亚符号方法。前者通过恰当的逻辑语言来表示知识，并通过逻辑演算实现推理；后者采用大数据技术和基于统计的机器学习方法来做出判断与决策。二者具有很强的互补性。近年来，大数据驱动的深度学习在图像识别、语音识别、自然语言处理等领域取得了巨大成功，但在算法的可解释性、鲁棒性、通用性等方面却存在瓶颈问题。同时，现有的算法强于感知计算，而弱于认知计算。面对这些问题，基于符号方法的知识图谱技术、因果推断技术、可解释人工智能技术等日益受到重视。这些技术的实现需要能够处理开放、动态、不确定信息的人工智能逻辑的支撑。

鉴于上述原因，从哲学、逻辑和认知科学的角度研究人工智能的概念、问题和实现途径，是促使人工智能技术取得重大突破的重要原动力。然而，从国内学术研究和人才培养的情况来看，哲学相关学科与人工智能的交叉方向尚未得到充分发展。首先，人工智能哲学研究薄弱，缺乏原创性的概念体系和方法体系来支撑人工智能技术的革新。其次，逻辑学理论研究与人工智能技术研究存在一定程度的脱节。究其原因，一方面是由于国内的逻辑学研究和课程教学一般放在哲学院系；另一方面则是由于计算机院系近年来主要关注机器学习相关方法，对逻辑学缺乏系统的学习与研究。再次，人工智能伦理这一交叉方向刚刚兴起,在国内还未形成成熟的研究体系和人才培养体系。

为了进一步促进人工智能的发展,急需在哲学学科框架下建立"人工智能＋哲学"方向。与这一思路相吻合的是,2020年9月24日,中国科学院哲学研究所成立,并下设5个研究中心(逻辑学与数学研究中心、物质科学哲学中心、生命科学哲学中心、智能与认知科学哲学中心以及科学与价值研究中心)。下面从人工智能的哲学基础、人工智能伦理、人工智能的逻辑学基础3个子方向的国内外课程设置现状进行进一步分析。

4.8.1 人工智能的哲学基础及人工智能伦理

2020年3月3日,教育部公布2019年度普通高等学校本科专业备案和审批结果,在新增备案本科专业名单中,中国人民大学、复旦大学、北京邮电大学、中国农业大学、北京化工大学等180所高校新增人工智能专业。在开设人工智能专业的高校中,北京大学、浙江大学、复旦大学、中山大学等设置了与人工智能直接关联的哲学课程,但大部分高校仅设有科学技术哲学、认知科学哲学、心智哲学等常规哲学课程,虽然这些课程教学内容与人工智能存在一定相关性,但缺少人工智能问题的针对性(见图4.23)。

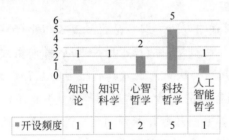

(a) 境内本科生哲学基础课程

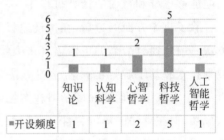

(b) 境内研究生哲学基础课程

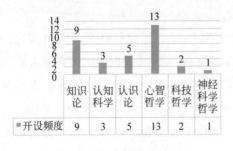

(c) 境外本科生哲学基础课程

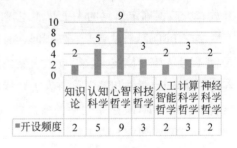

(d) 境外研究生哲学基础课程

图 4.23　哲学基础课程开设情况

从全球的情况来看,我们考察了牛津大学、剑桥大学、麻省理工学院、普林斯顿大学、耶鲁大学、哈佛大学、澳洲国立大学、多伦多大学、香港大学、北京大学、清华大学、浙江大学等近 30 所世界一流大学。在国内大学中,人工智能的哲学基础类课程目前以心智哲学、认知科学、知识论以及认识论哲学为主,这些课程大多作为不区分研究方向的哲学专业的本科必修课,而与人工智能更紧密相关的人工智能哲学相关课程较少,目前只有北京大学和浙江大学开设。相比国内,国外名校在本科生的课程设置方向与国内相似,但是在研究生课程中更为广泛,牛津大学和奥斯陆大学开设了人工智能哲学相关课程,爱丁堡大学开设了国内所没有的计算科学哲学。

因此,与人工智能直接相关的人工智能哲学和计算科学哲学已经起步并且有所发展,继续强化并细化人工智能的哲学基础研究是大势所趋。

与此同时,与人工智能伦理与方法相关的课程在本科教学中国内外高校都是以概述性的伦理学和工程伦理为主,在国内的研究生课程中目前还是以传统伦理学为主,而新兴的与人工智能相关的伦理课程却已在国外高校中出现,其中牛津大学和爱丁堡大学专门开设了人工智能伦理课程,慕尼黑大学开设了计算伦理学课程,芝加哥大学开设了数字时代的伦理课程。

人工智能作为一项新兴技术必然要受到伦理的约束,因而国内高校需要在人工智能伦理方面弥补目前的空白。图 4.24 为伦理方向课程开设情况。

通过上述分析可知,在人工智能的哲学基础和人工智能伦理方面,在传统哲学和伦理学课程的基础上,要针对新一代人工智能所面临的挑战性问题,加强人工智能哲学和人工智能伦理的研究和教学工作。

4.8.2　人工智能的逻辑学基础

在逻辑学研究方面,国内主要集中于哲学逻辑相关主题,包括认知逻辑、道义逻辑、时态逻辑、形式论辩等。涉及的研究机构主要在哲学系,如清华大学哲学系与清华大学-阿姆斯特丹大学逻辑学联合研究中心、北京大学哲学系、浙江大学哲学系及浙江大学逻辑与认知研究所、复旦大学哲学院、中国人民大学哲学系、南京大学哲学系与南京大学数学系、中山大学哲学系及中山大学逻辑与认知研究所、西南大学逻辑与智能研究中心等。人工智能逻辑以及计算机领域所关注的知识图谱推理、本体推理、因果推理等与哲学学科领域的上述研究较少有交集。

在教学方面,我们考察了牛津大学、剑桥大学、麻省理工学院、哈佛大学、卡内基-

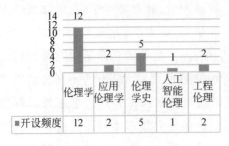

(a) 境内本科生伦理方向课程

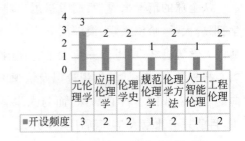

(b) 境内研究生伦理方向课程

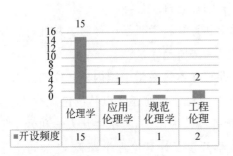

(c) 境外本科生伦理方向课程

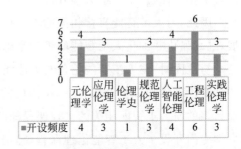

(d) 境外研究生伦理方向课程

图 4.24　伦理方向课程开设情况

梅隆大学、斯坦福大学、耶鲁大学、昆士兰大学、柏林自由大学、悉尼大学、阿姆斯特丹大学、乌得勒支大学、香港大学、北京大学、清华大学、浙江大学、中山大学等国内外近40所世界一流大学。在国内的高校中,逻辑学基础类课程均由哲学系开设,其中最普遍的是数理逻辑和哲学逻辑/模态逻辑,此外,清华大学哲学系、北京大学哲学系、浙江大学哲学系、复旦大学哲学院、中山大学哲学系等除了开设数理逻辑、模态逻辑、可计算性理论等逻辑基础课程,还开设了和主体规划、认知与动态、非单调推理、规范与价值推理等国际前沿热点进展密切相关的高级逻辑课程。相比国内而言,欧美发达国家的逻辑学类课程数量庞大,显得全面和丰富,层次也更加分明,兼顾本科生课程与研究生课程、必修课程与选修课程。其开设较多的课程有哲学逻辑/模态逻辑、知识表示与推理、计算与计算性、形式化方法与系统、人工智能逻辑与论辩理论等,也有高校开设逻辑与法律、概率、计算机、博弈、社会网络等与其他学科的高级交叉课程(见图4.25)。相比国内逻辑学类课程集中于哲学系的情况,国外高校在计算机系也设置了比较完整的逻辑学类课程体系,例如,英国牛津大学计算机系设置了计算机与哲学两个学科的特色基础课程,如离散数学、哲学概论、概率逻辑、可计算理论等。荷兰乌特勒支大学计算机系开设了模态逻辑、数理逻辑、多主体系统、自然语言处理、计算与复杂性等逻辑基础理论课程。

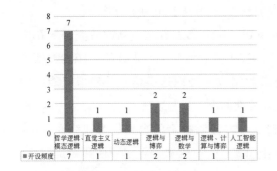

(a) 境内本科生逻辑方向课程

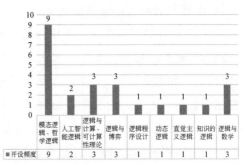

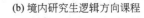

(b) 境内研究生逻辑方向课程

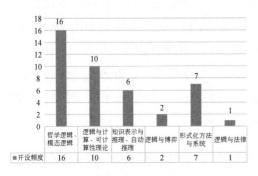

(c) 境外本科生逻辑方向课程

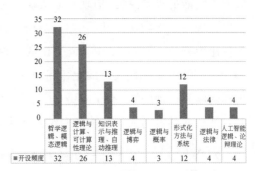

(d) 境外研究生逻辑方向课程

图 4.25　逻辑方向课程开设情况

鉴于上述原因,在国内哲学学科加强逻辑学与人工智能的交叉研究和教学,不仅可以顺应国际上逻辑学与人工智能交叉方向的发展趋势,而且能够克服国内计算机院系逻辑学研究较薄弱、不系统的缺点。

4.8.3　人工智能＋哲学方向的设置原因

1. 新一代人工智能驱动

哲学和逻辑学在人工智能的发展过程中一直发挥着基础性的作用。在大数据驱动的机器学习占据主流的情况下,这种作用从表面上看似乎有些减弱,但随着新一代人工智能技术往纵深发展,哲学和逻辑学的作用又开始凸显。

新一代人工智能是指围绕大数据智能、群体智能、跨媒体智能、人机混合增强智能和自主智能系统等新型人工智能应用领域，以云计算、大数据和机器学习等为核心要素，以伦理和规制为健康发展要求的人工智能新理论、新方法和新技术[2,3]。

2017 年，国务院《新一代人工智能发展规划》发布，标志着这一新的研究领域在国内进入快速发展阶段。为了实现上述各类智能，在多数情况下要求智能系统能够处理开放、动态和真实环境中的信息，但如何有效和高效地处理这类信息并确保智能体的自主决策符合人类的伦理考量仍然是一个开放性问题[4-6]。

具体而言，现有单纯基于统计学的机器学习方法以特定的数据集为训练样本，同时只研究事物之间的关联性，而不能阐明其因果性，因而既缺乏可解释性和稳定性，也缺乏对开放、动态信息的有效处理机制[7]；从大数据中发现和构造知识图谱是实现高级人工智能的重要途径，但现有方法缺乏对动态、不完全信息的语义表征和推理机制，难以实现高水平的认知计算[4,8]；现有自主智能系统不能反映人类伦理和法律的约束，如何建模开放、动态环境中智能主体的伦理决策是一个新的问题[3,9]。

为了解决新一代人工的瓶颈问题，特别是开放、动态环境下的常识推理问题、认知推理问题和伦理问题，不仅需要哲学、逻辑学和认知科学等在理论上取得新的突破，同时要把这些学科与人工智能紧密结合起来，做到真正针对问题，有的放矢。

2. 学校具备扎实的研究和教学基础

首先，在人才团队方面，浙江大学哲学学科通过多层次人才引育计划，打造国际化一流师资队伍，专业师资力量雄厚，现有长江学者 3 人，文科资深教授 1 人，文科领军 2 人，国家"万人计划"领军人才、中宣部"四个一"工程文化名家 1 人，青年长江学者 1 人，求是特聘教授 5 人，教育部新世纪优秀人才 3 人（上述数字有叠加）。基于这些人才优势，通过浙江大学语言与认知研究中心的多年交叉研究积累，在哲学、逻辑学、认知科学与人工智能交叉方向产生了系列研究成果。近年来，通过实施的浙江大学"大数据＋人文社科计划"和"双脑计划"，建立了"大数据＋推理与决策""逻辑、认知与人工智能""人工智能中的意识问题研究""价值与认知"等交叉创新团队，进一步强化了交叉学科人才队伍建设和交叉学科研究。此外，通过参与人工智能省部共建协同创新中心（浙江大学）建设，组织实施浙江大学-英国剑桥大学"世界顶尖大学战略合作计划"项目，进行与卢森堡大学计算机系、柏林自由大学计算机系、乌得勒支大学计算机系、清华大学-阿姆斯特丹大学逻辑学联合研究中心等的紧密合作，形成了"人工智能

＋哲学"的全球合作网络。

　　其次,在课程建设方面,浙江大学哲学系在哲学和逻辑学方向已经有系统化的课程设置。在现有本科生课程中,包括科技哲学导论、工程伦理导论、当代西方知识论、现代西方哲学、心智哲学、认知科学哲学、认识论、西方逻辑与理性、数理逻辑、哲学逻辑、社会网络等课程;在研究生课程中,包括逻辑学前沿、数理逻辑基础、模态逻辑基础、人工智能逻辑、模态逻辑前沿研究、规范伦理学、工程伦理:概念与案例、伦理学:方法与前沿、知识论研究、当代意识的哲学-科学研究等课程。另外方面,浙江大学计算机学院图灵班开设了"人工智能逻辑基础"本科课程,人工智能专业开设了"离散数学及其应用"和"人工智能伦理与完全"本科课程。

4.8.4　人工智能＋哲学方向的课程概况

　　本课程设置主要为了提升国内人工智能与哲学和逻辑学交叉学科教育水平。为此,所设置课程既包括了哲学及逻辑学的学科基础教育,也包括了与人工智能理论研究紧密结合的高阶课程。在基础课程方面,主要针对学生的逻辑思维与能力进行基础教育,提高学生的理性思维能力、计算机科学的基础学习能力。在专业必修课的设置上,与人工智能前沿研究的基础研究能力紧密结合,从前沿基础理论的深度上,训练学生在人工智能哲学和人工智能逻辑方面的学术基础能力。在专业选修课上,从学术前沿热点问题的广度上,提供给学生认识和探索人工智能与逻辑前沿的基础知识,提升其探索前沿研究的学术能力。

　　表 4.19 所示为浙江大学"人工智能＋哲学"方向的课程设置。

表 4.19　浙江大学"人工智能＋哲学"方向的课程设置

课 程 类 型	课 程 名 称
专业基础课程	哲学问题
	中西哲学史
	现代逻辑导论
	数理逻辑
	离散数学
	程序设计语言

课 程 类 型	课 程 名 称
专业必修课	现代西方哲学
	哲学方法
	科技哲学导论
	认知科学哲学
	心智哲学
	人工智能哲学
	计算科学哲学
	认识论
	规范伦理学
	模态逻辑基础
	人工智能逻辑导论
	逻辑编程
	计算复杂性
	高级模态逻辑
	非单调逻辑
	博弈论
专业选修课	当代西方知识论
	工程伦理：概念与案例
	形式论辩
	多主体系统
	知识表示与推理
	知识图谱推理
	因果推理

4.8.5 人工智能＋哲学课程介绍

课程：人工智能逻辑导论

英文名称：Introduction to Logic in Artificial Intelligence。

学分：3.0。

周学时 3.0～0.0。

面向对象：低年级本科生。

预修要求：离散数学。

1. 课程介绍

逻辑学是人工智能的基础。在多数情况下，为了让机器能够处理开放、动态、真实环境中的数据和信息，实现各种不同类型的智能推理，需要各种合适的逻辑工具。例如，把因果推理引入机器学习，以提高机器学习算法的可解释性和稳定性；把本体推理与知识图谱相结合，以实现基于语义理解的知识搜索和判断决策；把涉及伦理和法律的规范和价值引入人工智能，以让机器的决策受到伦理和法律的指导和约束；把多主体逻辑的技术结果引入机器学习，更好地处理多主体系统学习、群体智能等机器学习的问题。以新一代人工智能最新发展的关键科学问题为驱动，本课程将重点介绍服务于人工智能的逻辑学基础理论和方法，包括用于处理不完全、不一致信息的论辩逻辑，用于主体知识、信念、决策的多主体逻辑，用于约束社群行为的多主体规范逻辑，用于知识图谱推理的本体逻辑，以及用于发现数据之间因果联系的因果逻辑等。

2. 教学目标

1）学习目标

通过本课程的学习使学生能掌握人工智能逻辑的基础理论和方法，了解人工智能逻辑在新一代人工智能前沿研究方向的应用。

2）可测量结果

（1）掌握人工智能逻辑的基本理论和方法。

（2）熟悉各种人工智能逻辑体系的特点以及它们的区别与联系。

（3）了解人部分工智能逻辑系统的高效算法。

（4）了解人工智能逻辑在前沿方向的应用思路与方法。

3. 课程要求

1）授课方式与要求

（1）以多媒体形式课堂讲授（讲授核心内容、总结、按顺序提示今后内容、答疑、公布讨论主题等）。

（2）课后练习和团队合作（按照章节内容和课堂提出的公开问题进行课后练习、讨论）。

（3）期末考试。

2）考试评分与建议

本门课程的评分分为 3 部分，每部分分数分配如下：出勤、课堂发言讨论占 10%；课程作业占 30%；期末考试占 60%。

4. 教学安排

第 1 讲：人工智能逻辑概论

教学内容：人工智能与逻辑学发展简史，人工智能逻辑的前沿，人工智能逻辑的主要内容。

第 2 讲：命题逻辑、一阶逻辑

教学内容：语言，语义，形式推演。

第 3 讲：模态逻辑

教学内容：语言，语义，形式推演。

第 4 讲：论辩逻辑（一）

教学内容：抽象论辩框架，抽象论辩语义。

第 5 讲：论辩逻辑（二）

教学内容：结构化论辩，ASPIC＋，DeLP，ABA。

第 6 讲：论辩逻辑（三）

教学内容：从缺省逻辑到论辩系统，从回答集编程到论辩系统。

第 7 讲：论辩逻辑（四）

教学内容：论辩系统的动态性，论辩系统的模块化和高效算法。

第 8 讲：多主体逻辑（一）

教学内容：认知逻辑，动态认知逻辑。

第 9 讲：多主体逻辑（二）

教学内容：BDI 框架，认知规划。

第 10 讲：多主体逻辑（三）

教学内容：关于决策的逻辑，博弈逻辑，ATL。

第 11 讲：多主体逻辑（四）

教学内容：基于规范和价值的多主体系统。

第 12 讲：因果推理（一）

教学内容：反事实条件句，因果推断。

第 13 讲：因果推理（二）

教学内容：实际因果模型，干预。

第 14 讲：本体与知识图谱推理（一）

教学内容：知识图谱，基于演绎的知识图谱推理，描述逻辑，基于论辩的本体推理。

第 15 讲：本体与知识图谱推理（二）

教学内容：基于归纳的知识图谱推理，基于图结构的推理，基于规则学习的推理，基于表示学习的推理。

第 16 讲：复习

教学内容：总结与复习，学生课堂讨论，答疑。

致谢

参与本章主要内容讨论的包括：浙江大学教授李恒威，研究员魏斌，博士后董惠敏、罗捷婷，研究生陈琛、沈一起、王昊晟；清华大学教授刘奋荣，中山大学副教授王轶。另外，李恒威、王昊晟、陈琛、沈一起提供了相关数据和资料。

参考文献

[1] JOHN MCCARTHY. The Philosophy of AI and the AI of Philosoph[J]. Philosophy of Information，2008，8：711-740.

[2] YUNHE PAN. Heading toward Artificial Intelligence 2.0[J]. Engineering，2016，2(4)：409-413.

[3] HUW ROBERTS，JOSH COWLS，JESSICA MORLEY，et al. The Chinese approach to artificial intelligence：an analysis of policy，ethics，and regulation[J]. AI & SOCIETY，2021，36(6)：59-77.

[4] YUE-TING ZHUANG，FEI WU，CHUN CHEN，et al. Challenges and opportunities：from big data to knowledge in AI 2.0[J]. Frontiers of Information Technology & Electronic Engineering，2017，18：3-14.

[5] WEI LI，WEN-JUN WU，HUAI-MIN WANG，et al. Crowd intelligence in AI 2.0 era[J]. Frontiers of Information Technology & Electronic Engineering，

2017，18：15-43.

　　[6]　TAO ZHANG，QING LI，CHANG-SHUI ZHANG，et al. Current trends in the development of intelligent unmanned autonomous systems[J]. Frontiers of Information Technology & Electronic Engineering，2017，18：68-85.

　　[7]　KUN KUANG，LIAN LI，ZHI GENG，et al. Causal Inference[J]. Engineering，2020，6(3)：253-263.

　　[8]　WEIZHUO LI，GUILIN QI，QIU JI. Hybrid reasoning in knowledge graphs：Combing symbolic reasoning and statistical reasoning[J]. Semantic Web，2020，11(1)：53-62.

　　[9]　ANNA JOBIN，MARCELLO IENCA，EFFY VAYENA. The Global Landscape of AI Ethics Guidelines[J]. Nature Machine Intelligence，2019，1：389-399.

4.9　智能财务

　　改革开放 40 多年来，会计和财务理论界及实务界在理论与实践、人才培养等方面成绩斐然，为中国的经济发展、社会进步、人才培养和国家治理做出了重要贡献。随着数字经济和商业智能变革，以人工智能为核心的新一代信息技术已经深刻地影响了商业实践创新，并推动会计和财务从电算化、信息化向数字化和智能化发展。

　　信息技术已在会计、财务和商业领域大范围深度应用与实践。2016 年，德勤和 Kira Systems 联手宣布将人工智能引入会计、税务、审计等工作中，标志着我国开启了局部会计智能化阶段。随后，国内的用友、金蝶、元年等财务软件厂商也分别推出了智能财务产品。2017 年，德勤推出第一款财务机器人，随后以"四大"为代表的会计师事务所和财务软件厂商提出了财务机器人方案。根据上海国家会计学院 2019 年发布的调查报告，对会计从业人员影响程度最高的 10 项信息技术依次为：① 财务云（72.1%）；② 电子发票（69.5%）；③ 移动支付（50.7%）；④ 数据挖掘（46.9%）；⑤ 数字签名（44.5%）；⑥ 电子档案（43.1%）；⑦ 在线审计（41.4%）；⑧ 区块链发票（41.1%）；⑨ 移动互联网（39.6%）；⑩ 财务专家系统（37.70%）。这些新兴信息技术着眼于传统财务场景中的难点与痛点,通过对几大基础技术的灵活运用,实现复杂情境下的企业运营管理需求。例如,财务云就是将集团企业财务共享管理模式与云计算、移动互联网、大数据等计算机技术有效融合,实现财务共享服务、财务管理、资金管理三中心合一,建立集中、统一的企业财务云中心,支持多终端接入模式,实现"核算、报账、资金、决策"在全集团内的协同应用。

"大智移云物区"是智能财务变革的重要技术载体与推动力。智能财务通过将企业业务、财务场景和数字化技术融合,重塑企业组织和流程,重构新的财务管理模式。与传统财务工作相比,智能财务所运用的数据从财务数据拓展到业务数据,从企业内部扩展到企业外部,从结构化数据延伸到非结构化数据,数据流架设于多种形态的云计算平台上,利用充足算力资源为智能财务提供强有力引擎。在场景方面,智能财务着眼于企业业务痛点,将技术优势与痛点解决相结合,实现精准的场景化应用。未来,实务界将实现数字经济时代智能财务的范式转型,基于"大智移云物区"技术,搭建覆盖财务共享、资金管理、会计报告、税务管理、成本费用管理、预算与分析、管理报告、预测决策的新时代智能财务体系(见图 4.26)。

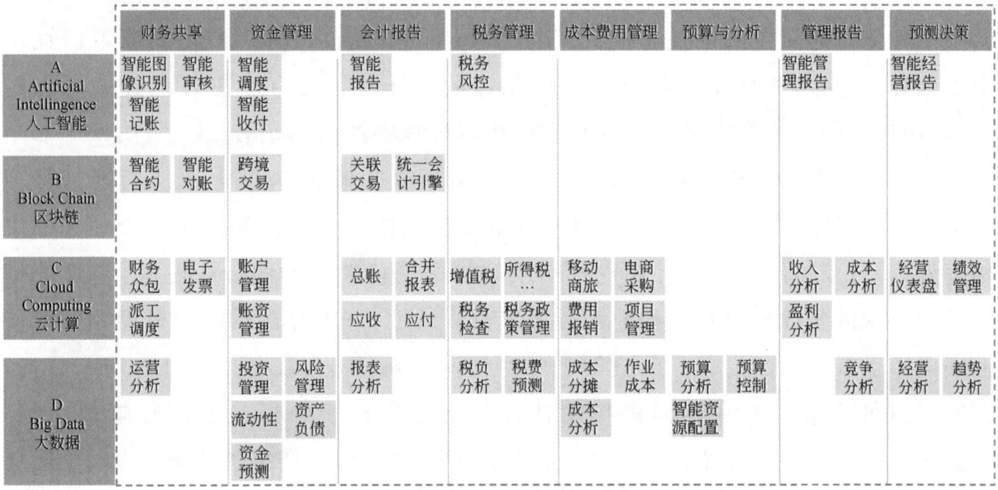

分类	财务共享	资金管理	会计报告	税务管理	成本费用管理	预算与分析	管理报告	预测决策
A Artificial Intellingence 人工智能	智能图像识别 智能记账 / 智能审核	智能调度 智能收付	智能报告	税务风控			智能管理报告	智能经营报告
B Block Chain 区块链	智能合约 智能对账	跨境交易	关联交易 统一会计引擎					
C Cloud Computing 云计算	财务众包 派工调度 / 电子发票	账户管理 账资管理	总账 合并报表 / 应收 应付	增值税 所得税 / 税务检查 税费政策管理	移动商旅 电商采购 / 费用报销 项目管理		收入分析 成本分析 / 盈利分析	经营仪表盘 绩效管理
D Big Data 大数据	运营分析	投资管理 风险管理 / 流动性 资产负债 / 资金预测	报表分析	税负分析 税费预测	成本分摊 作业成本 / 成本分析	预算分析 预算控制 / 智能资源配置	竞争分析	经营分析 趋势分析

图 4.26 数字经济时代智能财务的范式转型

传统财务部门的金字塔式人员结构也正在发生变革,基础会计核算将逐步被财务机器人替代,决策支持与业务财务将在企业战略与决策制定中扮演愈发重要的角色(见图 4.27)。智能财务背景下对财务人员的基本能力有了全新的要求,包括对大数据的洞察和分析决策能力、对价值的计量与市场判断能力、对敏捷资源的统筹与精准配置能力,以及敏捷的财务组织和数字化人才变革能力[①]。

图 4.27　财务部门传统金字塔结构的转换

4.9.1　智能财务学术研究发展现状

随着人工智能相关技术和智能财务实践的快速发展,学者们对智能财务也越来越重视,近几年在国际顶级期刊上的发文量也明显增加。与传统社会科学研究所采用的定性分析或"假设-验证"类定量分析的研究模式不同,基于人工智能的数据集约型研究能够通过大数据技术实现资料的自动搜索、获取和整理过程,获取研究对象的全样本数据,相比于传统部分推断整体的抽样式调查方法更好地描绘研究对象;运用机器学习等技术手段可以在企业运营过程中产生的语音、文字、图像等非结构化数据中提取出结构化数据,进一步丰富实证数据来源。此外,人工智能为社会科学研究提供了方法和研究理念,其包含的多种数据分析算法构建了一个强大的决策框架,相较于传统财务会计理论模型展现出了更精准的预测分析能力。Bao 等用机器学习中的集成学习算法构建财务舞弊预测模型,与传统逻辑回归模型相比在预测准确率上有较大的提升。Ding 等通过对比保险公司损失准备金估计和现实数据,证实了由机器学习算法预测的损失估计优于财务报表中报告的实际管理估计。Brown 等利用机器学习技术中的 LDA 算法分析财务报表披露的主题内容,发现这些文本类主题内容在预测错报方面存在增量信息。这些研究为人工智能赋能财务提供了经验证据。

---

① 资料来源:安永观察。

4.9.2　国内外相关学科的发展

以人工智能为核心的信息技术的飞速发展,对传统财经管理教育体系构成了新的挑战。国内外教育界逐渐意识到这个严峻问题,境外高校逐渐向商业数据分析转型。2016 年麻省理工学院(MIT)开设商业分析(Business Analytics)项目,由 MIT Sloan 商学院和 MIT Operations Research Center(ORC)合办,主要培养学生运用和管理数据科学,解决商业挑战中遇到的问题。除 MIT 外,目前美国有包括哥伦比亚大学、杜克大学、芝加哥大学在内的 30 多所学校开设了商业分析专业或类似专业。在亚洲,新加坡管理大学会计学院(SMU SOA)于 2018 年推出亚洲首个财务大数据分析硕士(MSA with Data and Analytics)项目,为亚太地区培养既懂财务又懂数据科技的复合型专业人才。该项目旨在进一步提升学生的财务技能,让学生掌握最流行的大数据分析工具(比如数据管理语言 SQL、数据抓取工具 Python、数据分析语言 R 等),以及如何将数据科技和财务知识结合起来应用于实务操作中(例如财务预测、法务分析、价值投资、金融工具分析等)。此外新加坡南洋理工大学、香港中文大学、香港大学、香港科技大学也都开设了相关专业。

中国大陆高校的财务和会计学科也陆续开始向智能化转型,并且相对境外同行,中国大陆高校转型更凸显了在会计和财务专业上的融合。例如,浙江大学招收智能财务方向,山东财经大学招收智能会计方向,中国人民大学开设智能会计方向,哈尔滨工业大学成立大数据会计方向,西南财经大学开设会计学大数据实验班等。以人工智能为代表的信息技术对会计和财务教育工作既是挑战,也是机遇。智能化改革过程充满挑战,需要学界同仁和社会同行共商共创专业未来。2020 年 1 月 6 日,来自 200 多所高校相关专业的专家学者、学科负责人和教师代表以及业界专家齐聚浙江大学紫金港校区,召开我国首次"中国会计、财务、投资智能化暨智能财务专业创新研讨会",共同研讨智能化趋势对会计和财务学科未来建设的重大影响,共同商议智能财务和会计相关专业创新和人才培养的未来发展,并共同发出《重视 AI 技术发展共商共创专业未来》倡议书(详见附录 A),呼吁:"让我们携起手来,积极探索促改革,主动创新谋发展,共同建设人工智能时代的会计和财务学科及其相关专业,共同创立融人工智能技术和相关专业知识于一体的复合型专业人才培养模式。"

浙江大学于 2019 年 5 月成立智能财务专业,如今两届招生,招生录取分数线连续两年位居浙江大学专业榜首(2020 年录取最低分排浙江省高考 337 名;2019 年录取最低分排浙江省高考 255 名）。这为我国会计和财务专业智能化改革也增强了信心。

4.9.3　智能财务专业设置原因

1. 政策引领驱动

人工智能是引领未来的战略性技术，我国高度重视人工智能领域专业建设和人才培养。2017，国务院发布《新一代人工智能发展规划》强调，"重视复合型人才培养，重点培养……掌握'人工智能＋'经济、社会、管理、标准、法律等的横向复合型人才。"2018 年，教育部出台《高等学校人工智能创新行动计划》，进一步明确"人工智能＋X"复合专业培养新模式，建设"人工智能＋X"复合特色专业。浙江大学始终将学校建设规划与国家发展战略和重大需求、民族振兴和社会进步紧密结合。浙江大学是国内最早研究人工智能的高校之一，两个 A＋学科——计算机科学与技术、软件工程为人工智能的创新发展提供了有力支撑。在人工智能领域涌现出潘云鹤、陈纯、吴朝晖等一批院士专家。顺应全球科技创新趋势和国家战略需求，浙江大学启动实施创新 2030计划，将发挥多学科综合优势，按照一流导向、引领未来、汇聚融合、体系开放、动态发展的原则，面向 2030 年构建未来创新蓝图、形成浙大创新方案，前瞻布局和重点发展一批会聚型学科领域及交叉研究方向。2018 年，发布首个"创新 2030"专项计划——脑科学与人工智能会聚研究计划（简称"双脑计划"），重点推进脑科学与意识、下一代人工智能、脑机交叉融合等前沿方向的研究，同时围绕"脑科学＋""人工智能＋"开展高水平学科会聚研究。"人工智能＋"推动人工智能与教育学、医学、农学、社会科学等学科的交叉会聚，优化人工智能学科生态。浙江大学积极推进基于"人工智能＋"的新文科。2019 年 3 月，吴朝晖校长提出新财务和新金融专业建设的设想，即培养"人工智能＋会计财务"和"人工智能＋金融"的跨界复合型人才。2019 年 5 月，浙江大学管理学院和竺可桢学院先行先试，围绕"会计财务＋大数据＋人工智能"的深度融合，融合"商学＋科技"，率先推出智能财务专业方向竺可桢本科班。

2. 理论需求驱动

智能财务是将以人工智能、大数据、云计算、区块链等为核心的信息科技和数字资源与会计和财务管理相融合，通过构建或利用以数字化服务平台和智能化管理决策支持系统，进而提升会计和财务管理的效率和效果，拓展和实现会计财务职能及其战略价值。开设智能财务专业,有助于促进会计学、公司金融、经济学、数据科学、统计学、计算机、社会科学等多学科理论的交叉融合,拓宽传统理论研究的视角,并提供新的思维方式,从而促进创造财会学科发展的新理论、新方法,为人类贡献管理思想与智慧。

3. 技术牵引驱动

算力、数据、算法三者的发展是财务智能化的基础。随着芯片技术、云计算等技术的飞速发展,为智能化提供了强大的算力保障,以大数据为代表的信息技术突破,能够从场景中提供更广泛和高质量的数据,进而促进算法的不断迭代和优化。例如,基于当前技术支持,会计和财务能够有效实现业务——数据——算法——业务的智能化正向运作,即在算力的保障下,从业务中将数据(涉及企业内外部信息)沉淀下来,数据驱动算法的优化形成有效决策,进而促进业务发展,从而有效地正向反馈。

4. 人才需求驱动

随着数字经济和商业智能变革,人工智能、大数据、云计算、区块链等信息技术已经深刻地影响了商业实践创新,并在会计、财务和商业领域大范围深度应用与实践。顺应数字化和智能化发展趋势,未来的商业社会对财务会计人才的要求不仅需要具备扎实会计和财务专业基础,同时也更加急迫地需要兼备人工智能、信息技术以及数据科学与大数据技术的理论基础和应用能力,能够在面对复杂的内外部经营环境,利用智能财务系统进行高效率的分析和决策,并能够胜任智能财务系统的开发、设计、应用和实现等创新工作的跨界复合型高级管理人才。面向未来、拥抱创新的专业人才培养,也将使得智能财务专业的学生更有机会成为复合型、研究型的高级管理人才与未来商业领导者。

5. 人才发展驱动

随着会计和财务智能化的快速发展,财务组织模式和财会人员组成均会重构。当前以交易处理和核算为主体的财会人员结构将会转变为以管理和决策为主体的人员结构。智能财务工具和系统的大范围应用将使得数据的收集、信息的加工和传输以及决策支持能力变得更强、更有效率,"用数据来管理、用数据来决策、用数据来创新",将会使智能财务岗位成为财务、技术、业务的跨界沟通者,企业及利益相关者的信息中枢、组织管控和决策的数字神经网络。因此,具备复合型跨学科背景的智能财务毕业生,将拥有更为广泛的就业选择、出色的全球竞争力和优秀的未来职业成长潜力。同时,"会计财务＋大数据＋人工智能"的深度融合,打造跨界协同创新的培养体系,帮助学生建立坚实的知识壁垒和专业护城河,提升技术创新能力和商业竞争优势,塑造核心竞争力。

4.9.4 智能财务课程设置状况

浙江大学智能财务专业以"专业引领、数据驱动和智能实现"的理念构建了"会计财务＋大数据＋人工智能"协同创新课程体系。浙江大学智能财务重视专业在智能化改革中的引领地位,智能化发展的初衷是促进财会专业的发展。数据是反映、控制和决策的基础,在智能化时代,能够高效可靠地采集、存储和使用财务、业务及企业内部外部的数据(包括结构化和非结构化),基于大数据,人工智能技术进一步实现智能化的管控和决策。当然,各技术需要相互融合支撑,赋能会计和财务职能,驱动企业价值。

基于此,完整的智能财务课程体系应该包括财会类核心课程、人工智能和大数据为基础的信息技术类课程,以及"会计财务＋大数据＋人工智能"深度融合的融合类课程,如图 4.28 所示。

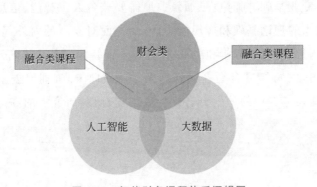

图 4.28　智能财务课程体系逻辑图

如表 4.20 所示,浙江大学智能财务类核心课程主要为传统财会类课程;大数据、人工智能类课程则主要为信息技术及思维;商业融合类课程为了加强专业与技术之间的融合,包括智能财务、人工智能与商业分析、大数据与财务决策、投资智能化、区块链与业财融合以及会计实践前沿与专业实训,未来融合类课程比例会进一步提升。此外,还通过案例教学、聘请实务专家授课和分享以及企业实地调研等方式,让学生将理论与实务相结合,了解智能财务的实践前沿,理解科技如何赋能财会智能、驱动价值创造。

表 4.20　智能财务类核心课程

课 程 类 型	课 程 名 称
财会类课程	财务管理
	财务会计
	公司治理与内部控制
	税法与税务筹划
	管理会计
	审计学
	投资学
	财务报表分析
	并购与重组
	高级财务管理
大数据、人工智能课程	Python 程序设计
	人工智能基础
	数据结构
	数据挖掘与机器学习
	分布式文件系统及数据库技术
	数据分析与可视化
	非结构化数据分析与应用
	通信与计算机网络
融合类课程	智能财务
	人工智能与商业分析
	大数据与财务决策
	投资智能化
	区块链与业财融合
	会计实践前沿与专业实训

4.9.5 智能财务课程介绍

课程一：智能财务

英文名称：Intelligent Finance and Accounting。
学分：2.0。
周学时：2.0。
面向对象：本科生、硕士。
预修课程要求：公司财务、会计学

1. 课程介绍

本课程主要为学生提供一门理解智能财务的入门基础课程，使学生了解智能财务发展的背景、内涵、框架，形成智能时代的思维方式，认知智能时代的商业变革，掌握主要信息技术，通过典型的案例分析，深入理解技术与财务、业务或场景融合原理、思路及创新，并培养学生举一反三的创新能力。

2. 教学目标

（1）学习和了解智能财务产生的背景，理解智能财务的含义及框架。

（2）学习和理解智能时代下的思维方式和商业变革。

（3）了解智能时代影响财务和会计的主要技术，并理解这些技术如何影响财务。

（4）能够基于智能财务的逻辑和业务逻辑，利用技术对现有财会审进行创新。

（5）培养智能时代优秀的职业道德素养。

3. 课程要求

1）授课方式与要求

（1）课堂讲授（讲授核心内容、参与课堂讨论、完成课堂作业等）。

（2）案例分析与展示（针对案例资料进行分析，并课堂汇报讨论）。

（3）期末考试。

2）考试评分与建议

期末考试占 60%，案例分析与展示占 20%，课堂作业及课堂参与占 20%。

4. 教学安排

第 1 章：数字经济与智能财务

教学内容：数字经济时代的发展趋势，财务和会计面临的挑战和机遇，智能财务的含义及特征，人才培养的转型等。

第 2 章：智能财务思维和体系

教学内容：智能财务的思维方式、商业创新，以及智能财务基本概念框架。

第 3 章：智能化财务变革

教学内容：智能财务转型的关键要素，智能时代的组织变革，财务人员结构变化，思维变革，智能财务转型的路径。

第 4 章：智能时代的新技术

教学内容：主要介绍智能时代影响财务的主要技术，包括但不限于大数据、人工智能、区块链和云计算等。

第 5 章：财务会计智能化

教学内容：主要讲解财务会计领域的智能化，包括会计核算智能化、智能财务报告、会计档案管理智能化、数字化下会计及准则新问题等。

第 6 章：智能管理会计与决策

教学内容：主要讲解管理会计中的智能化，包括预算管理智能化、成本与收益管理智能化、资金管理智能化、智能分析与决策等。

第 7 章：智能时代财务共享

教学内容：财务共享的智能化升级。

第 8 章：风险管理智能化

教学内容：智能时代的内部控制与风险管理，包括流程及事前、事中和事后管控。

第 9 章：智能时代财务分析与可视化

教学内容：讲解利用新技术加强数据分析并提升使用者的体验及与外界的沟通效率，包括 tableau 介绍及应用等。

第 10 章：审计智能化

教学内容：讲解智能时代审计理论与实践的创新。

第 11 章：税务智能化

教学内容：讲解智能时代税务创新，包括税收征缴环节和系统、税收筹划等。

第 12 章：智能时代金融机构与市场

教学内容：主要讲解企业与金融机构、市场之间交易的智能化，包括金融科技、智能化投资、智能监管等。

第 13 章：智能时代职业道德

教学内容：主要讲解智能时代职业道德面临的新问题和挑战，以及职业道德框架等。

课程二：人工智能与商业分析

英文名称：Artificial Intelligence and Business Analytics。

学分：2.0。

周学时：2.0。

面向对象：本科生。

预修课程要求：微积分、线性代数、Python。

1. 课程介绍

本课程的目标是为商科学生提供一个深入理解人工智能和商业分析的入门基础，使学生了解人工智能的基本概念、发展历史、经典算法、商业应用，了解人工智能商业分析对人类社会的深远影响，从而为学生今后在人工智能相关领域进行深入研究奠定基础。本课程内容包括搜索求解、知识图谱、监督学习、无监督学习、深度学习、强化学习基本方法和应用案例，以及在商业等方面的典型应用。

2. 教学目标

（1）学习和掌握人工智能和商业分析的基本概念、发展简史和典型应用。

（2）掌握人工智能和商业分析的基本方法和模型原理，并编程实现几种方法。

（3）了解人工智能在商业场景如零售、制造、金融、医疗和社会民生中的典型应用。

（4）让学生掌握人工智能的基础理论和方法，结合商业行业需求开展应用分析。

（5）通过学习和实践推动人工智能在商业、管理、金融和财务等方向的发展。

3. 课程要求

1）授课方式与要求

（1）教师讲授（讲授核心内容、总结、按顺序提示今后内容、答疑、公布讨论主题等）。

（2）课后阅读（按照主题推荐参考文献，进行阅读和分组讨论，进行汇报）。

（3）编程实现（面向应用，给定数据，编程实现和效果度量）。

2）考试评分与建议

期末编程大作业占 60%，课程小作业占 20%，文献阅读报告占 20%。

4. 教学安排

1）第一模块　人工智能与商业分析总论

该模块由人工智能的影响引入，介绍人工智能的发展历史、基本概念、人工智能思维与内涵，在介绍的过程中结合财务管控中已有应用案例，为学生搭建人工智能技术在商业分析中应用的认知基础。

第 1 讲　人工智能概述

1.1 人工智能改变世界

1.2 人工智能的发展简史

1.3 人工智能的基本概念

1.4 人工智能的商业问题

1.5 财务管控应用场景

2）第二模块　商务智能技术基础

该模块介绍商业分析情境下所需的人工智能技术基础，主要包括搜索求解、知识图谱、机器学习及深度学习技术，重点介绍机器学习中的神经网络与深度学习原理，并结合实际案例，就多种算法原理及其适用商业分析领域展开深入讲解。

第 2 讲　搜索求解

2.1 启发式搜索

2.2 深度优先搜索

2.3 博弈搜索

2.4 搜索求解在商业分析中的应用

第三讲　知识表示和推理

3.1 引言

3.2 知识表示的概念

3.3 谓词推理和推理

3.4 知识图谱的概念

3.5 典型知识图谱

3.6 知识图谱技术在商业分析中的应用

第 4 讲　统计机器学习：监督学习

4.1 机器学习的基本概念

4.2 线性回归分析

4.3 贝叶斯分析

4.4 Ada Boosting

4.5 决策树、SVM

4.6 迁移学习

4.7 商品识别案例

第 5 讲 统计机器学习：无监督学习

5.1 K-means 聚类

5.2 主成分分析 PCA

5.3 期望极大算法 EM

5.4 生成对抗网络

5.5 商业推荐和检索案例

第 6 讲　深度学习和强化学习

6.1 前馈神经网络（误差后向传播）

6.2 卷积神经网络

6.3 深度学习可解释

6.4 马尔可夫决策

6.5 强化学习

6.5 深度学习和强化学习在财务分析和决策中的应用

3）第三模块　人工智能和商业分析案例研究

本模块重点介绍商业分析领域的人工智能应用前沿，并围绕销售、金融、医疗、教育等商务分析的具体应用场景开展案例介绍，将人工智能基于目前的商业应用层次向更明确的知识获取做进一步的延伸。

第 7 讲　人工智能和商业分析应用

7.1 文本主题和推荐

7.2 商品图像识别与分类

参考文献

［1］　YANG BAO，BIN KE，BIN LI，et al. Detecting accounting fraud in publicly traded US firms using a machine learning approach［J］. Journal of Accounting Research，2020，58(1)：199-235.

［2］　NERISSA C BROWN，RICHARD M CROWLEY，W Brooke Elliott. What are you saying? Using topic to detect financial misreporting［J］. Journal of Accounting Research，2020，58(1)：237-291.

［3］　KEXING DING，BARUCH LEV，XUAN PENG，et al. Machine learning improves accounting estimates：evidence from insurance payments［J］. Review of Accounting Studies，2020，25(3)：1098-1134.

［4］　SOOHYUN CHO，MIKLOS A Vasarhelyi，TING SUN，et al. Learning from machine learning in accounting and assurance［J］. Editorial，2020，17(1)：1-10.

［5］　ROSSEN PETKOV. Artificial intelligence（AI）and the accounting function—A revisit and a new perspective for developing framework［J］. Journal of Emerging Technologies in Accounting，2020，17(1)：99-105.

4.10　人工智能＋公共管理学

人工智能技术正快速融入人类生产生活的各个领域。作为一种颠覆性技术（Disruptive Technology），人工智能一方面在重复性劳动和简单知识推理等领域显著提升了人类生产力，另一方面也不断塑造着人类的心理认知和行为模式，并对既有的价值体系和社会秩序造成冲击。在公共管理领域，上述"双刃剑"效应体现得尤为明显,引起了实务界与学界的广泛关注。首先,主要大国竞相将人工智能作为提升国家竞争力的重要战略部署,积极开展对人工智能的发展状况、已有和潜在应用以及可能引发的社会和政策问题的深入研究和预测。其次,"人工智能＋公共管理"也逐渐成为学术界关注的热点话题。笔者以"Artificial intelligence ＋ social influence/impact/change""Artificial intelligence ＋ governance""人工智能＋社会影响/变革""人工智能＋治理"等为关键词对 Web of Science 及 CNKI 数据库 2001 年—2020 年 9 月发表的文献进行检索,剔除无效数据后共得到相关文献 2430 篇,相关发表趋势变化如图 4.29所示,可以看出自 2017 年后学术界对"人工智能＋公共管理"的关注度呈现出爆发式增长趋势。最后,国内外相关知名高校先后设置"人工智能＋公共管理"相关研究方向或专业课程,强化专业人才培养,进一步推动了人工智能与公共管理学科的深度融合。

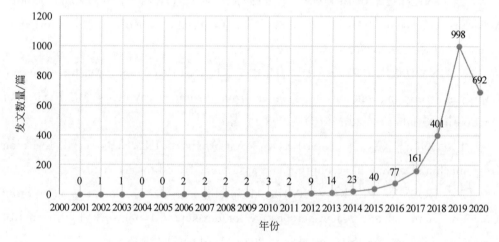

素材来源:CNKI 和 Web of Science 数据库,时间截至 2020 年 9 月

图 4.29　以"人工智能＋公共管理"为主题的中英文文献发表趋势变化图

在日益增长的"人工智能＋公共管理"文献中,研究者逐步演化出两条特色鲜明的研究路径。第一类研究更加关注人工智能作为公共管理实践与研究的客体,重点探索人工智能的应用对于劳动力就业、医疗卫生、伦理道德、法律法规、金融市场、交通运输等领域的影响,以及政府如何有针对性地制定相关政策和完善治理体系。第二类研究相对少见,更加关注人工智能技术作为一种新兴的社会研究方法,如何融入并改进公共管理学科已有的方法论体系,提升研究效率,促进学科交融。本节首先对于两条路径的研究现状进行论述,最后简要介绍国内外知名高校相关课程的设置情况。

4.10.1　人工智能作为公共管理实践与研究的对象

笔者进一步整理了基于 CNKI 和 Web of Science 检索得到的 2430 篇"人工智能＋公共管理"文章,绘制关键词共现网络如图 4.30 所示,可以发现当研究者将人工智能作为公共管理实践与研究的对象时,逐步分化出宏观、中观与微观 3 种不同的研究层次。微观层次上,主要从技术与人互动关系出发,将关注的焦点放在对"人"行为习惯、行为特征、思维方式、社会网络等的影响上。中观层次上,从人工智能在不同行业组织中的应用出发,关注人工智能给不同行业带来的组织变革与生产力提升。宏观层次上,从整体社会动态出发,分析人类社会智能化转型过程中的制度变迁、政策响应与治理体系等问题。

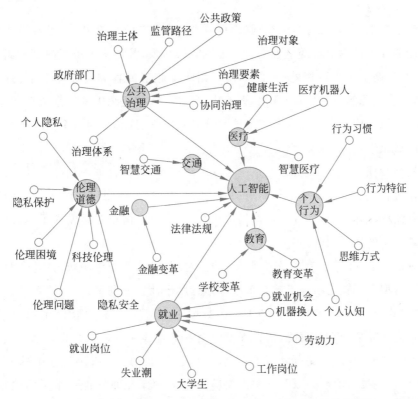

图 4.30　以"人工智能＋公共管理"为主题的文献关键词共现网络

微观层次上,在安全验证、家居照护、个性化文娱等领域,面向个人的人工智能应用正快速融入人类生活,使得人与机器的互动更加频繁。这种日益密切的互动关系,既为人们带来了诸多便利,但也使得人类面临信息泄露、技术不适应、伦理失范等风险。一方面,人工智能具有超越人类的识别能力,能够在与用户的互动过程中,快速判别用户的个体特征和行为习惯,为用户提供更加高质量,甚至类人化的服务。另一方面,上述性能的实现很大程度上依赖于算法和海量数据训练,如果算法与数据被特定机构垄断,可能出现串谋、信息操纵等不利于社会福祉的行为。此外,人工智能的运用往往有一定知识门槛,难以覆盖到社会方方面面。对于高龄人群、低学历人群等而言,人工智能的运用反而可能加剧其与社会的"疏离感",形成新的"数字鸿沟"。微观层面的人工智能治理急需从技术风险预判、价值形塑等多个维度评估人工智能对公众个人产生的影响,并在此基础上,强化对数据与算法的安全保障,提高公众个体的技术适应能力。

中观层次上,在教育、医疗、交通、金融等领域,现有的组织形态、运转模式也因为人工智能的介入而发生着变革重构。人工智能的介入,既加快了组织内部和组织间的信息流动,提高了组织运作效率,但也使得组织面临着流程和责任体系重构的压力。一方面,信息资源的数字化、网络化、智能化,打破了传统组织中的信息流动壁垒,进一步促进了组织结构的扁平化。人工智能系统超强的学习能力,使得个人逐渐从重复性劳动中解放出来,一定程度上促进了组织内部分工的重构。另一方面,智能系统本身并不是法律责任主体,但随着智能系统进入组织流程,如何合理地划分责任结构,确保人机协作过程平稳运转就成为组织管理中的一大挑战。中观层面的人工智能治理急需从业务流程梳理与优化、分工与责任清单、合规与权力清单等维度入手,刻画行业与组织变革重构的详细图景。

宏观层次上,在城市治理、公共服务、应急管理、经济调控等领域,具有全要素控制功能的平台型人工智能中枢正被越来越多地运用于社会治理实践,促进着公共治理体系、治理模式、治理理念的智能化转型。一方面,人工智能在社会治理中的运用,实现了对于政府和社会的双向赋能,很大程度上缓解了因信息不对称等带来的"政府失灵"现象。另一方面,技术赋能可以显著提高治理效率,但并不能解决治理中的人文关怀问题,如何确定技术治理的限度就尤为关键。此外,随着治理智能化水平的提升,数据逐渐成为稀缺资源,对于数据的无序争夺亦成为治理转型的重要风险来源。宏观层面的人工智能治理急需从应急响应、公众参与、政策评估与反馈等展开,在政策和制度上做出整体性应对与更加完善的顶层设计。

尽管现有文献已从不同方向关注到人工智能技术对人类社会的潜在影响,但其中大部分工作仍然以应然层面的逻辑推演或简单的描述性分析为主,较少有文献开展基于科学循证逻辑的实证研究。针对这一问题,近年来部分学者呼吁进一步开展长周期、宽领域、多学科综合的社会实验,将泛意性概念转化为边界清晰的科学变量,进一步检验人工智能给人类社会带来的综合性影响(苏竣、魏钰明和黄萃,2020),值得后续研究者进一步关注。

4.10.2　人工智能作为公共管理实践与研究的方法

机器学习是实现人工智能技术的手段和算法基础(Athey,2017)。广义的机器学习技术是一系列从数据中识别出规律并以此完成预测、分类等任务的算法的总和。根据被解释变量已知与否,机器学习算法可分为监督学习、半监督学习、无监督学习等类型。其中,监督学习主要针对被解释变量完全已知的情况。对于解释变量集合 X ,监督学习算法通过建立起被解释变量 Y 与 X 的映射关系,达到基于给定 X 预测 Y 的效果。无监督学习算法则主要针对解释变量完全未知的情况,通过分析解释变量集合 X 的内在结构,基于相似性将样本进行聚类。半监督学习处于监督与无监督学习之间,主要探索如何基于少量标注样本,利用大量未标注样本改善学习性能。

随着人工智能技术的发展和跨学科交融趋势的不断加强,人工智能领域的底层机器学习技术也逐渐进入社会科学研究的方法论体系。相对于目前公共管理领域广泛应用的统计与计量经济学方法,机器学习方法能够更好地探测复杂社会数据中的非线性结构,因而在诸多任务中都显示出较强的应用潜力。基于对已有文献的梳理,机器学习算法主要从 4 个方面对公共管理研究进行改进。

首先,机器学习算法可以从数据生成上帮助研究者获取传统研究无法获得的变量,从而进一步拓展公共管理的研究视野。例如,政府回应公民政策参与过程中的注意力分配问题是公共管理研究的经典议题。已有研究通常通过政策文件的发文数量等指标衡量政府的政策注意力分配。上述方法的潜在缺陷在于将不同的政策文件给予了同质化处理,难以真实、细致地刻画不同时间点上政府注意力分配的变化。自然语言处理技术可以助力上述问题的改进。Jiang 等(2019)基于中国地方政府领导留言板和地方政府工作报告文本,利用隐含主题模型对于民众留言和政府工作报告进行聚类,发现公众关注点的变化能够显著地正向影响该地区第二年政府工作报告的注意力分配变化。

其次,机器学习算法可以帮助研究者进行更加高效的数据预处理。真实的公共决策问题往往涉及多源异构的数据集合,仅仅根据现有理论筛选变量可能遗漏大量信息。此时,合理利用关联规则、决策树等算法可以帮助研究者迅速筛选出真实世界数据中与研究问题关联度较高的部分,从而更全面、高效地开展研究工作。例如,Yang等(2019)以城市非法垃圾倾倒为研究对象,通过GIS构建非法垃圾倾倒高发地点的自然与社会环境数据集,结合决策树算法筛选与非法垃圾倾倒关联度较高的环境指标,较为全面地探究了社会治理因素与环境因素对于城市非法垃圾倾倒的影响。

第三,机器学习算法可以在特定的公共治理任务中提供远高于传统算法的预测性能,从而更加精准地指导决策。例如,收入分配不平等问题是经济政策制定过程中的关键问题。已有研究和政策实践往往基于区域范围内大规模的抽样调查获取收入分配信息,但上述方法往往具有成本高、时间滞后长、不同地区数据质量差异较大等问题。Blumenstock等(2015)尝试利用手机信号与通话数据预测个体的财富水平。该研究团队首先从卢旺达最大的通信商处获得了150万人的通话记录,进而从中抽取1000人进行调查,利用其中862人的详细数据,训练手机使用行为与个体收入水平的深度学习模型,加总后发现与抽样调查结论相差无几,但项目的整体时间花费仅为抽样调查的1/10,经济支出仅为1/50。

最后,基于机器学习算法优良的预测性能,研究者可以进一步生成更精确的反事实(Counterfactual)结果,从而改进经典的因果推论框架。因果推论是社会科学研究者追寻的终极目标。在社会科学研究中,由于很多时候无法获得真实的对照组,研究者只能利用匹配、合成控制法等技术生成尽可能贴近实际的反事实结果,但不可避免地仍然与事实存在较大差异。这一问题在政策评估问题上体现得最为明显。此时,机器学习算法往往可以凭借其优良的预测性能生成更加精确的对照组数据。例如,Cicala(2017)利用双重差分框架(Difference in Difference,DID)评估了美国市场化发电政策所带来的经济收益。然而,由于地区发电总量与燃料价格高度相关,但不同地区燃料资源的禀赋具有较大差异,传统的DID框架无法满足平行趋势假设的限制。作者创新性地利用随机森林(Random Forest)算法构建了某一区域没有市场化介入条件下的发电量数据,较好地解决了上述问题。

4.10.3　国内外高校公共管理学科人工智能相关课程设置

随着人工智能从研究对象和研究方法两个维度逐渐进入公共管理研究的核心视

野,国内外知名高校在学科与课程设置上开始对于人工智能给予更大的关注。国际上,芝加哥大学、康奈尔大学、斯坦福大学、密歇根大学、苏黎世联邦理工学院等世界一流大学先后成立了专门的计算社会科学研究机构并开设相关研究生学位项目,人工智能和机器学习技术在社会科学领域的应用是上述项目关注的焦点。纽约大学、佐治亚理工学院等在公共管理与公共政策的博士、硕士课程中开设 Big Data & Public Policy 等课程,讲授大数据与人工智能技术在公共部门的应用与潜在挑战。

　　国内知名高校也做出若干创新性的尝试。例如,清华大学集合多个院系的教学科研资源,面向全校研究生设立大数据能力提升项目,公共管理被作为其中重要的方向之一,包含“大数据治理与政策”等若干方向性选修课程。浙江大学、上海交通大学重点优化了公共管理专业本科、硕士、博士等不同阶段的培养计划设置,增设面向对象的程序设计、面向公共管理的数据分析与建模方法、大数据分析、数字治理、政策量化研究等专业课程,进一步夯实了学生人工智能领域的知识基础。

　　总体来看,国内外一流大学的公共管理专业已充分认识到人工智能对于未来公共管理学科发展的重要价值,围绕面向人工智能技术的公共管理研究和基于人工智能技术的公共管理研究两个主要方向布局了一系列课程与项目。然而,迄今为止上述尝试的总体范围还比较窄,尚未形成有一定影响力的课程设置或教材编写方案,大部分学校也不具备足够的专业师资队伍来开展人工智能与公共管理的交叉学科教学研究,未来在本领域的课程和师资队伍体系化建设上还大有可为。

4.10.4　人工智能＋公共管理方向设置的原因

1. 人工智能技术深度渗透公共治理场景

　　得益于庞大的市场需求与数据积累优势,近年来我国人工智能技术发展势头迅猛。以城市大脑等为代表的人工智能创新应用已深度渗透入日常公共治理场景,实现了对于政府和社会的双向赋能。总体来看,人工智能技术与公共管理的深度融合已成为公共管理研究者必须面对的客观现实。设置“人工智能＋公共管理”交叉学科方向,既是对于公共管理学科和实务发展趋势的积极回应,也有助于进一步梳理人工智能技术在公共管理活动中的应用逻辑,从而实现技术与治理的良性反馈循环。

2. 人工智能治理体系显著落后于技术发展水平

　　尽管人工智能技术已深度渗透公共治理场景,但全球范围内对于人工智能治理体系的探索却仍然处于起步阶段。总体来看,已有研究对于人工智能社会影响的探讨仍然以应然层面的逻辑推演为主,很少有基于科学循证逻辑的实证检验。作为一个拥有近 14 亿人口的大国,我国正处在经济社会转型升级的关键时期,具有庞大的人工智能市场需求。为促进人工智能行业的平稳健康发展,我国必须在以市场为主导的"冒险取向的制度设计"和以人文社会为主导的"安全取向的制度设计"间取得平衡,基于"人工智能＋公共管理"的交叉学科视角,不断地根据出现的社会问题对人工智能带来的影响进行科学评估,在此基础上进一步优化人工智能在数据治理、算法责任、技术路径等方面的科学规范与技术标准,促进人工智能治理体系与技术发展水平相适应。

3. 宏观政策为交叉学科发展创设良好的制度环境

"人工智能＋公共管理"离不开社会科学与信息科学的深度交叉。近年来,国家对于交叉学科的关注度日益提升。2020 年 8 月,全国研究生教育大会决定,我国将新增交叉学科作为第 14 个学科门类。2020 年 10 月,国家自然科学基金委增设交叉学科部作为第九大学部。上述政策举措为交叉学科发展创设了良好的制度环境。作为交叉学科中的典型案例,"人工智能＋X"是我国发展交叉学科的重要方向。随着人工智能技术成为公共治理中的重要议题和公共管理研究中的重要方法,现实需求与政策红利的叠加效应使得"人工智能＋公共管理"交叉方向的设置具有良好的发展前景。

4. "人工智能＋公共管理"复合型人才需求旺盛

伴随人工智能等现代信息技术应用所产生的"数字治理"革命是公共管理理念从管理向治理的转型,是政府治理模式从单一中心管理向多中心协同治理的转型。要更好地适应新技术革命带来的治理转型,就需要一批既熟悉人工智能等现代信息技术,又了解政府治理逻辑的复合型人才。然而,根据目前的人才培养体系,公共管理研究者和实务工作者往往缺乏对于技术应用场景的理解,信息科学研究者往往容易忽视技术应用背后的组织与政治逻辑。上述矛盾使得当前人才供给与社会需求间存在较大的夹角,相关专业方向设置正逢其时。

4.10.5 人工智能＋公共管理的课程概况

1. 基础理论与核心技术

"人工智能＋公共管理"方向是社会科学基础理论与信息科学和计算科学的交叉,

计算社会科学理论为本交叉学科方向的发展提供了依托[①]。计算社会科学起源于2009 年 Lazer 等人在 *Science* 上发表的同名综述性文章。经过十余年的发展演化，计算社会科学逐渐演化出自动信息提取、地理空间分析、复杂社会网络分析、社会复杂性与社会仿真五大细分领域。计算社会科学理论强调用复杂适应性系统的观点看待社会演化，强调环境与社会系统内部结构的双向塑造作用。这与人工智能和公共管理的学科交叉有极大的共通之处。一方面，人工智能技术作为新兴技术的代表，对于人类的生活方式、组织形态乃至治理体系产生了深刻的影响，而这些影响同时也塑造着人工智能的技术发展路径。另一方面，人工智能技术作为一种新兴的研究方法，其最大的优势恰恰在于能够更加精准地把握非线性的互动关系结构，且人工智能技术在公共管理研究方法论中的应用与计算社会科学理论有极大的重叠。因此，本文将计算社会科学理论作为"人工智能＋公共管理"方向发展的基础理论。

　　基于上述论述，结合前文对于人工智能技术改进公共管理研究方法论体系的探讨，"人工智能＋公共管理"交叉学科方向的核心技术体系大致如图 4.31 所示。"人工智能＋公共管理"交叉学科的发展首先应在结合公共管理基础理论与计算社会科学理论的基础上，通过网络爬虫、抽样调查、档案数字化、卫星遥感等多种渠道收集数据，并将多源异构的数据集合进行匹配，以此支撑人工智能在公共管理领域数据生成、数据预处理、结果预测和因果推断等场景下的应用。

2. 基础课程设置

　　图 4.32 展示了"人工智能＋公共管理"交叉学科方向的基础课程设置构想。本领域的基础课程设置分为专业基础课、专业核心课与专业选修课三大模块。在专业基础课模块，学生首先修习以高等数学、线性代数、概率论与数理统计等为代表的数理基础课程，以程序语言设计（推荐 Python）、数据库基础等为代表的计算机基础课程和以公共管理学、公共政策分析、社会科学研究方法等为代表的公共管理学科基础课程。到了专业核心课程模块，学生在专业基础课的基础上，逐步修习以数据科学导论、机器学习导论、最优化导论等为代表的数据科学课程，以分布式系统、管理信息系统、信息检索等为代表的计算机技术进阶课程，并初步学习以数字治理、社会计算导论等代表的"人工智能＋公共管理"应用场景综述类课程。最后到专业选修课阶段，学生围绕自身

---

　　① 　公共管理学科本身具有非常完备的理论体系，亦是本交叉学科方向发展的重要理论依托，囿于篇幅限制，此处不再对于公共管理学科的理论体系进行详细论述。

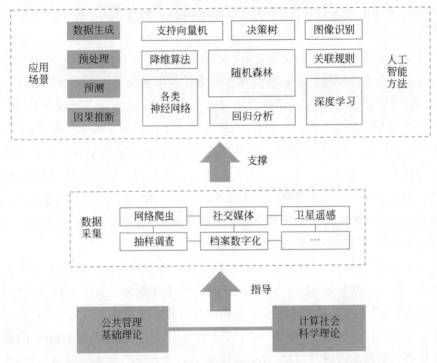

图 4.31 "人工智能＋公共管理"交叉学科方向的核心技术体系

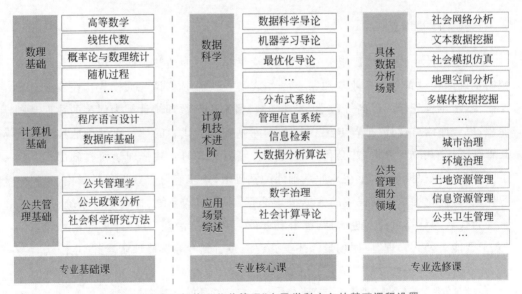

图 4.32 "人工智能＋公共管理"交叉学科方向的基础课程设置

研究和职业发展兴趣,一方面选择性修读以社会网络分析、文本数据挖掘、社会模拟仿真、地理空间分析等为代表的具体数据分析场景课程;另一方面修读以城市治理、环境治理、土地资源管理等为代表的公共管理细分领域课程。3 个学习阶段由浅入深,逐步递进,既保证了学生拥有宽厚的基础知识,又为学生结合自身兴趣选择具体发展方向提供了充分的灵活性。

3. 核心平台建设

围绕面向人工智能技术的公共管理研究与基于人工智能技术的公共管理研究两条基础路径,精心筹划建设人工智能社会实验平台与政府文献信息平台等科研基础设施,为开展人工智能社会影响与治理研究及融合人工智能技术的计算社会科学研究提供硬件和平台依托。以下简要叙述两大主要平台的建设逻辑。

1) 人工智能社会实验平台

2020 年 3 月,《国家新一代人工智能创新发展试验区建设工作指引》中指出,要"组织开展长周期、跨学科的社会实验,客观记录、科学评估人工智能技术对个人和组织的行为方式、就业结构和收入变化等方面的综合影响,持续积累数据和实践经验,为智能时代的政府治理提供支撑。"如图 4.33 所示(素材来源:苏竣,魏钰明,黄萃,2020),典型的人工智能社会实验平台建设遵循"组织应用—科学测量—综合反馈"三步走的系统性过程。目前,相关平台建设还处在"组织应用"向"科学测量"的发展阶段。未来,要持续推动好人工智能社会实验平台建设,为"人工智能+公共管理"交叉方向的发展提供坚实支撑。

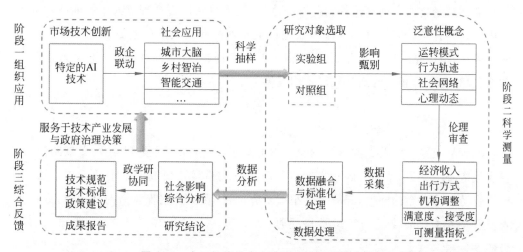

图 4.33　人工智能社会实验平台建设的基本框架

2）政府文献信息平台

2005 年 1 月，政府文献信息平台正式成立。过去 15 年间，政府文献信息平台基于政府文献学术价值与公共管理学科建设价值的二维取向，系统性整理了 1949 年以来至今中国中央政府政策文件、政报公报、工作报告、政府公开出版物等代表性政策文献，目前数据量已达 300 多万条，为多项重大项目的开展提供了坚实的文献支持。

4.10.6　人工智能＋公共管理方向重点课程介绍

课程一：政策文献量化研究

英文名称：Quantitative Research on Policy Documents。
学分：3.0。
周学时：3。
面向对象：中高年级本科生与研究生。
预修课程要求：公共政策学、概率论与数理统计、任意一门基础编程语言。

1. 课程简介

政策文献是政府行政过程中可追溯的真实记录，基于政策文献的实证研究进一步丰富了公共管理和公共政策的研究范式。本课程从政策文献量化的基础理论、政策内容量化、政策计量和政策文献量化的前沿趋势四方面出发，系统全面地向选课同学介绍政策文献量化研究的理论基础及方法体系，展现自然语言处理等人工智能技术如何应用于公共管理研究场景。本课程依托自主开发的政策文献信息数据仓库开展教学研究活动，该数据库结构化存储了中国中央政府 1949 年以来颁布的 300 多万份公共政策文献，为课程相关的教学科研工作提供了丰富的数据依托。

2. 学习目标

课程从政策科学及文本分析的交叉视角，通过理论教学、技术实操、文献阅读、项目实战等多个渠道，帮助选课学生初步了解政策文献量化研究的基本理论与方法，并能结合若干感兴趣的问题，开展一个小型研究项目，在提升编程能力的基础上，进一步发展基于人工智能技术的交叉学科视野，进一步激发学生探索新技术、新知识的积极性。

3. 授课方式

本课程包括教师授课、文献阅读、课后作业、小组报告四部分,注重师生双向互动。在积极参与课堂讨论的基础上,学生需:①完成 2 次基于文本分析基础技能的课后习题;②对于课程推荐的经典论文,完成一次阅读报告;③与 2~3 名同学合作,完成一项基于政策文献量化研究的小型项目,从而从不同维度掌握政策文献量化研究的研究范式。

4. 考核建议

出勤与课堂参与占 20%,课后作业占 20%,文献阅读报告占 20%,小组项目占 40%。

5. 教学安排

第 1 周:导论

教学内容:课程安排介绍;政策科学基础知识回顾。

第 2 周:编程知识回顾

教学内容:以 Python 语言为例,回顾文本处理相关的基础数据结构与算法,为课程开展奠定必要的编程基础。

第 3 周:政策文献量化的理论与方法基础

教学内容:介绍政策文献量化的哲学传统、政策文献的类型与结构化要素、文献计量学、计算语言学、数据可视化等基础学科对于政策文献量化研究的影响;开始小组选题。

第 4~5 周:政策内容量化篇

教学内容:结合公共管理学科的相关基础知识,通过风电产业政策等具体研究案例,介绍如何通过文本分析方法,对于政策目标、政策工具等进行量化分析。

第 6 周:小组选题报告

教学内容:选课同学以 3~4 人为小组,围绕政策文献量化开展一个小型项目研究,本周对于项目研究设计进行过汇报。

第 7~10 周:政策计量篇

教学内容:结合公共管理学科的相关基础知识,通过科技政策变迁等具体案例,介绍如何通过共被引分析、共词分析、关联分析、网络分析、聚类分析、相似度分析等技术,探究政策扩散、政策变迁、政策再生产等政策科学中的经典议题。

第11周:小组中期报告

教学内容:选课同学以3~4人为小组,介绍小组项目的工作进展。

第12~14周:政策文献量化研究前沿探讨

教学内容:介绍主题分析、情感分析、实体抽取、节点分类、社区发现等前沿技术在政策文献量化中的应用,由描述性政策文献分析逐渐过渡到基于政策文献的因果推断分析。

第15~16周:小组项目展示

教学内容:选课同学以3~4人为小组,汇报小组项目成果。

课程二:数字治理

英文名称:Digital Governance。

学分:2。

周学时:3,共10周。

面向对象:中高年级本科生、研究生。

预修课程要求:无。

1. 课程简介

现代信息技术的蓬勃发展深刻地影响着"国家—社会—公民"关系以及政府治理的基础逻辑。"数字治理"是一系列基于现代信息技术所衍生出的治理方式和治理模式的总和。本课程以"数字治理"为主要对象,具体包括:①数字治理的技术基础;②数字治理的制度保障;③数字治理与公共决策模式转变;④数字治理与公共政策过程;⑤数字治理的实践案例等一系列内容,从而进一步培养学生"人工智能+公共管理"的学科交叉视野,更加全面、深入地理解人工智能的社会影响。

2. 学习目标

课程以信息技术在公共治理中的应用为主要对象,基于基础理论与实践场景两条脉络,通过理论教学、文献阅读、案例分析、主题分享等多个渠道,帮助选课学生初步了解数字治理的发展历程与实践应用场景,理解数字治理的发展趋势及面临的瓶颈与挑战,从而更加全面地理解人工智能技术的社会影响。

3. 授课方式

本课程包括教师授课、个人读书报告、小组主题汇报三部分,注重师生双向互动。在积极参与课堂讨论的基础上,学生需:①完成基于一篇或若干篇课程参考文献的读书笔记,系统地阐释对于一个数字治理问题的理解;②与 2～3 名同学合作,结合课程主题,选择相关案例或前沿文献进行主题汇报。

4. 考核建议

出勤与课堂参与占 20％,个人读书笔记、小组课程报告各占 40％。

5. 教学安排

第 1 周:导论
教学内容:课程基本情况介绍;数字治理的基本概念与内涵;小组分组。
第 2～5 周:数字治理的理论基础
教学内容:分为数字治理的技术基础、数字治理的制度基础、数字治理与公共决策模式转变、数字治理与公共政策过程 4 部分,每部分 1 周,当周一个小组围绕课程主题选择相关案例或论文进行分享。
第 6～9 周:数字治理的应用场景
教学内容:围绕交通、能源、农业、教育、医疗等数字治理的具体应用场景开展案例介绍,平均每周 1～2 个案例领域,每周 1～2 个小组围绕当周的课程主题选择相关领域的案例或论文进行分享。
第 10 周:课程总结
教学内容:讨论数字治理的未来发展趋势与面临的挑战。

参考文献

[1]　苏竣,魏钰明,黄萃. 社会实验:人工智能社会影响研究的新路径[J]. 中国软科学, 2020, (09):132-140.

[2]　ATHEY S. Beyond prediction:Using big data for policy problems[J]. Science, 2017, 355(6324):483-485.

［3］　BLUMENSTOCK J，CADAMURO G，On R. Predicting poverty and wealth from mobile phone metadata［J］. Science，2015，350(6264)：1073-1076.

［4］　CICALA S. Imperfect markets versus imperfect regulation in US electricity generation［J］. National Bureau of Economic Research，2017.

［5］　LAZER D，PENTLAND A，ADAMIC L，et al. Social science. Computational social science［J］. Science，2009，323(5915)：721-723.

［6］　JIANG J，MENG T，ZHANG Q. From Internet to social safety net：The policy consequences of online participation in China［J］. Governance，2019，32(3)：531-546.

［7］　YANG W，FAN B，DESOUZA K C. Spatial-temporal effect of household solid waste on illegal dumping［J］. Journal of Cleaner Production，2019，227：313-324.

4.11　人工智能＋管理学

在当今信息时代,商业活动中对于人工智能的应用具有很高的需求。例如新零售情景下,大量的实体店需要借助人工智能技术实现消费者在线下消费活动各环节行为的数字化,如顾客身份的识别、店内浏览路径的记录等。此外人工智能还被广泛应用于市场营销分析、人力资源管理、生产资源的优化配置,以及测量和优化金融交易风险等领域,以支持企业的创新战略,提高竞争力。

目前人工智能与管理学的结合课程已经逐渐受到国际国内一流高校的关注,然而只有综合实力较强的高校才有能力建设这样的交叉学科。我们收集了一些国内外相关专业的设置信息,并将其呈现在表 4.21 中。从表 4.21 中可看到,"人工智能＋管理学"相关专业主要开设在两类学院——管理学院/商学院和计算机学院。主要的细分交叉领域在于:"人工智能＋加社会管理""人工智能＋加金融管理""人工智能＋加健康管理"等。

表 4.21　国内外人工智能与管理结合的专业对比

大学	专业名	学院	特色课程
复旦大学	数据科学与大数据技术	大数据学院	医疗大数据统计学、大数据传播与新媒体分析、社会数据管理与分析
厦门大学	数据科学与大数据技术	经济学院	
北京大学	大数据管理与应用	信息管理系	互联网金融与大数据、互联网数据挖掘、大众健康信息资源与利用、数据治理、大数据管理技术、因果推断与统计大数据、商务智能与分析
中央财经大学	大数据管理与应用	管理科学与工程学院	智慧城市与大数据应用、大数据资产与运营管理、大数据伦理、大数据营销
哈尔滨工业大学	大数据管理与应用	经济与管理学院	大数据基础设施、网络社会媒体营销分析、数据管理
宾夕法尼亚大学	Business Analytics	沃顿商学院	Data Science for Finance、Health Care Data and Analytics、Data and Analysis for Marketing Decisions、Analytics and the Digital Economy
加利福尼亚大学伯克利分校	Data Science	College of Letters and Science（文理学院）	Industrial and Commercial Data Systems
卡内基-梅隆大学	Artificial Intelligence	School of Computer Science	
麻省理工学院	Business Analytics	MIT Sloan School of Management	Finacial Data Science and Computing
佐治亚大学	Management Information Systems	Department of Management Information Systems	Data Literacy in Business、Computer Programming in Business、Business Intelligence

浙江大学的信息管理与信息系统专业是浙江大学管理学院所开设的"人工智能＋管理学"特色专业。信息管理与信息系统所属的浙江大学管理学院数据科学与管理工程学系于 2016 年 7 月在原浙江大学管理科学与工程学科的基础上成立。浙江大学早在 1979 年就在全国率先成立了科学管理系，并招收了第一批研究生；1986 年设立了管理科学与工程博士点，成为国内该学科首批博士点之一，并于 1998 年设立了博士后流动站；1999 年，四校合并后成立浙江大学管理科学与工程学系，被批准为浙江省重点学

科,并被列为浙江大学"211工程""985工程"重点建设学科;2007年管理科学与工程被批准为国家重点学科;2012年国家教育部学科评估结果位列全国并列第二。数据科学与管理工程学系现拥有教师18名,其中教授10人,副教授5人,研究员2人,讲师1人;其中长江青年学者1人、国家优青1人,浙江省杰青1人,浙大"百人计划"人才2人。数据科学与管理工程学系已形成了神经管理学、信息管理与电子商务、供应链物流与优化3个主要特色与优势研究方向,并将在已有特色和优势方向上,应用数据形成新思维、新模式、新方法,建立科学的数据化管理理论与方法。在人才培养方面,数据科学与管理工程学系拥有本科、硕士、博士完整的人才培养体系。数据科学与管理工程学系的工作原则是"理论与实践结合,教学与科研并重"。其中,本科专业"信息管理与信息系统"是全国范围内最早成立的管理信息系统专业之一。专业特色是培养具有数学、计算机、管理学、经济学等多学科背景,具备交叉性思维能力的复合型人才。

该专业培养具有扎实的数学基础、熟练的数据分析能力和敏锐的商业意识,在统计学和信息管理方面具有国际竞争力的交叉复合创新人才。学生将通过学习信息管理与信息系统和统计学的专业基础课程,掌握统计学基本原理和数据分析与计算方法,熟悉最新的信息管理和信息系统的国际国内实践,具备面向商业、社会网络、生物、医疗及交通等领域出现的各类大数据进行建模、分析和计算机模拟的能力。毕业生或者致力于探索大数据时代提出的诸多理论挑战,或者在大数据公司担任分析师,解决重大的商业与工程问题。

自2018年开始,该专业联合浙江大学数学学院搭建"信息系统与信息管理+统计"交叉平台培养项目,旨在借助浙江大学数学学院在数据科学基础研究上的强大势力,加强专业在数据科学专业课程上的专业性,培养更高精尖的"人工智能+管理学"复合型人才。

4.11.1 人工智能+管理学方向设置原因

1. 政策引领

大数据在社会经济发展中的作用近年来被社会广泛认可。国家自从2015年起发布了一系列政策文件,将大数据对经济的推动作用提到了国家战略层面。在2015年国务院印发的《促进大数据发展行动纲要》(国发〔2015〕50号)中明确指出:"大数据成为推动经济发展转型的新动力""大数据成为重塑国家竞争优势的新机遇""大数据成为提升政府治理能力的新途径"。2016 年国家发改委也随即发布了《关于组织实施促进大数据发展重大工程的通知》。2020 年 5 月 22 日,"数字经济"继 2017 年、2019 年之后,第三次被写入了国务院总理李克强的政府工作报告。2020 年中央人民政府发布的《关于 2019 年国民经济和社会发展计划执行情况与 2020 年国民经济与社会发展计划草案的报告》中对数字经济的发展方向以及重要性进一步进行了描述。

2. 社会需求

数字经济的重要特征在于数据成为了一种新型的生产资料。而从这种新型生产资料中提炼价值的工具则是大数据分析的相关技能。商务大数据分析(Business Analytics)不同于传统的商业分析(Business Analysis),通过对数据的深度分析和挖掘来了解公司的业绩情况、预测行业的未来市场潜力和趋势等,目的是获取那些通过定性分析和简单的定量分析根本无法获得的管理洞见。

根据一些行业调研报告,目前市场需求增长最快的是数据库科学家和高级分析师。其中,高级分析师的工作职责是把来自客户或者业务端的问题,分拆成具体的数据分析需求,并将数据最终呈现为某一个产品功能、一套工具或者一份报告和解决方案。这样的工作岗位需要的是掌握管理与数据分析技术,尤其是人工智能技术的交叉型人才,而这样的人才在市场上高度稀缺。与一般的数据科学与大数据技术专业的人才培养目标相比(见表 4.22),"人工智能＋管理学"专业人才培养的关注点在于问题导向,培养目标是复合型人才,主要能力是问题与大数据解决方案的结合。

表 4.22　"人工智能＋管理学"专业同数据科学与大数据技术专业的比较

	人工智能＋管理学	数据科学与大数据技术
关键知识	管理科学、数据科学、统计分析、(商业背景下)的数学建模、信息管理	数据库、程序设计、计算机结构、软件工程
关注点	基于大数据,应用信息技术解决实践问题,并为企业创新、企业创造商业机会	算法、计算机或者技术以及如何使它更好地工作
培养目标	培养具有商业、技术、数学/统计基础理论知识和方法的综合运用能力的高级复合型人才	培养拥有开发算法和软硬件系统技术技能的专业人才
主要能力	管理问题和商业机会的大数据解决方案设计及方案实施能力	算法和系统的设计、优化
相同知识	计算机科学基础、面向对象程序设计、数据结构与算法、数据库与信息系统	

目前这个领域得到了学术界、业界和政府的高度重视。在学术界,从纽约大学

2013 年开始开设 Business Analytics 的硕士专业以来,全球各大高校纷纷增设相关专业,并且学费直逼 MBA,在市场经济下,高学费往往是高收入和良好职业发展的风向标。

4.11.2　人工智能+管理学的课程概况

浙江大学管理学院的"人工智能+管理学"课程主要体现在信息管理与信息系统专业中。该项目探索学科专业交叉复合人才培养模式,依托管理学院和数学科学学院高水平的科研和教学团队开设的双学位交叉创新班,开展"信息管理与信息系统(统计学交叉创新平台)"双学位/双专业人才培养模式探索与实践,把学生培养成具有广阔的国际视野、创新能力、创业精神和社会责任的数据技术时代高级管理专业人才与未来领导者。学生将掌握管理学、统计学和计算机科学知识,成为熟悉商务管理的"三能"高级复合型人才,即能够理解商业及管理等领域的深层次问题,能够基于统计学和机器学习建立数据分析模型,并利用计算机技术实现解决方案。

该专业的专业必修课中涵盖了以下知识点:电子商务概论、数据结构、运作管理、企业资源计划、HDFS 与数据库技术、社交媒体与社交网络分析、非结构化数据分析与应用、数据挖掘以及商务智能等。专业知识图谱如图 4.34 所示。

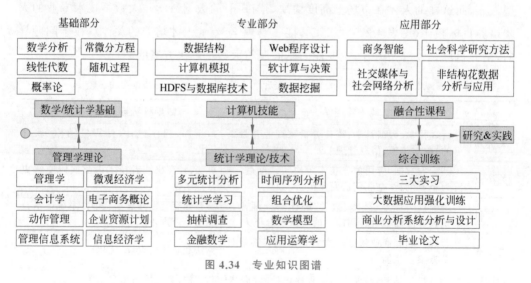

图 4.34　专业知识图谱

通过四年的系统学习,学生应获得以下几方面的知识与能力。

（1）坚实的数学基础，较好的人文社会科学素养，优秀的英语综合能力。

（2）系统地掌握统计学与信息管理和信息系统领域的基本理论和基本知识。

（3）了解和掌握大数据的商业与工程应用背景以及数据科学的发展趋势。

（4）具有深厚的数据建模和分析能力、良好的计算思维以及较高的综合素质和商业意识。

（5）具备国际视野、创新能力、创业精神和跨文化背景下良好的沟通交流能力。

（6）了解学科前沿和发展趋势，了解跨专业、跨学科应用知识，具有掌握新知识和新技术的能力。

4.11.3　人工智能＋管理学课程介绍

课程一：社交媒体与社会网络分析

1. 课程介绍

社交媒体日新月异的变革不仅改变了人们的交流方式，也为企业更深入地了解消费者带来了机遇和挑战。通过这个互动式的课程，学生可以全方位地了解社交媒体对于公司营销以及形象提升的作用。本课程会结合公司战略决策、消费者心理等一些深度的体系和理论以及前沿的网络分析技术，来帮助企业打造吸引消费者的多平台相呼应的战略方案。

社交媒体对公司形象和营销的影响是当下热门并新兴的现象。伴随着近年来大数据的发展，社交媒体营销已经成为国外知名院校非常热门的课程之一。本课程通过对消费者心理学原理、公司战略决策、网络分析方法论的介绍，试图让学生深入理解现下社交媒体热门议题的实际影响。此课程可以培养学生将理论与现实结合的能力以及对当代互联网经济的分析决策能力。

2. 课程内容

（1）社交平台历史和发展概况。介绍社交平台的历史和发展概况。后一部分将首先围绕科技的定义和分类来了解社交媒体的定位，然后将从不同方面阐述其发展的概况。课程将以一个优秀案例结尾来让学生了解社交媒体给企业形象带来的巨大作用。

（2）社交媒体平台。主要围绕社交媒体的概念展开。学生将通过了解什么是社交媒体、社交媒体和传统媒体的区别、社交媒体的分类、Web 2.0 等一系列的问题,深入了解社交媒体的概念与范围。

(3) 企业战略与形象管理。首先从企业战略制定框架入手,让学生了解企业应如何找出自身竞争优势和战略方政。在此基础上,企业需要将制定好的战略通过一系列的形式传递给目标对象。学生将学习到企业形象管理的主要概念、框架和策略。了解到企业公共关系管理相关概念和 Marston's RACE 框架。学习这个框架对于制定社交媒体策略方案具有指导性作用。

(4) 企业公共关系管理理论。分析企业如何将目标对象进行分类并主要介绍企业沟通、公共关系管理的相关理论,例如 ELM 模型、劝说理论等。并将理论运用于分析社交媒体失败的案例。

(5) 社交媒体与企业形象管理。着眼于制定多平台社交媒体方案。学生将首先学习到如何基于企业的公共形象来制定目标用户互动的基调,并通过成功案例了解到多平台方案制定的要点。此外,学生将了解企业内部员工社交媒体的使用对企业形象管理的挑战。学习 Ladder of Engagement 框架。学生将通过此框架了解如何分阶段制定目标和设定衡量机制以达到企业最终设定的形象目标。

(6) 社交媒体数据分析。介绍一些社交媒体上常用的数据衡量指标,例如 Clickthrough Rate、Paid/Organic Visitors、SMVI 等,并展示相关的工具让学生了解社交媒体平台如何测量和显示这些衡量指标。

(7) 社交媒体与社会网络分析。

① 阐述社交媒体网络的一些基本概念,如什么是 Graph、Node、Path、网络的各种分类、Density、Centrality 等。这些基本概念将帮助学生了解社会网络的构成。学生将就 Graph 的各种类型展开讨论。

② 进一步介绍社交媒体网络的特性。主要讲解 Egocentric 网络、Vertex Metrics、Pivotal Nodes、Gatekeepers、Local Gatekeepers。学生将会对网络构成进行进一步的了解。学生将通过一系列问题区分不同种类的 Nodes。

③ 了解社会网络中团队的构成。通过社交媒体产生的现象讲述 DYads、Triads、Homophily、Isomorphic 网络、Clustering 等概念。学生将练习对比不同网络的优缺点。

④ 如何通过 Excel、NodeXL,以及 MATLAB/Python 来处理社会网络数据,以及画出社会网络图形。

⑤ 网络分析的较高级话题,如 Link Prediction、Information Cascade、Information Flow 等。

(8) 社交媒体与消费者心理理论。介绍两个关于消费者心理学的理论:Popular Culture 理论和 Long Tail 理论。这两个理论从两个不同角度对如何吸引消费者注意力和购买欲进行了论述。学生在学习了这两个理论之后将进行案例分析和讨论,辨别在不同情况下如何在社交媒体平台应用合适的理论。

课程二:软计算与决策

1. 课程介绍

优化模型通常作为管理与决策的辅助工具。传统优化计算(硬计算)基于问题的几何、代数性质,主要特征为精确、严格与确定。在实际操作中,建模技巧要求较高,求解问题规模较小,难以处理一些不确定、不精确、动态的或者对计算时间要求较严格的问题。软计算则通过对自然界的模仿来应对上述问题,从而更好地处理不确定、不精确或动态的问题。本课程将围绕软计算的原理、算法以及对决策的支持等问题展开,使学生对如何利用软计算的思想去解决问题有一定的了解。

通过对软计算与决策课程的学习,了解软计算的基本思想,熟悉常见的软计算算法,能够在实际问题中建立软计算模型并提供对决策的支持。学生将:

(1) 能说明软计算的设计思想。

(2) 能举出常见的软计算算法,并构建算法模型。

(3) 能利用课程所教软计算算法对实际问题建立模型并得到较好的结果。

(4) 能提出设计与改进软计算算法的思路。

2. 课程内容

(1) 软计算与决策概论。软计算的起源,软计算在决策中的作用,常见的软计算算法。

(2) 禁忌搜索与模拟退火。包括禁忌搜索算法思想,禁忌算法设计原理,模拟退火算法思想,模拟退火算法设计原理。

(3) 神经网络。神经网络算法思想,神经网络的类型,神经元的构建,权重的更新方法等。

（4）遗传算法。遗传算法思想，解的编码，交叉与变异，以及解的选择。

（5）粒子群算法。粒子群算法思想，粒子群算法参数的选择，以及解的编码。

（6）蚁群算法。蚁群算法思想，参数设计以及解的编码。

（7）模糊优化与模糊决策。模糊集、模糊数的概念，模糊关系与模糊推理，模糊系统与模糊控制，以及模糊决策。

4.12　人工智能＋设计学

设计是将先进科技转化为现实生产力的关键环节，推动着人类文明持续发展和社会进步。人工智能、大数据等颠覆性科技的迅速发展，推动智能增强时代加快到来，由人类社会、物理世界和信息空间所构成的三元空间正在向人类社会、物理世界、智能机器世界和虚拟世界构成的四元空间转换。在这个转换过程中，设计一直扮演着非常重要的角色，它是将人工智能从理论、方法和技术，转化为对世界、对社会、对用户有价值、有益处的产品、系统或者服务的有力手段。

人工智能在模拟和增强人类智能上已取得了突出成就，在聚焦创意的设计领域中也出现了突破性的进展。以深度学习、对抗生成网络等技术为代表的人工智能迅速发展，人工智能自身也开始具备一定的创造能力。许多由人工智能独立或辅助设计师完成的产品设计，已经具有了较高的创新性。与此同时，跨媒体智能、大数据智能、人机混合增强智能等理论、方法和技术迅速发展，推动人工智能成为赋能设计领域发展的关键技术。

设计与人工智能将呈现出一种相辅相成的关系。人工智能利用其强大的学习和计算能力为设计师提供辅助和启发，提升设计效率，设计师则更多地投入到创造性的设计活动中，让技术充分融入产品中，使技术的价值得到最大化体现。人工智能与设计的结合，能够支持更好、更快地产出具有广泛应用价值的创新产品方案。

4.12.1　人工智能＋设计学国内外现状

人工智能自 1956 年诞生以来，一直关注设计和创造力方面的进展。早期人工智能囿于软硬件条件的限制,在创造力这一核心问题上并未取得太大进展。随着大数据、GPU 等技术的发展,人工智能开始广泛应用于设计领域,辅助设计师实现高效生产和设计创作。

根据人工智能在设计过程中所发挥的主要作用进行区分,可将其应用分为两类:①作为新的设计要素;②作为新的辅助设计工具。在前者中,人工智能成为了智能产品的一部分,设计师需要对人工智能的技术潜力和边界、条件和基本原则有明确的理解,才能完成整个产品设计过程;在后者中,人工智能是一个强大的辅助设计工具,能够辅助、协同甚至替代设计师完成设计过程的各个环节。

4.12.2　人工智能赋能的智能产品设计

人工智能硬件的发展为新产品设计,特别是智能产品设计带来全新的发展机会。通过云端智能模式、终端智能模式,或者二者融合的混合模式,可以有效提升产品的感知、思考和反馈能力。如在手机中嵌入深度神经网络加速芯片,二者结合,可以支持基于深度学习的摄影、图像处理、语音识别、增强现实等应用,为用户提供更加丰富的体验;高级辅助驾驶系统(ADAS),在终端处理由激光雷达、毫米波雷达、摄像头等传感器采集的海量实时数据,并做出决策;虚拟现实、增强现实设备在终端 AI 芯片的支持下处理多个摄像头、深度信息以及运动传感器数据,并支持计算机视觉的矩阵运算加速功能。

认知计算是目前 AI 硬件驱动的新产品智能化的关键,也是当前智能产品入口的竞争热点。IBM Watson、苹果 Siri、谷歌 Assistant、三星 Viv、亚马逊 Alexa 等各大科技公司正致力于开发支持智能产品的认知计算平台。其中典型代表为亚马逊的人工智能语音助手 Alexa,在 Alexa 刚发布之时,仅半年时间内就有近 6000 家企业接入 Alexa 平台,搭载 Alexa 的硬件品类更是超过 7000 种;最新数据显示,其支持的功能已经达到 1.6 万项,涵盖查询天气、约车、订房、导航、查询菜谱、采购外卖、控制家用电器等,支持的产品包括电器、手机、机器人、汽车和娱乐系统等,品牌涵盖了 LG、华为、GE、福特、大众、联想、优必选等。

基于 AI 硬件的智能产品设计正面临全新的交互设计挑战。当用户面对大量的智能设备时,很难通过手动方式去有效管理和使用这些设备;智能产品日益增长的复杂性和可用性难题,正在制约着智慧家庭的发展。随着语音搜索准确率的大幅度提升,语音驱动的用户界面正成为新一代人工智能产品的重要交互模式。近年来,亚马逊

（Echo）、苹果（HomePod）、谷歌（Home）、阿里巴巴（天猫精灵）、百度（小度）等公司纷纷推出智能音箱产品,将音箱视为家庭智能应用场景的中枢,以及切入以家庭为主要应用场景的智能家居领域的通道。但是,对于语音产品的设计方法、用户体验研究等仍然处于起步阶段。

从基于 AI 硬件的智能产品设计及其平台现状可见,当前该领域主要还存在以下挑战:①智能下移挑战,即 AI 硬件的发展推动了云端智能、终端智能甚至器件(传感器等)智能等多种智能模式共存;②产品转化挑战,即人工智能成果难以转化为产品,智能产品设计开发的效率低、难度大;③认知汇聚挑战,即支持智能产品的认知计算难度大,产品间难以实现认知共享,用户学习成本高;④人机交互挑战,多通道、对话式、沉浸式交互成为智能产品交互的主要模式,面向智能产品的用户心智模型发生变化。

4.12.3 人工智能赋能的设计流程变革

传统设计流程一般可分为需求分析、创意激发、原型设计和设计评价 4 个阶段。人工智能的迅速发展极大便利了传统设计流程的各个环节,推动了传统设计方法和工具的变革。

用户需求分析是指通过相应的技术和方法来观察和分析用户的行为、偏好和意图,从而洞察用户的真实需求。近年来,随着数据收集方法的进步,使用人工智能处理海量用户数据,实现自动化的用户画像生成(Automatic Persona Generation)成为热门趋势。人工智能通过在线的社交媒体或内容平台收集用户数据,并自动生成相应的用户画像,用于支持企业推广、产品市场营销和个性化产品推荐等活动。这种模式能够支持设计师对大量用户数据进行更加细粒度、全方位的分析和总结,从而保证产品最大限度地满足用户的需求。

创意激发是发掘潜在创意的设计过程,可以为产品的造型和功能设计提供早期创意、基本构件和材料。人工智能能够提高创意激发过程中设计刺激的获取效率,通过减少获取设计起点的认知难度、准确引入有用信息、快速扩大搜索空间等方法,有效促进了设计创新的产生。人工智能在创意激发中的应用研究可分为设计刺激的检索和生成两个方面。前者主要是基于数据驱动的方法,使用不同的检索算法来分析现有知识库,再通过分类、组合、类比等方法获得具有启发性的刺激材料;后者则利用生成技术,通过生成全新的刺激材料为设计师提供启发。

原型设计是一个需要历经多次迭代,从低保真到高保真的制作过程,一般可包括草绘、线框图、界面原型、功能原型、实物原型等阶段。视觉 UI(User Interface)的原型生成是人工智能赋能创意设计的典型应用,主要研究如何利用人工智能自动生成具有不同保真度的原型,以替代设计师完成一些低创造性、高重复性的设计任务。相关研究可分为:①基于文本的原型生成,即根据设计师的文字描述自动生成具有复杂语义的草图原型,从而有效降低设计师在草绘阶段的工作量;②基于案例的原型生成,即智能分析现有的 UI 设计案例(如 UI 截图),自动生成对应的 UI 元素及其布局信息,从而支持设计师快速尝试不同的布局方式,而无须重复构建界面;③基于概念的原型生成,即通过提取低保真原型中的语义概念,实现自动生成具有更高保真度的原型,以此支持设计师快速探索各类设计方案。

　　设计评价的目的是衡量设计结果的质量好坏,人工智能主导的设计评价能够为设计师提供更加客观而有效的参考建议。目前人工智能在设计评价任务中的应用研究主要针对美学评价任务,相关研究领域是计算美学。针对视觉艺术的计算美学主要研究如何让计算机模拟人类思维对视觉表达进行美学评估,即自动计算不同类型视觉内容的美感程度,例如图像、GUI、LOGO、服装等。传统的美学计算主要采用基于人工设计特征的方法,通过设计合适的美学特征对视觉内容的不同方面进行建模,再基于分类、回归等方法预测得到相应的美学值。这是一种模仿人类专家实现美学评价的方法,这类方法具有良好的可解释性,但通常由于无法描述全部美学特征而导致准确度受限。相比之下,基于深度神经网络的美学计算方法具有更好的预测效果。这类方法采用从视觉内容中自动提取美学特征的形式,因此不需要专业人员针对不同类型的视觉内容设计相应的美学特征,只需提供对应类型的数据集即可,但这类方法的主要问题在于其预测结果的可解释性较差。

　　除了增强产品设计的各个环节,人工智能还具备独立生产创意内容的能力。这类应用主要是以解决自动化、批量化设计任务的智能生产平台为代表。在这类智能生产平台上,设计师只需要输入特定的设计目标和约束条件,就可以得到丰富的设计结果。例如,浙江大学与阿里巴巴达摩院人机交互实验室联合开发了一款智能平面设计系统,该系统采用数据驱动的方法解决了商品海报的自动布局与配色设计问题,系统根据用户(设计师)输入的商品图片以及若干关键字,对整幅海报进行自动布局和配色设计,从而快速支持商品的推广及品牌促销等活动。与设计师相比,尽管人工智能生成的设计结果或许还无法直接推向市场,但人工智能驱动的设计生产降低了劳动力成本,提高了生产效率。在这些原型结果的基础上,设计师还可以进一步优化细节,以满足用户和市场的个性化需求。

4.12.4 人工智能＋设计学人才培养模式探索

科技设计人才是创新设计的原动力,是我国建设创新型国家的基础。推动科技设计人才教育教学改革,培养出大批多层次、高素质、跨专业的科技设计人才,已经成为制造强国、新工科建设等国家政策和行动规划中的重要构成。

浙江大学以"人工智能＋设计"的教学模式作为切入点,开展了科技设计人才教育教学改革,积极建设具有中国特色的科技设计人才培养体系,面向全球培育具有跨专业、多领域、国际化视野的科技设计创新型人才。

1. 浙江大学科技设计人才培养概况(见图 4.35)

浙江大学科技设计人才培养依托计算机科学与技术学院,在发展的早期阶段形成

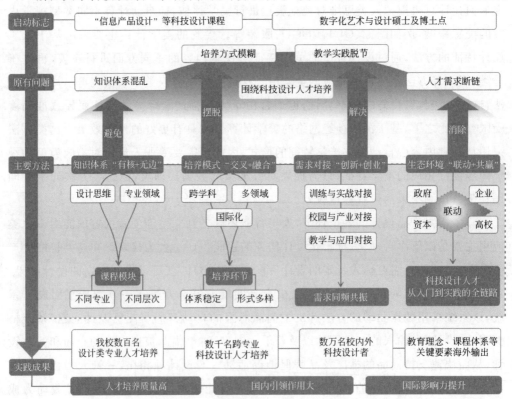

图 4.35 浙江大学科技设计人才培养模式概况

了"设计学＋工学＋人文艺术"的课程体系,设立了信息产品设计、信息与交互设计等优势特色方向。经过进一步探索和完善,近年来明确了以"人工智能＋设计"主导的科技设计人才培养定位和能力要求,即培养学生能在毕业后成为创新型创业人才、国内外知名企业的战略性新产品研发负责人、颠覆性和创造性产品的主要设计师或发明人、具备国际竞争力的科技设计领军人才、科技设计学术研究骨干等。

浙江大学科技设计人才培养模式探索构建了"设计思维＋专业领域"这一"有核＋无边"的知识体系,支撑起面向不同专业、不同层次的课程模块,提出了以跨学科、多领域、国际化为特征"交叉＋融合"的培养方法,实现体系稳定且形式多样的教学环节。此外,为加强教学实践训练,浙江大学还建设了教学与应用对接、校园与产业对接、训练与实战对接支撑的"创新＋创业"培养模式,促进了需求之间的同频共振,并由此形成政府、企业、资本、媒体、高校联动的"联动＋共赢"人才培养生态,支撑起科技设计人才从入门到实践的全链路。

自 2003 年起,以本科课程"信息产品设计"等科技设计课程开设、数字化艺术与设计硕士及博士点建设为标志,浙江大学开始了科技设计相关的知识体系、培养模式、教学方法和实践训练等方面的研究和教学探索,并逐渐建构起了科技设计核心课程模块、方向课程模块、前沿课程模块、通识课程模块、慕课课程模块(见表 4.23),以及学科竞赛、社团活动、科研训练、创业实践等教学模块,支撑起了以创新能力为导向的科技设计人才培养模式和生态。通过凝练起以科研、设计、商业三轮驱动的设计思维知识体系、技能系统和能力构成,明确了科技设计与上下游教学和周边专业的关系,建立起设计思维与技术、文化、人因等专业知识的衔接关系,形成若干过渡性、衔接性、开放性的"无边"课程群。针对不同的培养对象,组织起相应课程模块。

表 4.23　浙江大学科技设计课程体系建设情况

课程模块	教学对象	典型课程
科技设计核心课程	工业设计专业本科 产品设计专业本科 跨专业辅修	用户体验与产品创新设计(国家精品资源共享课)、计算机辅助工业设计(国家精品课程)、设计思维与表达、人本构成与创新设计、服务创新设计、技术构成与创新设计
科技设计方向课程	工业设计专业本科 产品设计专业本科 跨专业辅修	信息产品设计、文化构成与创新设计、信息与交互设计、商业模式创新设计、智能产品设计
科技设计前沿课程	设计类硕博研究生 工程类硕博研究生	智能设计、创新设计、情感计算与设计、设计研究、可视化导论(中国大学 MOOC)

续表

课程模块	教学对象	典型课程
科技设计通识课程	国际交换项目 全校各专业	科技设计在 21 世纪中国发展中的角色(全英文)、文化构成与产品创新(全英文)、中国商业文化与创业(全英文)、设计思维与创新创业(全校通识核心课,SPOC 课程)、设计与未来
科技设计慕课课程	学习强国平台 网易微专业 慕课平台	设计思维与创新创业(中国大学 MOOC、学习强国平台)、Swift 创新导论(中国大学 MOOC)、交互设计师(网易微专业)、UI 设计师(网易微专业)、用户研究员(网易微专业)

2. 浙江大学科技设计课程实践

人工智能已成为世界变化的重要推动力,而设计正是人工智能的理论、方法和技术转化为有价值的产品的重要媒介。如何构建一个前沿技术理论教学框架,满足人工智能、设计学等各个专业学生现阶段创新实践对人工智能等前沿技术的应用需求,是科技设计课程体系必须解决的问题。

为此,浙江大学开设了以"人工智能+设计"理念为主导的科技设计方向课程——"智能产品设计"。该课程主要面向人工智能、计算机专业、设计类专业高年级本科及研究生,介绍了如何引用产品设计的思维、工具和方法,利用人工智能的力量,研发对人们有益和有用、人-机-环境和谐的、具有社会责任和商业价值的智能软硬件产品。课程主要内容包括:①工程产品设计方法,包括开发流程和组织、机会识别、产品规划、需求分析、产品规格、概念设计等;②以人为中心的人工智能,包括人工智能和道德、偏见和透明度、信心和错误、信任和可解释性等;③智能产品的支撑要素,包括基本模式、算法基础、数据与知识、支撑硬件;④智能产品的人机交互,包括对话式界面、情感计算、增强现实、可视化等;⑤智能产品设计实践,实现并开发完成具有创新性的智能软件或硬件产品。

"智能产品设计"属于研究型课程,重视对学生主动探索的引导,注重对学生学习过程的指导,强调学生在课堂内外的互动。因此,课程重点采用了以下 3 种教学方式:①讲授教学。理论和基本知识学习阶段将采用以教师讲授为主的教学方法,主要集中在 1~5 周;后期将与其他授课方式穿插进行。②研讨教学。学生以小组为单位,需按照要求利用课余时间自学相关基础知识,在课堂上报告并进行讨论,主要集中在 4~7 周和后半学期。③汇报教学。高级方法学习和设计实践阶段,学生以小组为单位进行实验、产品设计和样机开发等实践活动;至少组织 3 次汇报环节。

以 2019 年"智能产品设计"的一项课程作业"增强感知的智能头盔·齐行"为例,简要介绍来自工业设计本科三年级的学生团队如何利用人工智能解决生活中的实际问题。

为解决骑行者面对交通信息感知存在的视野受限和信息干扰等问题,学生团队选择了头盔作为设计载体,希望利用人工智能来增强电动自行车骑行者对于交通信息的感知能力。因此,他们设计了一款名为"齐行"的模块化安全智能头盔,以帮助骑行者增强对路面信息的感知力和专注度,减小事故发生可能性。其设计过程主要包括以下3 个阶段。

1) 产品调研与分析

(1) 用户研究:结合自我陈述法,在城市生活社区网站上进行调研,整理杭州本地普通市民对电动车骑行头盔的陈述,并提取出其中的关键需求,总结得到安全智能头盔的用户画像。

(2) 市场调研:了解市场政策,并对市场上的头盔进行汇总和分类。

(3) 竞品分析:比较主流头盔产品在导航性能、成像质量、安全性、便携性、价格这五个方面的差异。

(4) 需求定义:简化骑行过程中道路信息的获取流程,将智能安全头盔的功能需求定义为导航和安全提醒两个部分。

2) 概念设计与开发

(1) 造型、结构与电路:完成头盔草图的迭代设计,使用 Rhino 软件完成造型建模;产品在结构上主要考虑功能模块和盔体的装配以及模块本身的结构,使用 creo 软件完成;电路部分选用价格适中、集成度高的传感器等电路模块,包括实时路况方向导航模块(GPS 定位模块等)、电源模块和侧后方安全预警模块(摄像头及震动模块等)。

(2) 算法、数据与算力:选用经典的车辆检测数据集 CompCars,并基于华为公司的通用 AI 开发平台 ModelArts 训练了 MobileNet 神经网络,最终得到具有较高精度的车辆识别模型;硬件部分采用体积小巧的树莓派 Zero 开发板,并通过外接 Intel 的神经计算棒来加速树莓派中车辆识别模型的运行,以保证车辆识别的实时性。

3) 原型发布

(1) 产品命名:产品命名为"齐行",与"骑行"同音,能够很好地说明产品的使用场景。产品口号为"齐行,与你齐行";产品 Logo 采用了头盔外形的轮廓特征,选择了蓝、白、黑 3 色作为头盔 Logo 的主色调。

（2）叙事逻辑：产品的叙事逻辑主要分为 3 个部分，即设计背景、产品使用与技术原理、造型展示。通过展示和分析电动车骑行的交通事故情况，引入模块化安全智能头盔的概念；采用视频和爆炸图的形式展示产品的造型及其模块化特点，展示头盔在真实情况下的使用方式；介绍导航模块的导航信息显示功能和后方安全预警模块的来车提醒、警示功能等；展示产品自由组合、私人订制的特点以及对未来的展望。

产品实拍图（左上）、产品尺寸图（右上）以及产品拆解图（下）如图 4.36 所示。

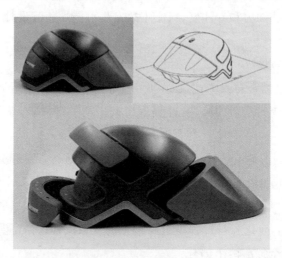

图 4.36　产品实拍图（左上）、产品尺寸图（右上）以及产品拆解图（下）

表 4.24 为"智能产品设计"课程的教学计划。

表 4.24　"智能产品设计"课程的教学计划

周次	授课主题	备注
1	概论和背景	3 讲授＋2 讨论
2	工程产品设计方法	3 讲授＋2 讨论
3	以用户为中心的设计	3 讲授＋2 讨论
4	以人为中心的人工智能	3 讲授＋2 讨论
5	人工智能与人机交互	3 讲授＋2 讨论
6	典型智能产品设计案例分析	3 讲授＋2 讨论
7	快速原型的开发基础——1	3 讲授＋2 实践
8	快速原型的开发基础——2	3 讲授＋2 实践

续表

周次	授 课 主 题	备　注
9	智能产品快速原型	3 讲授＋2 实践
10	智能产品设计实践 -1 概念生成	3 讲授＋2 实践
11	智能产品设计实践 -2 草模制作	3 讲授＋2 实践
12	智能产品设计实践 -3 概念选择	3 讲授＋2 实践
13	智能产品设计实践 -4 知识产权	3 讲授＋2 实践
14	智能产品设计实践 -5 详细设计	3 讲授＋2 实践
15	智能产品设计实践 -6 设计叙事	3 讲授＋2 实践
16	智能产品设计实践 -7 产品发布	3 讲授＋2 实践

第 5 章

AI＋X 微专业

5.1 AI＋X 微专业背景

2019 年 5 月,由浙江大学倡议,联合上海交通大学、复旦大学、南京大学、中国科学技术大学等高校共同发起了长三角研究型大学联盟,这也是自 2018 年发布"华五共识",成立教学协同中心后,"华东五校"的又一次重要合作。

2021 年 1 月 16 日,浙江大学、复旦大学、中国科学技术大学、上海交通大学、南京大学、同济大学、华为、百度和商汤在上海成立新一代人工智能科教育人联合体,发布 AI＋X 微专业(见图 5.1),以推动中国人工智能人才培养生态建设,促进学科交叉融合,探索科教融合、产教协同的人工智能一流人才培养模式。

前置类课程

基础类课程

模块类课程

算法实践类课程

交叉选修类课程

线下实训实践

学制1年~2年
完成至少12个学分
学习至少7门课程

- 共建共选
- 学分互认
- 证书共签
- 产教融合
- 小规模限制性在线课程

学分制   6大类、近40门课程   学习形式

图 5.1　AI＋X 微专业

AI＋X 微专业将首先在华东五校教学协同中心组织下面向浙江大学、上海交通大学、复旦大学、南京大学、中国科学技术大学和同济大学的学生开放。华东五校教学协

同中心通过共建共选、学分互认、证书共签和 SPOC 授课形式运行 AI＋X 微专业,这一模式创新了面向长三角高等教育深度合作形式,保证了微专业课程的高质量与高水平,为构筑人工智能发展先发优势培养战略资源力量。

为了推动资源共享,采取一边建设、一边共享的原则,AI＋X 微专业中所有课程将以 MOOC 形式向其他高校、行业和社会开放。

1. 培养目标

AI＋X 微专业以培养学习者掌握人工智能核心理论与实践应用能力为核心,通过灵活的课程组织和先进的授课形式,使学习者较为全面了解人工智能基本知识体系,掌握面向专业应用的人工智能实践能力,提升其全球化视野,适应新技术、新业态、新模式、新产业的发展趋势。

2. 培养对象

浙江大学、复旦大学、上海交通大学、南京大学、中国科学技术大学、同济大学各专业在读本科生、硕博研究生,具备一定数理基础,对人工智能理论知识、实践应用以及人工智能学科前沿发展趋势感兴趣。

3. 培养形式

1) 招生方式

每年开设两期,各学校统一组织招生,学生自主报名。如果报名学生人数超过了线下考试和实训培训的物理空间承担上限,则结合报名先后次序和已完成课程情况予以录取。

2) 教学形式

以开放在线课程为主,结合直播课、前沿讲座、实训营等形式,开展线上、线下融合教学。

3) 授课师资

浙江大学、复旦大学、上海交通大学、南京大学、中国科学技术大学、同济大学等高校人工智能及相关领域优秀教师及国内外人工智能头部科技企业联合授课。

4) 学制及结业要求

推荐学制:建议 1 年,最多不超过 2 年。

结业学分：学习者须至少获得 12 学分。

结业证书：申请修读 AI＋X 课程期间，无任何未解除的违法违纪处分，所修课程达到修读学分要求后学习者将被授予由浙江大学、复旦大学、上海交通大学、南京大学、中国科学技术大学共同签章的"AI＋X 微专业"证书。

5.2 课程体系

AI＋X 微专业培养包含主干课程学习及线下实践活动两大部分，其中主干课程内容体系包括前置课程、基础类课程、模块类课程、算法实践类课程、交叉选修类课程五大类。

在 AI＋X 微专业中，2 学分的线上课程教学周期一般为 16 周，每周视频总时长一般不超过 90 分钟。1 学分的线上课程的授课学时和授课周数可酌情减半。每门课程安排有一定次数的直播课时，并布置一定量的线上作业和测验，具体要求以相关课程的教学大纲为准。

1. 前置课程

前置课程（见表 5.1）为非必修。该类课程为人工智能的学习在编程基础、数据结构与算法设计方面做好准备。学习者可根据自身情况及已有基础，在正式学习人工智能微专业前自行选择完成前置课程的学习。

表 5.1 前置课程

课 程 名 称	授课教师	授课单位	备　　注
数据结构	陈越、何钦铭	浙江大学	国家精品在线开放课
程序设计入门——C 语言	翁恺	浙江大学	国家精品在线开放课
计算机问题求解基础	何钦铭	浙江大学	
Python 程序设计	翁恺	浙江大学	
面向程序设计—Java 语言	翁恺	浙江大学	

2. 基础类课程

基础类课程(见表 5.2)分为人工智能与机器学习、编程框架及前沿热点讲座 3 个类别,帮助学习者更好掌握人工智能基础理论脉络体系及领域前沿热点。基础类课程最低学分修读要求为 6 学分,以上 3 个类别分别修读至少 2 学分。

表 5.2 基础类课程

课 程 类 别	课 程 名 称	授课教师	学分	授课单位	备注
人工智能与机器学习 (选择 1 门)	人工智能导论	吴飞、李纪为、况琨	2	浙江大学	国家级一流本科课程
	模式识别和机器学习	邱锡鹏	2	复旦大学	
	如需要,可后续添加其他合适课程				
编程框架	人工智能编程框架	翁恺	2	浙江大学	
前沿热点讲座	脑与认知及人工智能前沿和应用系列讲座	负责人:姜育刚、卢策吾、何斌、乔宇、吴飞	2	校企联合师资	

3. 模块类课程

模块类课程(见表 5.3)目前分为智能感知及认知、智能系统、智能设计、智能决策、智慧城市、机器人六大类别,学习者可根据自身基础及研究兴趣方向自行选择。最低学分修读要求为 4 学分,学习者须至少从中选择 2 个类别修读,每个类别至少完成一门课程的学习。

表 5.3 模块类课程

课程类别	课 程 名 称	授课教师	学分	授课单位	备注
智能感知及认知	自然语言处理	刘挺、汤斯亮	2	哈尔滨工业大学、浙江大学	
	计算机视觉	卢策吾、李玺	2	上海交通大学、浙江大学	
	脑科学导论	潘纲、唐华锦、李鹜	2	浙江大学、中国科学技术大学	

课程类别	课 程 名 称	授课教师	学分	授课单位	备注
智能感知及认知	智能语音及语言交互	俞凯	2	上海交通大学	
	数字图像处理	张军平	2	复旦大学	
	虚拟现实	姜忠鼎	2	复旦大学	
智能系统	人工智能芯片与系统	陈云霁、王则可、梁晓崝	2	中国科学院计算技术研究所、浙江大学、上海交通大学	
	人工智能算法与系统	吴超、杨洋、况琨	2	浙江大学	
	自主智能无人系统	何斌等	2	同济大学	
智能设计	可视化导论	陈为	2	浙江大学	
	设计思维与创新设计	张克俊、孙凌云、柴春雷	2	浙江大学	国家级一流本科课程
	人工智能与数据设计	曹楠、石洋、陈晴	2	同济大学	
智能决策	强化学习	俞扬、黎铭	2	南京大学	
	博弈论	邓小铁、张国川、陆品燕	2	北京大学、浙江大学、上海财经大学	
智慧城市	智能城市规划前沿	吴志强等	2	同济大学	
	物联网	张伟	2	同济大学	
机器人	智能机器人	王祝萍、刘成菊、陈启军	2	同济大学	

4. 算法实践类课程

算法实践类课程为实践课程,每门课程为 1 学分,以培养掌握学习者实践实训能力为核心,由华为、百度、阿里巴巴、商汤、英特尔、微软等名企与高校老师合作开设,帮助学习者了解、掌握人工智能在工业场景中的实践与应用。

最低学分修读要求为 1 学分,即要求学习者从中至少选择一门课程学习并完成相关实践训练。

5. 交叉选修类课程

交叉选修类课程(见表5.4)涵盖多学科领域,以期打破学科之间的藩篱壁垒,构建学科交叉体系。培养学习者在学习中厘清不同学科之间依存的内在逻辑关系,掌握不同学科理论交叉、融合和渗透,提升科学视野。学习者可根据自身兴趣及精力,从中选择相关课程的学习。

最低学分修读要求为 1 学分,即要求学习者从中至少选择一门课程学习。

表 5.4　交叉选修类课程

课 程 名 称	授 课 教 师	学分	授 课 单 位	备　　注
智能医学	郑加麟	1	同济大学	
人工智能与数字经济	王延峰	1	上海交通大学	
人工智能药学	范骁辉、周展	1	浙江大学	
人工智能法学	郑春燕、魏斌	1	浙江大学	
可计算社会学	吴超	1	浙江大学	
智能财务	陈俊	1	浙江大学	
智能公共管理	黄萃	1	浙江大学	
人工智能伦理	潘恩荣	1	浙江大学	
人工智能伦理	陈小平	1	中国科学技术大学	

6. AI+X 微专业线下实训实践活动

AI+X 微专业线下实训实践活动为特色活动环节。为了进一步提升学习者的人工智能工程应用与实践能力,每年暑期将组织邀请高校及产业界知名专家组成师资力量,采取报名、选拔的方式组织学习者参与暑期集训活动。围绕科技创新与实践落地开展主题实训,打通学术、产业边界,构建系统性知识训练。该环节为选修,不设置学分要求。

5.3　课程实训平台

以人工智能教育为核心的实训以人工智能理论为基础,以数据导向为原则,以大量实验为要求,这就需要在开展人工智能教育实训时,依托充足的实验资源,用人工智能理论指导实践,在具体应用上实现人工智能理论与实践的结合。然而,当前开始有效的人工智能实验一是需要海量的数据,二是需要足够的算力,这两点对高校而言无疑是个巨大的挑战。因此,开展校企合作,依托企业的数据规模与算力支撑,高校能够最大限度地发挥人工智能理论知识的前沿性、创新性与可用性,并为开展人工智能教育实训提供现实的实践条件与环境。

基于人工智能理论、数据与算力急需相互结合的现实需要,国内外已经涌现很多企业主导开发、校企协同使用、社区广泛参与的人工智能一体化实训平台。这些平台为高校开展人工智能教育提供了可持续、可扩展的实验基础与实训环境。

表 5.5 为当前国内外若干典型的人工智能实训平台概述。由表 5.5 可见,当前人工智能实训平台仍然以国内外大型科技企业为主,这体现了人工智能发展的技术前瞻性。同时,各企业研发的实训平台有助于人工智能学科的下沉,推动 AI+X 的实现,使得人工智能真正成为一门具有普遍服务性的学科,赋能多学科发展新范式。

表 5.5　当前国内外若干典型的人工智能实训平台概述

平台	简　介	企业主体	算力	课程	实践平台
Baidu AI Studio	依托百度大脑,AI Studio 是面向 AI 学习者的一站式开发实训平台,平台集成了丰富的免费 AI 课程,深度学习样例项目,各领域经典数据集,云端超强 GPU 算力及存储资源,更有奖金丰厚的精英算法大赛。AI Studio 让 AI 学习更简单,体系化课程开启 AI 学习之旅	百度	公有云	√	√
ModelArts	ModelArts 是面向开发者的一站式 AI 开发平台,为机器学习与深度学习提供海量数据预处理及半自动化标注、大规模分布式 Training、自动化模型生成,及端-边-云模型按需部署能力,帮助用户快速创建和部署模型,管理全周期 AI 工作流	华为	公有云	√	√
JDAI NeuFoundry	基于京东丰富场景的最佳实践,为企业提供一站式 AI 开发平台,"私有化 AI 能力的铸造厂"JDAI NeuFoundry,以帮助企业用户快速低成本地构建起自己的智能中台,完成智能化的升级转型。JDAI NeuFoundry 覆盖从数据标注-模型开发-模型训练-服务发布-生态市场的人工智能开发全生命周期,并预置高净值的脱敏数据、经实战验证的成熟模型以及典型项目场景,同时提供多种安全、灵活可定制的部署及交付方案	京东	公有云	√	√

续表

平台	简　　介	企业主体	算力	课程	实践平台
阿里云机器学习平台	阿里云机器学习 PAI 包含 3 个子产品,分别是机器学习可视化开发工具 PAI-STUDIO,云端交互式代码开发工具 PAI-DSW,模型在线服务 PAI-EAS,3 个产品为传统机器学习和深度学习提供了从数据处理、模型训练、服务部署到预测的一站式服务	阿里	公有云	√	√
腾讯 AI 开放平台	腾讯 AI 开放平台汇聚顶尖技术、专业人才和行业资源,依托腾讯 AI Lab、腾讯云、优图实验室及合作伙伴强大的 AI 技术能力,升级锻造创业项目	腾讯	公有云	√	√
Amazon SageMaker	Amazon SageMaker 是一项完全托管的服务,可以帮助开发人员和数据科学家快速构建、训练和部署机器学习模型。SageMaker 完全消除了机器学习过程中每个步骤的繁重工作,让开发高质量模型变得更加轻松	亚马逊	公有云	√	√
Momodel	智海-Mo 是一个支持模型快速开发训练与部署的人工智能在线建模平台。它以机器学习初学者为目标用户,构建以开发者为核心的生态圈,同时汇聚需求者和使用者。Mo 致力于降低 AI 技术开发与使用门槛、缩短学习曲线,是一个为实现"人工智能民主化、应用普及化"目标而生的交互式线上数据模型开发、训练与部署平台	Mo	公有云	√	√
Google AI Platform	Google AI Platform 可让机器学习开发者、数据科学家和数据工程师轻松快速、经济高效地将机器学习项目从构思阶段推进到生产和部署阶段。从数据工程到"无锁定"的灵活性,Google AI Platform 的集成工具链可帮助您构建并运行自己的机器学习应用	谷歌	公有云	√	√

　　AI＋X 微专业中"人工智能导论""模式识别和机器学习"和"人工智能编程框架"等课程以"智海-Mo 平台"作为算法实训平台。

5.4 AI+X 微专业首期开课

2021 年 4 月 9 日，AI+X 微专业第一期正式开班。中国工程院院士、科技部新一代人工智能战略咨询委员会组长、教育部人工智能科技创新专家组组长潘云鹤担任 AI+X 微专业项目指导委员会主任。潘云鹤院士对 AI+X 微专业提出殷切希望，还亲笔题字赋予："发扬人工智能引领效应，培育学科交融创新人才！"的发展理念。

潘云鹤院士作为 AI+X 第一课开讲嘉宾，为 300 名同学带来了"人工智能走向 2.0"的主题分享。潘云鹤院士寄语 AI+X 微专业 2021 春季班的同学："要成为新一代的 AI 创新英雄，为人类做出重大贡献！"

第一期首先开出了前置课程、基础类课程及算法实践类课程，参与开课的专家有来自浙江大学的吴飞教授、翁恺教授，复旦大学的邱锡鹏教授，华为海思昇腾 CANN 技术专家谭涛老师，百度杰出架构师、飞桨产品负责人毕然老师，商汤联合创始人林达华老师等 20 余位老师，将开展为期 12 周的线上教学。

人民网、光明网、中新网、中国教育电视台、文汇报及浙江卫视聚焦 AI+X 微专业，对此进行了报道。AI+X 微专业汇聚前沿技术和产业资源，联动政校企力量，推动人工智能人才培养、学科交叉和生态建设，从而实现交叉学科范式变革，赋能场景应用。

第 6 章

K12 人工智能教育

6.1 高中信息技术新课标

2017 年 12 月，教育部印发《普通高中课程方案和语文等学科课程标准（2017 年版）》通知，决定从 2018 年秋季学期起开始实施《普通高中课程方案和语文等学科课程标准（2017 年版）》。与 2003 年颁布的《普通高中信息技术课程标准（实验稿）》相比，新课标中增加了数据与计算等必修内容，以及数据结构、人工智能、开源硬件设计等与 AI 相关的选修课内容。

《普通高中课程方案和语文等学科课程标准（2017 年版）》明确指出高中信息技术学科核心素养由信息意识、计算思维、数字化学习与创新、信息社会责任四个核心要素组成，如表 6.1 所示。它们是高中学生在接受信息技术教育过程中逐步形成的信息技术知识与技能、过程与方法、情感态度与价值观的综合表现。四个核心要素互相支持、互相渗透，共同促进学生信息素养的提升。

表 6.1 高中信息技术核心素养

核心素养	内 涵	备 注
增强信息意识	个体对信息的敏感度和对信息价值的判断力。信息意识是人们对客观事物中有价值信息的感知、理解、规划、反馈和运用能力的综合体现	"信息"最早出现在唐代陆龟蒙诗作"望尽南飞燕，佳人断信息"中。古人对"信息"所赋予的含义是"人言务经自心悟之"，体现了强调信息的可信度

续表

核心素养	内　　涵	备　　注
发展计算思维	个体运用计算机科学领域的思想方法,在形成问题解决方案的过程中产生的一系列思维活动。与以"实验、观察、发现、推断与归纳"为核心的实验思维以及与以"假设、定义、证明"为核心的理论思维不同,计算思维体现了"抽象、构造和计算"的本质,在人工智能、大数据、互联网等支撑下所形成的计算思维,与实验思维和理论思维同等重要,人工智能正成为一种通识教育,渗透进入其他知识技术教育之中	2006 年,卡内基梅隆大学周以真教授首次系统性地定义了计算思维。同年其在美国计算机权威期刊 *Communications of the ACM* 上发表了题为 *Computational Thinking* 的论文,由此开启了计算思维研究历程
提高数字化学习与创新	个体通过评估和选择常见的数字化资源与工具,有效地管理学习过程与学习资源,创造性地解决问题,从而完成学习任务的能力,形成创新作品的能力	2020 年 4 月,中共中央、国务院发布的《关于构建更加完善的要素市场化配置体制机制的意见》将数据与土地、劳动力、资本、技术等传统要素并列,提出加快培育数据要素市场,这一意见使创新发展经济体系的要素构成发生重大变化。数字化进程将扩容和优化创新生产要素体系,改变创新方式和动力
树立信息社会责任	信息社会中的个体在文化修养、道德规范和行为自律等方面应尽的责任	

在修订的新标准中,高中信息技术课程由必修、选择性必修和选修 3 类课程组成(见表 6.2)。

表 6.2　高中信息技术课程结构

类　　别	模 块 设 计	
必修	模块 1:数据与计算 模块 2:信息系统与社会	
选择性必修	模块 1:数据与数据结构 模块 2:网络基础 模块 3:数据管理与分析	模块 4:人工智能初步 模块 5:三维设计与创意 模块 6:开源硬件项目设计
选修	模块 1:算法初步 模块 2:移动应用设计	

高中信息技术必修课程是全面提升高中学生信息素养的基础,强调信息技术学科

核心素养的培养,渗透学科基础知识与技能,是每位高中学生必须修习的课程,是选择性必修和选修课程学习的基础。高中信息技术必修课程包括"数据与计算"和"信息系统与社会"两个模块。

选择性必修课程包括"数据与数据结构""网络基础""数据管理与分析""人工智能初步""三维设计与创意"和"开源硬件项目设计"6 个模块。其中"数据与数据结构""网络基础"和"数据管理与分析"3 个模块是为学生升学需要而设计的课程,这 3 个模块的内容相互并列;"人工智能初步""三维设计与创意"和"开源硬件项目设计"3 个模块是为学生个性化发展而设计的课程,学生可根据自身的发展需要进行选学。

高中信息技术选修课程是为满足学生的兴趣爱好、学业发展、职业选择而设计的自主选修课程,为学校开设信息技术校本课程预留空间。选修课程包括"算法初步"和"移动应用设计"以及各高中自行开设的信息技术校本课程。

新课标中"人工智能初步"教学内容

学生应该了解人工智能的发展历程及概念,能描述典型人工智能算法的实现过程,通过搭建简单的人工智能应用模块,亲历设计与实现简单智能系统的基本过程与方法,增强利用智能技术服务人类发展的责任感。

具体而言,需要掌握如下内容。

(1) 描述人工智能的概念与基本特征;知道人工智能的发展历程、典型应用与趋势。

(2) 通过剖析具体案例,了解人工智能的核心算法(如启发式搜索、决策树等),熟悉智能技术应用的基本过程和实现原理。

(3) 知道特定领域(如机器学习)人工智能应用系统的开发工具和开发平台,通过具体案例了解这些工具的特点、应用模式及局限性。

(4) 利用开源人工智能应用框架,搭建简单的人工智能应用模块,并能根据实际需要配置适当的环境、参数及自然交互方式等。

(5) 通过智能系统的应用体验,了解社会智能化所面临的伦理及安全挑战,知道信息系统安全的基本方法和措施,增强安全防护意识和责任感。

(6) 辩证认识人工智能对人类社会未来发展的巨大价值和潜在威胁,自觉维护和遵守人工智能社会化应用的规范与法规。

《普通高中课程方案和语文等学科课程标准(2017 年版)》发布后,国家教材局批准出版了五套《人工智能初步》统编教材,分别是科教版、人教版、浙教版、粤教版和沪教版。这五套教材对人工智能内涵、算法模型、应用和伦理道德等内容进行了描述。

表 6.3 列出了浙教版《人工智能初步》的基本内容以及案例。

表 6.3　浙教版《人工智能初步》的基本内容以及案例

章	节	学 习 目 标	挑 战 项 目
第一章　智能之路：历史与发展	1.1　人工智能的起源； 1.2　人工智能的现状与发展	• 理解逻辑推理、可计算和图灵机等基本概念； • 了解智能测试基本手段和局限； • 了解人工智能的主要研究内容； • 了解人工智能产生及其发展历史	构建人工智能发展脉络全景图（设计一张人工智能发展脉络的全景图，使其他不了解人工智能的人清楚地介绍智能实现的载体、人类智能的组成部分以及人工智能的能与不能等问题）
第二章　智能之源：算法与模型	2.1　类脑计算； 2.2　逻辑推理； 2.3　基于搜索的问题求解； 2.4　决策树； 2.5　回归分析； 2.6　贝叶斯分析； 2.7　神经网络学习； 2.8　混合增强智能	• 了解脑认知机理和逻辑推理基本概念； • 掌握搜索、决策、回归、分类等人工智能基本算法； • 了解逐层抽象、逐层学习的深度学习算法基本原理； • 掌握"人在回路"模式下混合增强智能基本手段	人工智能创新马拉松：物流之链感知城市脉搏（设置一连串相互关联的挑战性任务，对所在城市的生活节奏有所体验和感悟）
第三章　智能之力：赋能之术	3.1　对数据进行挖掘：知识挖掘； 3.2　对数据进行学习：模式挖掘； 3.3　对数据进行合成：创意智能	• 了解知识挖掘的基本算法，如聚类算法； • 了解规则驱动、数据建模、深度学习三种不同算法在模式识别中的应用	实现迷你智能校园系统（自主设计一个迷你智能校园系统，可以识别进入校内车辆的车牌信息以及自主识别某一画面内出现的究竟是学生还是小动物（人或非人））
第四章　智能之用：服务社会	4.1　"智能＋X"推动社会进步； 4.2　自然语言理解：机器翻译； 4.3　智能模拟：人机博弈； 4.4　智能控制：无人驾驶车系统； 4.5　混合智能：脑机接口； 4.6　人工智能发展对社会的潜在影响	• 了解人工智能在机器翻译和人机博弈等方面的基本方法； • 了解人工智能在相关应用中的不足	创建智能家庭港湾（设计一个由语音控制的多功能智能音箱，来帮助人自动化地完成琐碎和重复的工作）

续表

章	节	学 习 目 标	挑 战 项 目
第五章　智能之基：伦理与安全	5.1　概述； 5.2　人工智能伦理； 5.3　人工智能安全	• 了解人工智能伦理的基本概念和范畴； • 在涉及人工智能伦理的案例中具有一定的辨析能力； • 掌握程序正确性证明基本概念和保障信息系统安全的基本手段	人机共融社会中人工智能伦理之辨：谁之过？（分析一个造成事故的人机共驾系统责任所属）

6.2　AI4K12 规范

2018 年 5 月，美国人工智能协会（AAAI）和计算机科学教师协会（CSTA）推出了"AI for K-12"工作小组（AI4K12），将 K12 学生划分为 4 个年龄层次，分别是幼儿园～2 年级、3～5 年级、6～8 年级和 9～12 年级。AI4K12 在教育中需要了解计算机通过传感器感知环境的能力、计算机通过对环境建模和表示方法进行推理的能力、计算机从数据中进行学习的能力、计算机与人类自身自然交互能力、智能算法对社会发展正面和负面的影响（见表 6.4）。

表 6.4　美国 AI4K12 规范

能力	希望学生掌握的内涵	幼儿园～2 年级	3～5 年级	6～8 年级	9～12 年级
感知能力	计算机通过传感器感知世界。感知是一种从传感器所捕获信号中甄别提取有意义信息的能力。让计算机在实际生活场景中犹如人一样能"看"和会"听"是当前人工智能算法所取得的最大进展之一	能够辨识计算机、机器人和智能设备中传感器；通过与智能体（如 Alexa 和 Siri）进行交互，了解这些传感器所起的作用	了解传感器所得到的输入信号如何在感知过程中被使用；展示计算机感知能力的一个局限性；实现体现计算机感知能力的一个应用	了解传感器局限性如何影响计算机感知能力；了解多种不同算法和多种不同感知器构造而成一个感知系统；利用多种传感器和多种感知手段实现一个应用	解释计算机感知过程中所采取不同手段对应的领域知识（如视觉感知过程中由点、到线、到面、到形状的层次化机制）；展示语音识别算法在处理同音字（同音异词）和其他形式不确定模糊时困难

能力	希望学生掌握的内涵	幼儿园～2年级	3～5年级	6～8年级	9～12年级
表达与推理能力	智能体具有对外界信息进行表达和使用这一表达进行推理能力。表达是智能活动要解决的基本问题。计算机能够通过特定数据结构来构造表达,基于其表达结构来支持算法从已知推理出未知。尽管智能体能够对非常复杂的问题进行推理,但其推理的机制与人类存在本质区别。如在围棋比赛中,对棋盘进行表达,对下一步落子进行推理	绘制一个教室或学校的地图,将其与真实场景中教室和学校进行对比;使用决策树完成决策推理	使用树结构构造一个针对(动物)分类系统的表达;描述人工智能表达如何支持问答式推理	设计所在社区对应的一个图模型表达。给定图中某个位置,基于这个图模型表达来完成最短路径推理	绘制一个井字棋的搜索树;描述不同搜索算法的异同
学习能力	计算机能够从数据中进行学习。机器学习是统计推理的一种方法,其能发现数据中所蕴含的模式。学习算法设计了许多新的表达方法,促进人工智能近年来在许多领域取得了较大进步。但是,学习算法必须依赖于海量数据才能进行学习,这些数据由人类提供,偶尔可以由机器自己获取	以计算思维方法对数据中所蕴含模式进行学习(如分解、识别和抽象等);使用分类器识别图形;分析训练数据集如何让学习算法有效识别图像以及讨论程序如何知晓其绘制的内容	了解和比较监督学习、非监督学习和强化学习的异同;通过人机交互模式来改造提升交互式机器学习算法的性能;阐释机器学习算法为什么会出现算法偏见	辨识训练数据集中出现的数据偏差,拓展训练数据集来解决这一数据偏差;模拟训练一个简单的神经网络完成特定任务	使用TensorFlow的Playground模块来训练包含1～3个隐藏层的神经网络;跟踪和调试一个简单机器学习算法的每一步输出

续表

能力	希望学生掌握的内涵	幼儿园～2 年级	3～5 年级	6～8 年级	9～12 年级
自然交互能力	智能体需要非常多的知识才能与人类自然交互。例如，智能体必须与人类通过自然语言交流、识别人类的表情和情绪、在一定文化和社会范畴中从所观测到的人类行为中推知其意图。完成这些任务均是非常困难的挑战。今天人工智能系统能够完成有限任务，但是甚至缺乏孩童所拥有的通用推理和交流能力	在一个故事中辨识某个单词是否具有积极或消极的内涵意义；辨识人脸中幸福、悲伤或愤怒等情感以及解释为什么被识别为相应情感；使用特定软件识别人脸中的情感以及文档中单词所传递的情感	辨识人类如何将多模态信息（如语音、表情、姿态等）融合起来以便更好进行交流；阐释一些可超越人类的人工智能算法以及无法超越人类的人工智能算法	构建一个简单的聊天机器人；解释自然语言为什么有时传递的信息会产生歧义以及给出实例；探究智能的本质，辨识一个智能体是否智能	展示句法分析器如何解决语言的歧义；探究谷歌知识图谱；辨识和讨论人工智能与意识等内容
对社会的影响	人工智能对社会将产生积极和消极双刃剑影响。人工智能技术极大改变了我们工作、旅行、交流以及彼此关怀的模式。对于人工智能可能引发的害处必须高度重视，例如由于训练人工智能算法所使用数据存在偏差，则所训练得到的人工智能系统就会给某些人带来算法偏见。因此，我们必须严肃讨论人工智能对社会影响，研究将伦理道德引入人工智能系统的标准和规范	辨识人工智能在日常生活中各种应用；讨论人工智能在日常生活中的各种应用的优点和不足	探究人工智能算法如何被数据偏差影响以及如何影响算法决策；阐释人工智能算法具有包容性之道	解释人工智能决策出现偏差的潜在源头；理解人工智能系统设计中的平衡以及决策系统可能会出现事先无明确的后果	严肃分析人工智能系统正面和负面的影响；设计一个人工智能系统以解决社会问题或者阐释人工智能为什么可被用于解决社会问题

在 AI4K12 人工智能规范中,出现了较多偏差/偏见(bias)这个词。由于数据分布而造成人工智能算法产生偏见早已有之。例如微软公司的人工智能聊天机器人被网民"教坏",上线不久就成为了一个集性别歧视、种族歧视等于一身的"不良少女"。研究表明,自然语言算法更容易将幼儿园工作人员识别为女性、司法辅助断案系统易支持原告的诉讼请求。

产生算法歧视的原因在于机器学习过程中出现了数据选择偏差(Selection Bias)。目前人工智能算法只能从人类提供的数据中按部就班进行学习,如果训练中所提供的聊天数据均含有"种族歧视"、来自幼儿园数据中工作人员均是女性、来自司法案件数据中原告诉求均被法官支持,那么就无法让人工智能算法能够克服"偏差"去完成其从未见到的任务。用于训练人脸识别算法的训练数据集中仅包含不戴口罩的人脸图像,那么所训练得到的人脸识别算法就无法将戴口罩的人脸图像识别为"人脸"。为了克服由于数据偏差所引发的算法歧视,我们需要收集更具代表性的训练数据,以便让人工智能算法覆盖更多的任务场景。因此,如果算法本身没有恶意错误,则训练算法的数据存在偏差就会使得算法产生偏见。

另外,在 AI4K12 规范中,也出现了 Unplugged Activity 这一单词。Unplugged Activity 指的是以计算思维的分解、抽象等机制来对复杂模式进行识别。

6.3 K12 数字化素养能力

在人类数千年的发展历史中,处理信息主要依靠大脑,而现代信息化技术的发明极大改变和推动了人类社会生活方式、生产结构以及劳动关系的变革。以信息化技术发展而来的数字化技术给人类带来快速处理大规模数据的能力,成为推动人类社会进步的一个重要途径。特别是近年来人工智能技术的快速发展,给人类带来新一轮的科技革命与产业变革,推动各种新事物、新业态落地和呈现。

在数字化时代,数字素养是发现问题、解决问题、创造未来的核心素养,着力提高我国 K12 阶段少年儿童数字化素养能力的培养,具有重大意义。

数字化素养在诞生之初就受到关注与重视,欧盟在 2013 年正式制定了 21 世纪核心素养框架,并在 2017 年由欧盟委员会联合研究中紧锣密鼓地推出了专门针对数字素养的政策框架。杭州市教育系统以发展教育信息化为制高点,贯彻实施《推进杭州教育信息化发展智慧教育行动计划(2015—2017 年)》,并要求加快教育创新与信息化转型升级,发展中小学数字化素养是围绕整体发展规划的应有之意。制定从基础教学到水平测试以及场景模拟等培养方案与培养标准更是需要加以重视的关键。

从大脑到计算机,从计算机到人工智能,人类处理客观世界信息数据的能力跨越式地提升,而处理信息的基本过程和模式存在一定的延续性,总体上可以分为发现信息、记录信息、加工信息、交互信息、应用信息五个阶段。

以被誉为中国"第五大发明"的二十四节气为例。

(1)发现信息。上古时代,在黄河流域生活的先民们注意到寒来暑往、降雨降雪等自然现象存在一定的规律。

(2)记录信息。先民们持续多年记录大自然各类物候现象的发生。

(3)加工信息。先民们选取比较有规律、有代表意义的物候现象,结合天体运行迹象,开发出二十四节气的概念。

(4)交互信息。先民们给每个节气设定有意义、易记的命名和朗朗上口的二十四节气歌进行传播。

(5)应用信息。二十四节气在指导农事生产和身体保健上发挥了重要作用。

K12 阶段少年儿童主要接受基础和全面的自然科学、社会科学、人文科学的教育,相应的数字化素养能力模型可依照上述的处理信息基本模式进行纵向划分,再将密切相关的自然科学、社会科学、人文科学中重要的思维能力进行横向划分,K12 按学前、小学低年级、小学高年级、初中、高中等划分不同阶段,在对应二维表中精确描述各能力范畴和培养建议,形成具有指导意义的 K12 数字化素养能力培养规范。

K12 数字化素养能力模型纵向层次的能力可依次描述如下。

(1)感知与获取。人类在自然和社会环境中,基于自身的科学素养、人文素养对现实世界环境信息的感应、感觉和感受,并依托各类感应器、测量器等获得超越人类感官能力之外的各类信息。

(2)学习与抽象。人类观察和分析现实世界中可获得的信息,选取其中有用的部分,理解信息的来源、组成和原理,并采集、转换和存储为可数字化的结构和非结构数据,构造现实在虚拟世界的映射模型。

(3)推理与决策。通过科学或艺术处理方法对映射模型进行加工创作或借助机器学习等方法建立与隐藏内在机理的关联关系,并与已有领域充分结合,实现知识泛化,为人类掌握知识和策略选择提供支持。

（4）交互与合作。用合适的表现形式描述知识、作品或决策，建立适合交互传播的渠道和人类合作、人机协同的模式。

（5）伦理与素养。将知识、作品或决策应用到实际工作生活场景，充分挖掘价值和发挥其正面社会效用，持续推动人类群体整体数字化素养能力的提升。

6.4　学龄前教育

智能时代人类需要具备与机器智能相处的能力，计算机语言亦成为人机交流形态。瞄准人工智能时代，全球已形成一种共识，在儿童教育中适宜地嵌入计算思维与编程思维的培养，能够促进儿童的认知和社会性发展；进而，从儿童认知发展入手开展人工智能启蒙教育，让儿童更好地认知人工智能情境、培养人工智能思维、促进人机协同交互。

2017年，国务院发布《新一代人工智能发展规划》，"在中小学阶段设置人工智能相关课程，逐步推广编程教育，将编程教育列入人工智能课程最核心的部分。"编程思维启蒙教育的年龄段将逐渐覆盖学前教育，人工智能启蒙教育亦将从幼儿园开始。人工智能教育的开展，是智能时代下国家发展人工智能新战略的教育新生态。

启蒙儿童的编程思维、逻辑思维和人工智能思维，已经成为继阅读、写作、算术这3项基本能力外所需要掌握的第4项必备技能。编程教育作为重要载体，有效支撑了人工智能启蒙教育场景，在此背景下的儿童人工智能启蒙教育课程体系应运而生。

中国工程院院士韦钰指出，"在人工智能迅猛发展大环境下，教育要面向未来，面向世界。要着重培养孩子跨学科的综合解决问题的能力。所以，一定要教给学生有结构的知识和建构的能力，培养儿童的思维能力。"学龄前儿童教育作为学校教育和终身教育的奠基阶段，对其情感态度、知识能力等方面的发展具有重要价值。学龄前的人工智能教育，是让人工智能的"种子"在园所的肥沃土地上生根发芽，是让儿童更好地适应智能技术的发展，应对人类与机器智能协同，实现人类与智能技术的和谐共生。

教育部发布的《3～6 岁儿童学习和发展指南》强调，"珍视幼儿生活和游戏的独特价值，充分尊重和保护其好奇心和学习兴趣，创设丰富的教育环境"。创设以游戏为主的教学组织形式，能够顺应幼儿的天性，激发幼儿的参与兴趣与探究欲望。同时，"活动既是感知的源泉，又是思维发展的基础"，对于学龄前儿童而言，观赏、参与、体验和探索活动，对于幼儿建构以及转化认知结构尤为重要。

面向学龄前儿童的人工智能教育，遵循《3～6 岁儿童学习和发展指南》以及 3～6 岁儿童认知发展特点，基于建构主义理论，充分发挥人工智能所具备的工具性与知识内容的双重属性，使得智能技术一方面能为幼儿多感官的感知和体验提供设备支持（工具性），满足在活动中释放幼儿探索的欲望，通过多感官的刺激与引导，让幼儿深入到所创设的活动情境中；另一方面也能作为幼儿感知和体验的对象（知识内容），满足游戏教学的需求，实现"在玩中学，在学中玩"。

2021 年，上海市教育委员会发布《上海市幼儿园信息化建设与应用指南（试行）》，在推动数字校园整体建设中提及"幼儿园可探索利用物联网、人工智能等新技术，建设符合幼儿学习与发展特点、满足幼儿探索与体验需求的智慧活动环境，配备数字化玩教具，发展幼儿的思维能力和动手操作能力"。

智能技术所能构建的童真童趣的活动情境，能够实现与幼儿的语言、情感和认知交互。常见的人脸识别、语音识别等，都可以扩展和促进幼儿对智能技术的体验。智能技术在活动场景中的融入，为幼儿的认知冲突创设了条件，对幼儿认知的建构提供了更多的空间与可能性，有助于幼儿形成人工智能意识，并有意识借助智能技术分析问题、解决问题。

学龄前的人工智能教育与其他学段的人工智能教育一样，以立德树人为目标，以核心素养的培养为前提，以算法与编程实践为抓手。《2018 年中国互联网学习白皮书之人工智能教育（基础教育）发展报告》中把小学学段的人工智能能力培养目标设定为：能够感知、体验、分辨人工智能，逐步培养计算思维能力。面向学龄前儿童，幼儿园阶段的人工智能教育旨在增进儿童对人工智能的了解，消除对智能技术的神秘感与陌生感，提升其对智能技术与环境的感知，并使其能运用智能技术进行游戏、活动或创作。活动以珍惜儿童的好奇心、助长儿童的学习欲望、培养儿童探索的自然天性为目标。

课程体系的建立致力于全面提升幼儿的信息意识，增强幼儿善于思考与表达、发现探究问题、解决问题的能力，发展编程思维、逻辑思维以及人工智能思维。课程围绕人工智能五大学科关键力——人工智能意识、编程思维、智能技术应用、实践创意思维、智能社会责任,为幼儿适应未来的智能时代奠基;课程重在感知式情境教学,创设所需的人工智能情境,以情境的方式帮助幼儿体验与感知人工智能的原理、技术与应用;课程倡导基于问题的学习方式,在任务的驱动下解决问题,还原学习的本质,促进幼儿对问题的敏感性、对知识学习的掌控以及对问题求解的思考力的发展;课程注重团队合作,将知识建构、技能培养与思维发展融入任务完成的过程中。同时,鉴于人工智能学科交叉学科的属性,学龄前的人工智能课程同样凸显了多学科融合的特性。

　　因此,课程以培养儿童的计算思维,引起儿童对科技的兴趣,激发儿童的探究好奇心,培养儿童发现问题、解决问题的能力为活动导向,涵盖智能感知、智能处理、智能交互3个部分,遵循"智能感知-智能处理-智能交互"的顺序规则,凸显时序性。从3个部分展开相应的核心学习主题(见图6.1)。

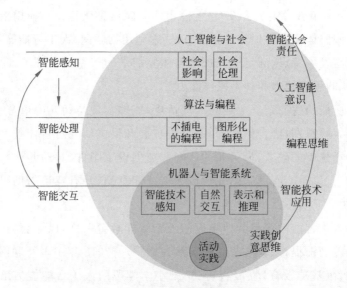

图 6.1　学龄前人工智能教育课程体系

　　(1) 智能感知。以"人工智能与社会"主题引导儿童感知人工智能意识与智能社会责任。通过典型案例分析的方式,将抽象概念形象化、体验化,帮助儿童感知人工智能,体会人工智能的重要性。让儿童在初步了解人工智能特点的基础上,感受智能技术对生活、社会带来的影响。

　　(2) 智能处理。以"算法与编程"主题引导儿童感知编程思维,形成计算思维习惯,为后续儿童认知思维发展奠定基础。编程是跨学科整合知识的最好途径,编程的基础是语言,行为动作是数学的逻辑、计算和推理。通过教师示范与儿童动手实践相结合的方式,以编程游戏、可视化图形编程等课程内容让儿童体验生活与学习中内含的编程思想,体会"所编即所得",实现思维能力的可视化,在实践中产生深邃的科学思想,培养儿童探索问题的思维和解决问题的能力。编程的学习就是让孩子站在计算机的角度思考问题,理解计算机处理事情的全过程逻辑。编程思维是实现人工智能的关键步骤,培养儿童的编程思维,让儿童学会编程,了解程序运行逻辑,了解人机交互协同,认知人工智能场景,最终形成人工智能思维。

(3) 智能交互。以"机器人与智能系统"主题引导儿童感知智能技术应用。通过实际示范与亲身体验等方式,创设所需的人工智能情境,以情境的方式帮助儿童体验与感知人工智能技术应用。儿童通过情境体验的方式体验人工智能,形成直观与形象的理解,激发提升自身的直觉经验,消除对机器、对人工智能的陌生感。

在以上三大核心主题的引导下,儿童在感知场景、启蒙思维、认知系统、智能协同的过程中,基于声音、光色、动作、控制等要素,基于指令语言、编写程序等形态,融合智能巡线、环境识别、机器人、人机交互等系统,初涉语音识别、人脸识别、图像识别等场景,培养了儿童的人工智能思维,体现了幼儿园的基础性、启蒙性以及衔接性。

未来社会是人类智能和人工智能结合的场景,是人与机器互相协作的时代。儿童的思维能力,才是能够与人工智能发展相同步的真正力量源泉。学龄前的人工智能教育,坚持以游戏活动为导向,致力于培育能够适应智能社会的具有逻辑思维、编程思维与人工智能思维的"数字专家用户"。让儿童在逻辑思维、编程思维的基础上,感知机器如何模仿人的思维过程,认知机器如何实现人的思维能力,更好地认知人工智能场景、技术、系统、行为、协同。

第 7 章

结论与展望

　　人工智能是一门研究难以通过传统方法去解决实际问题的学问之道。一般而言，人工智能的基本目标是使机器具有人类或其他智慧生物才能拥有的能力，包括感知（如语音识别、自然语言理解、计算机视觉）、问题求解/决策能力（如搜索和规划）、行动（如机器人）以及支持任务完成的体系架构（如智能体和多智能体）。

　　费孝通先生在《乡土中国》中曾写道，人的"当前"中包含着从"过去"拔萃出来的投影，即时间的选择累积。历史对于个人并不是点缀的饰物，而是实用的、不能或缺的生活基础。

　　人工智能的历史发展何尝不是从过去和当前以及其环绕四周获取营养。在信息化向智能化转型过程中，人工智能人才培养任务艰巨而光荣。人工智能不单纯是一门课程、一手技术、一项产品或一个应用，而是理论博大深厚、技术生机勃勃、产品落地牵引、应用赋能社会的综合协同体，在课程教学中要顶层设计好其"根本"，同时体现一定的灵活度，扎根国家经济、社会、民生和国家安全的需求土壤，与维系土壤生态的产、学、研、政等要素紧密协同育人。

　　人工智能是一种使能技术，具有内涵性、渗透力、支撑性等特点，与其他学科研究具备交叉的秉性，使之成为推动创新发展和科学发现的有力手段。

　　本书从人工智能本科专业、交叉学科、交叉课程、AI＋X 微专业和 K12 人工智能教育等方面介绍了针对不同人群的人工智能教育的内容，希望本书内容能够为人工智能以及 AI＋X 的人才培养提供帮助。

重视 AI 技术发展　共商共创专业
未来倡议书

改革开放四十多年来,中国经济取得举世瞩目的成就。会计和财务教育界在理论研究和人才培养方面成绩斐然,为中国的经济发展、社会进步、人才培养和国家治理做出了重要贡献。当前,以人工智能为核心的新一轮科技革命对社会经济、文化教育和人民生活等产生了重大的影响,诸多产业为顺应人工智能技术的发展正在发生着深刻的变革。在互联网、大数据、云计算、深度学习算法和类脑芯片技术的推动下,人类社会开始进入人工智能时代。

我国政府高度重视人工智能科技的发展。自 2015 年以来,国务院相继出台多项战略规划,鼓励、支持和指引人工智能的发展。为抢抓人工智能发展的重大战略机遇,构筑我国人工智能发展的先发优势,加快建设创新型国家和世界科技强国,我国发布了《新一代人工智能发展规划》。同时,为贯彻落实《中国制造 2025》和《新一代人工智能发展规划》,加快人工智能产业的发展,推动人工智能和实体经济的深度融合,我国又发布了《促进新一代人工智能产业发展三年行动计划(2018—2020)》。2019 年 10 月 31 日,习近平总书记在主持中共中央政治局集体学习人工智能发展现状和趋势时强调,"加快发展新一代人工智能是事关我国能否抓住新一轮科技革命和产业变革机遇的战略问题"。

人工智能技术及其应用的飞速发展,对传统的财经管理教育体系构成了新的挑战,特别是会计、审计、财务、投资和金融等专业的教育。企业在经历了 MIS、MRP、ERP、SCM、CRM 等的建设与应用之后,随着人工智能技术的发展,"智慧工厂"呼之欲出。与此同时,智能会计、智能审计、智能财务管理、智能投资、智能金融等迅速发展,并成功地在企业管理实践中发挥重要作用。基于人工智能技术的新一轮企业管理创新,对会计、审计、财务、投资和金融人才提出了新的要求。基于目前传统经济管理教育模式所培养的人才可能在不久的将来,将完全无法适应基于人工智能技术的企业管理的需求。机不容发,时不待我。如何融合人工智能技术于会计、审计、财务、投资和金融等专业的教育,主动积极地探索智能会计、智能审计、智能财务、智能投资、智能金融的教育体系和人才培养模式,是摆在我们教育工作者面前的严峻挑战。为此,我们相聚杭州,共同参与本次"中国会计、财务、投资智能化暨智能财务专业创新研讨会",共同研讨人工智能技术发展对会计、审计、财务和投资等专业的重大影响,共享智能会计、智能审计、智能财务和智能投资的发展信息,共商智能会计、智能审计、智能财务和智能投资等相关专业的建设和人才培养问题。

与时俱进,主动创新。融合人工智能技术于相关专业教育,培养人工智能时代的新型专业人才。本次会议倡议全国高校各管理学院的相关专业教师,关注人工智能技术的发展及其在会计、审计、财务、投资和金融等专业的应用,主动创新人才培养模式,在师资队伍建设、专业重构、课程体系建设、教材和案例编写、科学研究等方面进行研究和创新。

倡议一:坚持学科主导和专业引领,把握人工智能在相关专业的应用情况及其发展趋势,重视融合人工智能技术内容于相关专业课程。

倡议二:以培养能够适应会计、审计、财务、投资和金融智能化发展趋势的复合型人才为导向,积极探索融人工智能技术与相关专业知识于一体的复合型专业人才培养方案,重构知识结构,创新课程体系,优化人才培养模式。

倡议三:高度重视智能化技术变革及其对相关专业的影响研究,积极开展与智能化趋势相关的学科交叉研究,鼓励构建跨学科培养融人工智能技术和相关专业知识为一体的研究生教育模式。

倡议四:鼓励更多高校相关专业的教师开展学科、专业和课程建设之间的交流合作,积极分享智能会计、智能审计、智能财务、智能投资和智能金融等相关专业或专门化方向的建设经验与成果,努力推动共商共建共享机制的建立。

倡议五:鼓励相关专业教师主动学习、终身学习,改善知识结构,主动迎接人工智能技术与应用对教师传统专业知识结构的挑战;积极探索新型师资队伍的培养模式,尽快造就一支融人工智能技术和相关专业知识于一体的复合型专业师资队伍。

倡议六:倡导理论联系实际,深入人工智能科技企业,鼓励广大师生通过积极参与企业管理相关专业的智能化开发项目,谋求合作共赢,积极探索校企产学研合作,创新产学研协同育人机制。

人工智能技术及其在会计、审计、财务、投资和金融领域的应用,对我们教育工作者来说,既是挑战,也是机遇。让我们携起手来,积极探索促改革,主动创新谋发展,共同建设人工智能时代的会计和财务学科及其相关专业,共同创立融人工智能技术和相关专业知识于一体的复合型专业人才培养模式!